序

在历史的长河中，有多少如果，就有多少遗憾。

明天和意外，你永远不知道哪个会先来。生活中充满了不确定，我们唯一能做的，就是珍惜当下，且行且珍惜。我在安全生产领域工作二十多年，亲眼目睹了无数因事故而导致的生离死别，那些场景令人痛彻心扉。失去亲人的痛苦，伴着撕心裂肺的哭泣、昏天暗地的呼喊，着实让人泪目。这些经历让我深刻体会到，平日里的一句“平安是福”，在那些时刻显得多么珍贵。

无数次，目睹令人心痛的画面，面对无法弥补的遗憾，回顾各式各样的教训，我会陷入深思，难道这就是人们讲的“是祸躲不过”吗？但一份又一份详细的事故调查报告，又让我坚信，许多事故，如果加以防范，是完全可以避免的。只是扼腕痛惜之际，遗憾已经造成，损失已无法挽回。在无情的事故面前，即便是世间最宝贵的礼物——生命，也显得如此渺小与脆弱。每一个看似微不足道的决定，都可能在未来的某时某刻，引发不可估量的后果。

一次次生命与血的惨痛代价，留给我们的是最为深刻的反思。痛定思痛后，始终萦绕在心头的疑问是：我们今后该怎么做？带着这个疑问，我写下这部手记，一字一句，传递的是国泰民安的美好祝愿。

事故是冷酷无情的，然而，我愿我的文字能够温暖人心。在情感层面上，这是源自心底最真挚的表达。我期望，书中的案例与叙述，能够成为读者的一盏明灯，无论是触动心灵深处的情感，还是面对具体问题时的启示。若书中内容能给人带去慰藉与启迪，我想，这部书便是有意义的。

本书汇集了 2003 年至 2020 年期间我参与处理的各类事故救援案例，并根据事故类型进行了细致分类，以便读者更清晰地理解和认识事故经过和教训。在整理书稿过程中，我心情沉重，回顾每起事故的始末，心中反复出现的是“如果”。如果人们始终把安全放在首位，不存侥幸心理，严格遵守法律法规，尽职尽责，将安全视作生命，那么许多悲剧本可避免。然而，忽视这些“如果”而带来的后果，已成为不可改变的过去，一如我开始所说的那句话，“有多少如果，就有多少遗憾”。

本书虽然完稿了，作为一名写作者，我是欣慰的。毕竟，这也算是自己写作道路上的一点小小成就吧。但作为多年工作在安全生产领域中的一员，我的心情是沉重的，因为任何一起事故，无论大小，都是我们不希望看到的。

真诚地希望，人世间少些如果、少些遗憾，多份欢乐、多份祥和！这，也许是我写这部书最大的心愿，也是这部书至终的使命。

是为序。

孫華山

於北京

2024 年 6 月

目录

第一篇　危险化学品事故

第二篇　交通事故

第三篇 工贸事故

第四篇 矿山事故

第五篇　火灾事故

第六篇　其他事故

警钟长鸣，防患未然；
禁微则易，救末者难。

第一篇　危险化学品事故

- 违规操作致井喷，群死群伤令人惜
- 设备陈旧致氯气泄漏，违规操作引发连续爆炸，15 万人被迫撤离
- 频繁操作失误诱连环大爆炸，松花江 80 公里严重污染
- 大年初一烟花爆竹库房爆炸，84 人死伤
- 爆炸突如其来，误操作背后暴露多重问题
- 销毁烟花爆竹引发意外爆炸，20 余人当场殒命
- 化工厂突发火情，万幸有惊无险
- 二硫化碳泄漏，8500 多名村民紧急疏散
- 隐患变爆炸，终致惨祸
- 问题耦合导致输油管道发生爆炸，周围下了一场“黑雨”
- 违章指挥，野蛮挖掘，隐患诸多致丙烯泄漏爆燃
- 违法违规生产，生命转瞬即逝
- 管道泄漏、处置不当，62 人殒命
- 侥幸的代价，焊接缺陷引爆炸
- 企业劣迹斑斑，事故成无法避免的“偶然”

违规操作致井喷，群死群伤令人惜

——2003年中石油西南油气田分公司川东北气矿罗家16H井“12·23”特别重大井喷事故救援和调查工作手记

▶ 时间：2003年12月23日22时

▶ 地点：重庆市开县（今开州区）的罗家16H井

天然气井喷失控，硫化氢气体喷出，造成井场周围居民和井队职工243人死亡，包含2名职工以及241名无辜的当地老百姓。2142人中毒住院，约65 000人被紧急疏散安置，直接经济损失6432万元，间接经济损失2亿多元。

▶ 井喷灾难一发不可控，毒气扩散

罗家16H井位于四川盆地川东断褶带罗家寨构造上，是一口国家重点工程科研项目水平井，拟钻采高含硫天然气。事故发生前，16H井现场技术服务组曾发生接收不到井下测斜仪发出信号的情况。12月23日凌晨，井钻钻到井深4049米（设计井深4322米）左右时需要更换钻具，但循环起钻过程中顶驱滑轨发生偏移导致吊卡困难。无奈之下，工作人员只能选择将其强行吊取至井深1948米的安全井段，等灌满泥浆后再开始着手修理顶驱滑轨。

直到当天16时20分左右，顶驱滑轨才修复完成。之后，工作人员继续开始钻井作业，其间，气井内又出现1.1立方米的流溢。录井员立刻向司钻报告，司钻立刻对流溢现象采取积极应对措施，发出警告并叫停起钻工作，关闭旋塞，命令工作人员优先解决流溢问题。

这一行动一直进行到当天21时55分，工作人员抢接顶驱还未成功，井内就发

事故现场，火光冲天

生了井喷事故。事故发生后，工作人员尝试通过防喷气的措施来解决问题，然而反馈回来却是几分钟后的一声巨响，紧接着就是铺天盖地的火光。工作人员立刻取来灭火器进行灭火，但在熊熊烈火面前，这无异于杯水车薪，粉末灭火器根本喷不到起火点上。

无奈之下，工作人员只好启动备用选项，试图上提顶驱拉断钻杆，但没有成功。井喷事故造成的影响非同小可，工作人员为了减轻损失启动了应急方案，准备向井筒还空泵注入重泥浆，但他们突然发现井筒内连接的放喷管线阀门并没有关闭，喷射的重泥浆起不到丝毫作用，井喷事故愈演愈烈。10 分钟后，井内喷射已经完全失去控制，大量硫化氢气体从井中喷射而出。硫化氢气体超标后周围的警报开始响起刺耳的声音，井区的工作人员在 22 时 30 分左右开始撤离现场并协助疏散周边群众。

全员紧急疏散，与死神赛跑

23 日 23 时左右，原重庆市安全监督局（现重庆市应急管理局）接到 16H 井发生井喷事故报告，随即转报市政府值班室。23 时 26 分，重庆市人民政府通知开县人民政府，要求立即组织相关部门赶赴事故现场，组织抢险救灾。井喷事故周围 30 多个村庄的安全、约 6 万群众的生命受到严重威胁，营救是在与死神进行生死搏斗。国务院高度重视，指派我立即赶往事故现场，指导事故救援及调查工作。

高桥镇人民政府按照开县人民政府办公室和原开县安全生产监督管理局（今开州区应急管理局）的要求，负责组织转移当地中学 800 多名住校学生和高桥镇居民，同时要求镇机关全体干部拨打各村能打通的号码通知撤离，并组织群众沿公路转移。虽然救援人员在第一时间要求附近村民尽快撤离，但有些村民起初不愿意，速度比想象中慢得多。不愿撤离的人群中老年人居多，他们已经在这里生活了一辈子，再加上根本搞不清发生了什么，所以不愿离开。工作人员只能一遍遍苦口婆心地劝说，他们才开始收拾家里钱财随工作人员撤离。相关部门派出了上百辆卡车协助当地居民，行李放在卡车上，老人、妇女和孩子坐车，青壮年男性则骑着摩托车或自行车，有的甚至走路撤离。

23 时 50 分左右，开县人民政府负责人率有关部门负责人及消防员、警察、医务人员赶赴现场，24 日凌晨 2 时左右到达高桥镇，成立现场指挥部，派出警车，用扩音器通知周围山上的群众转移，组织突击队搜救中毒人员，并根据硫化氢气体扩散情况，调集车辆，组织转移。

接到事故报告后，钻井二公司技术负责人于 24 日 1 时 30 分左右赶到事故现场。川东钻探公司有关负责人率抢险人员于 24 日 10 时 30 分到达高桥镇。

组织群众转移

24日上午，现场指挥部经过研判，决定扩大转移范围，并继续组织力量搜救，布置警戒线，防止群众自行返家；同时设立临时医疗点，开展紧急救治工作。12时30分左右，执行搜救任务路过井场的川钻12队人员发现井口停喷，气体从放喷管线喷出。14时左右，经现场勘察核实，确认井口已经停喷，随即由钻井二公司组织点火。15时55分左右，1#、3#放喷管线点火成功，险情得到控制。至此，未燃烧的含硫化氢天然气已持续喷出了约18个小时。截至点火成功，从现场共搜救出65人，其中救治57人，抢救中死亡8人，除到四川宣汉县方向的人数无法统计外，转移群众约33100人。

25日，抢险救灾指挥部派出460名公安干警、武警官兵，组成20个搜救组，配备硫化氢报警器，进入井场附近开展搜救，发现大量死亡人员。

26日，指挥部决定全面清理现场，在井口5公里处设立警戒线，出动82个搜救组，对以井口为中心、5公里为半径的近80平方公里地区实施逐户搜救，将900多名仍滞留在危险区的群众撤离至安全地带。制定详细的压井方案后，于27日9时36分正式开始压井，11时压井成功。

▶ 抽丝剥茧，还原井喷事故真相

井喷是地层流体无控制地涌入井筒并喷出的一种现象，它的发展过程包括井侵、溢流、井涌、井喷及井喷失控，每个环节的初始阶段都有预兆，早发现并及时正确处理就不会向下一个环节发展。本次事故始于起钻过程，主要是溢流未被及时发现，当气测仪发现溢流1.1立方米并报告时，实际已发生了井喷。

据调查，该井当时井深4049.68米，起钻至195.31米发现溢流时，钻杆提出转盘面2个多单根（长度为19米左右）便发生井喷，大方瓦被气流冲出转盘，无法抢接回压阀，且抢接顶驱未成功，关防喷器又未能控制住，造成井喷失控。

专家组进一步调查发现，该钻具组合未装回压阀。在下钻时，由于更换了无线随钻测斜仪，仪器操作者认为在使用无线随钻测斜仪时，若钻具中安装回压阀会影响测量，于是决定拆除回压阀。如果当时装有回压阀，井喷时井内液体、气体就不会从钻杆内喷出。调查还发现，防喷器组中没有装剪切闸板，这导致井口火焰无法扑灭，也无法从放喷管线出口放喷点火。

井喷失控后，从井口喷出的高含硫天然气迅速扩散，危及周围生态环境，特别是人员的生命安全。硫化氢是强烈的神经毒物，对黏膜有强烈的刺激作用，高浓度时能导致人呼吸骤停，窒息死亡，这是事态扩大的主要原因。由于硫化氢燃烧后能产生低毒性的二氧化硫，点燃硫化氢气体是有效制止井内喷出的有害气体大范围扩散、减少危害的有效措施。然而调查组在调查中却发现，该井从发生井喷、井口失控，再到井场柴油机和发电机熄火，至少历时 1 小时 17 分钟，当时井场天然气的浓度和硫化氢浓度均未达到爆炸极限，组织放喷点火有充足的时间。但负有现场安全责任的钻井监督没有及时安排放喷点火，失去了控制有害气体扩散的有利时机。在失去环境条件比较有利的第一点火时间后，生产指挥部门应迅速组织、明确指令井队准备实施点火，这是减少事态进一步扩大的必要措施。但在此期间，生产指挥部门除疏散现场人员和村民外，一直未对井喷失控采取进一步的处理措施，导致了事故影响的扩大。

通过对企业展开调查，调查组发现企业对员工安全培训教育工作抓得不实，要求不严，井队职工操作技能差，技术素质低。同时企业应急预案不完善，严重贻误应急救援时间。罗家 16H 井开钻前，四川石油管理局及其下属有关单位没有按照法律法规的相关规定，组织制订有效的防硫化氢中毒的事故应急预案，井队未按规定进行防喷演习，也未对井场周边群众进行必要的安全知识宣传教育。以上种种原因共同导致了这起特别重大事故的发生。

群死群伤，血的教训，铭记于心

开县井喷特大事故的教训是深刻的，这是新中国成立以来，重庆地区死亡人数最高、产生危害最大的一次责任事故，血淋淋的死亡人数警示着人们安全生产的重要性，因此我们要铭记这次事故中的经验和教训，强化安全意识，以免类似的人间悲剧再次上演。

一是重点治理高危行业，加强对企业的监管，完善危化品监管体系，建立事故预警机制和应急救援体系。地方政府在规划高危行业的建设项目时，必须落实“三同时”制度，确保经济与社会、人与自然的和谐发展，依照“安全生产属地管理”的原则，将高危行业纳入安全生产监督管理工作范畴和安全生产责任制考核体系，主动向企业了解情况，掌握重大事故隐患动态变化情况，依法加强监督管理。石化企业要加强生产安全管理，定期进行安全大检查，确保生产的安全进行。应急演练要着重演习井喷失控点火和点火步骤确认环节，以确保在井喷失控条件下按照点火要求成功点火。

二是建立政府和企业应急管理联动机制。建立以应急组织与战略决策联动机制为核心的政企应急联动机制模式，同时不断完善法规制度，为政企联动机制的顺利运行做好应急投入、应急队伍、应急信息平台和应急预案建设保障。在国家现行的应急管理体制机制下，积极探索政府和企业应急管理联动机制，实现应急救援队伍、能力的可持续发展，发挥应急救援的系统性整体实力，确保重点危险区域能在事故发生的第一时间得到应急救援，快速处理突发事件。

三是企业安全生产需要确保周边居民安全，做好安全防范常识宣传。在规划建设中必须考虑工厂周边居民的安全，事先做安全评估，并及早迁出核心地区的居民。企业有责任通过各种渠道，向居民普及安全法律法规及安全防范常识，进一步强化居民的安全意识，使居民在其安全受到威胁时有能力采取自我保护措施。同时，定期组织疏散演练，熟悉疏散路线和紧急避难场所，提升群众的自救互救能力，能够自觉维护自身权利，在事故发生后有意识地迅速撤离。

四是开展情景构建，做好类似含硫气井井喷失控的应急准备。鉴于含硫气井井喷事故给社会带来的严重危机，当地政府部门可牵头组织进行“高含硫气井井喷”突发事件情景构建，进行“情景、任务、能力”梳理和分析，针对含硫气井井喷可能造成的有毒有害气体扩散，根据地形、气候及最大泄漏硫化氢浓度，分区域建立不同的扩散影响模型，评估现有疏散、安置手段（包括紧急避难所）和能力，有针对性地提出应急准备能力建设对策，确保井场周边居民生命及财产安全。通过情景构建，当地政府、企业可以联合组织桌面推演，从而理顺工作流程，培养专家团队，提升领导干部的应急职责意识和应急指挥协调能力，建立起平战结合的应急响应协调联动运行机制，完善并逐步形成与我国现行应急管理体制相适应的标准化应急救援指挥体系。

科学开采，安全操作，生命至上

中石油西南油田罗家 16H 井“12·23”井喷事故是一起人员伤亡惨重、经济损失巨大、社会影响极其恶劣的特别重大事故。在事故链当中每一位工作人员的习惯性违章，带有侥幸心理的不安全操作，重重叠加，产生聚合效应，最终导致事故的发生。事故单位混乱的安全管理、职工淡薄的安全意识，都是在和安全生产方针背道而驰。在企业生产中，经济效益虽是滚滚前行的车轮，但安全才是企业的方向盘。安全而行，企业才能屹立不倒，才能长存于世。同时，此次事故救援也反映出应急救援机制还需要进一步加强，在应急救援组织体系、运行机制方面还不顺畅，存在效率不高的现象，特别是初期应急救援响应有很大的改进空间。这需要政府部门带头，同企业共同创建行之有效的应急救援方案，形成企地协调联动、平战结合的工作机制。企业安全生产与管理关系千千万万家庭的幸福生活，关系社会的文明与和谐，是一件大家应共同关注和督促的事情。安全工作为己为他，更是为了美好的未来。

手记

设备陈旧致氯气泄漏，违规操作引发连续爆炸，15万人被迫撤离

——2004年重庆天原化工厂“4·16”氯气泄漏爆炸事故救援和调查工作手记

▶ 时间：2004年4月16日凌晨
▶ 地点：重庆天原化工总厂氯氢分厂

氯气泄漏并发生连续爆炸，毒气扩散至厂区外，造成9人死亡，3人受伤。事故迫使厂区周围15万居民紧急撤离，厂区内大量建筑物遭严重破坏，直接经济损失约为277万元。

▶ 爆炸响震天，毒气害无边

2004年4月15日21时，重庆天原化工总厂氯氢分厂氯冷凝器腐蚀穿孔，含铵的盐水泄漏到液氯系统，产生了大量易燃物三氯化氮；厂区调度室立即采取应对措施，并将1号氯冷凝器余氯和1号氯液气分离器内液氯排入排污罐，16日凌晨在进行抽气过程中排污罐发生爆炸，随后1号盐水泵在停止状态下发生粉碎性爆炸。

险情发生后，厂区先向重庆化医控股（集团）公司报告，之后向原重庆市安监局和市政府值班室报告。16日上午，重庆市启动应急预案，包括排险抢险、疏散群众等，并成立事故现场抢险指挥部及专家组。

16日下午，指挥部召开全体成员会议。正在研究处置方案和群众疏散问题时，厂区现场处理人员未经指挥部同意，为加快氯气处理速度，在不明白三氯化氮危险性的情况下，只凭借过往的操作处理经验，擅自启动事故氯处理装置；在抽吸过程中，三氯化氮因与空气接触和振动而发生爆炸，爆炸形成的巨大能量通过管道传递到液氯储罐内，搅动和振动了罐内的三氯化氮，导致5号、6号液氯储罐发生连续

爆炸现场周边

爆炸，并将地面炸出近 2 米深的大坑。地面与建筑物上散落着大量爆炸碎片；9 名现场处理人员当场死亡，3 人受伤。会议被迫中断。

▶ 驰援迅速，舍己救人

事故发生后，我组织火警调度指挥中心先后调集 150 多名官兵，14 辆消防车前往现场处置。消防员到达后，首先进行现场侦检、设置警戒区域、疏散事故核心区域内的无关人员、确保进入现场人员的安全，同时布置喷雾水枪对泄漏点及车间外围进行稀释。

消防总队的领导根据现场的情况分析判断，事故可能进一步扩大，需要更多的力量参与救援。他立即向救援总指挥部和专家组提出建议：需要扩大警戒区域，立即做好疏散居民的准备工作；严格控制无关人员进入事故区域；调集多部门参与抢险；抢救过程全部严格按操作规程处置，防止再次发生中毒和爆炸事故。

专家组通过论证制订出解决方案：将事故储罐的液氯通过 4 根导管自然输转至碱水池中和。由于现场处理人员不听指挥，违规启动了事故泵，导致储罐连续爆炸，泄漏的氯气在空中形成了一个巨大的黄色气团。但是我们的消防官兵没有退缩，仍然冒着中毒和再次爆炸的危险，冲入了事故核心区，用高压水枪和喷雾水枪对气团进行封堵、稀释中和；侦察小组迅速进入爆炸现场抢救伤员，并进行现场情况侦察；突击队员进入爆炸区域，全力抢救伤员和搜寻遇难者。

连续爆炸发生后，现场的蒸发器仍存储有 5 吨液氯，随时会发生爆炸。现场的 6 把水幕水枪已经无法满足救援需要。18 日上午，指挥部最后决定采用枪击方式引爆排险。为了做好引爆处置工作，消防救援指挥部及时召开战前动员会，研究部署战斗任务，主要是在现场设立前沿侦察哨，负责引爆过程中现场侦察工作，为引爆时可能造成伤亡的抢救工作做准备，并布置喷雾水枪和水幕水枪封堵泄漏的氯气，防止引爆后氯气扩散。引爆前，除突击队员和引爆人员，其余人员撤至 1500 米以外。引爆开始，先后采用枪击、平射炮炮击、坦克炮炮击和炸药爆破的方式实施引爆，经过 5 个小时的紧张战斗，全部引爆成功，厂区外警戒解除。

警戒解除后，消防车对现场继续监护，用碱水继续稀释残余氯气。但是 18 日晚至 19 日早晨，又发生了 5 次爆炸。

▶ 最艰难的一次救援

事故引起了国务院领导同志的高度重视。鉴于这起泄漏事故持续时间已经很长了，受事故影响的周边群众被迫疏散远离，工作生活都处于异常状态，对社会稳定影响很大，我立即带相关专家赶赴现场，处理这起事故。

我于 19 日抵达现场，现场情况仍然非常严峻，次生灾害还在继续，3 个氯气储罐还处于泄漏状态，会造成水源、大气、土壤等的严重破坏，这种情况下没有办法让疏散的群众返回。因此当务之急是解决 3 个氯气罐的泄漏问题。

相关专家进行了深入论证，制订了一套可行的方案：将泄漏的氯气罐底部打个洞，把氯气放出来，放的同时用碱进行中和。

但问题的关键是如何对氯气罐安全打洞。氯气罐随时可能发生爆炸，人不能靠近，因此不得不与解放军部队联系，让他们请专业人士帮忙。

在执行打洞的过程中困难重重，尝试用了多种方法，用了高射机枪用的火炮射击氯气储罐，但是威力仍不足以炸开储罐，因此不得不使用炸药，最终成功地在 3 个氯气储罐下炸开了洞。经过各方专业人士的联合作战，从下午开始一直到晚上，

3 个储罐的氯气全部释放，消除事故的隐患。事故得到妥善处理，随后将疏散的 15 万百姓接回家乡。

这个事故的处理过程很复杂，持续时间长、波及范围广、社会影响大，也是我所经历的事故救援里面最复杂的一起。

▶ 设备陈旧未更换，一意孤行铸大错

重庆天原化工总厂发生重大爆炸事故有多方面的因素。其直接原因一方面是氯冷凝器列管腐蚀穿孔造成氯气泄漏和盐水流失，生成了爆炸物三氯化氮，它在有限空间内不断地累积，达到了爆炸浓度，导致事故发生。排污罐和盐水泵相继发生爆炸，就是因为三氯化氮浓度太大，事后计算出当时的含量是正常情况的 2600 多倍，爆炸是迟早的事。另一方面厂区的现场处理人员没有经过指挥部同意，也不清楚三氯化氮富集具有爆炸危险性，急于求成，判断失误，凭借以前的操作处理经验，违规启动事故氯处理装置，发生振动再次引爆了三氯化氮。事故发生的间接原因有多方面。一是压力容器日常管理比较差、检测检验不规范，设备没有及时更换。厂区设备技术档案资料不齐全，近 2 年没有维修、保养、检查的记录，压力容器设备管理混乱；也没有按照规定对压力容器进行首检和耐压实验，检测检验工作严重失误，致使设备腐蚀，留下事故隐患。二是安全生产管理人员没有落实安全生产责任制，安全生产管理力量比较薄弱。分厂没有按规定将目标责任分解到厂属各单位，也没有签订安全目标责任书，没有将安全责任落实到基层和工作岗位。安全管理人员配备不合理、力量不足，分管领导和厂长等安全生产管理人员不熟悉化工行业的安全管理工作。三是重庆天原化工总厂对事故隐患的排查不力，没有从管理上查找事故的原因和总结教训。四是现场处理人员缺乏对三氯化氮爆炸物的认识，不清楚爆炸条件，盲目操作，导致事故发生。

事故发生时，相关安全技术规定也不完善。因为高浓度的氯化钙盐水泄漏到液氯系统导致爆炸，还是我国第一例，无从参考，不明确三氯化氮的处理方式，这也说明了本次事故的复杂性、不确定性和不可预见性。当时，全国氯碱行业尚无对氯化钙盐水中铵含量定期分析的规定，该厂也没有对氯化钙盐水中铵含量做定期分析

的规定，该厂氯化钙盐水十余年未更换和检测，造成盐水中的铵不断富集，为生成大量的三氯化氮创造了条件，为爆炸的发生埋下了重大隐患。

▶ 惨痛教训记心上，设备更新不能忘

重庆天原化工总厂“4·16”事故的发生，带给我们极其沉痛的教训，对氯碱行业具有普遍的警示作用，主要体现在四个方面。

一是缺乏监控。化工总厂有关人员对氯冷凝器的运行状况缺乏监控，有关人员对4月15日夜里氯干燥工段氯气输送泵出口压力一直偏高和液氯贮罐液面管不结霜的原因，缺乏及时准确的判断，没能在短时间内发现氯气液化系统的异常情况，最终氯冷凝器氯气管渗漏扩大，导致冷冻盐水进入氯气液化系统。

二是工艺技术程度不高。大多数氯碱行业都是采用液氨间接冷却氯化钙盐水的传统工艺生产液氨，对盐水含盐量关注度不够。事故警示我们，对冷冻盐水中含铵量进行监控或者增加自动报警装置非常必要。

三是设备管理不善。对在用的关键压力容器，应增加检查、监测频率，减少设备缺陷所造成的安全隐患。同时，要加强设备管理，加快设备更新步伐，尤其要加强压力容器与压力的监测和管理，杜绝泄漏的发生。

四是本质安全水平不高。国内有关氯碱行业应加强三氯化氮的防治技术的研究，减少、避免三氯化氮富集。尽量采用新型致冷剂取代液氨的生产传统工艺，提高液氯生产的本质安全水平。

▶ 以史为鉴，行稳致远

回顾本次事故的救援以及善后处置工作，我总结了以下几点，需要在类似事故处置中加以注意。

第一，对现场爆炸、毒害的潜在危险必须高度重视，采取严密的控制措施。设置危险区域警戒区，指定专人24小时警戒，凡未经过前线总指挥的同意，指战员一律不准进入警戒区。严格控制进入警戒区执行任务的人员的数量和警戒区滞留的

时间。“4·16”事故中，特勤队 2 名人员进入警戒区工作返回后仅 1 分钟就发生了爆炸，可以说是与死神擦肩而过。防止发生次生事故的指导思想一定要贯彻抢险救援工作的始终，要慎之又慎，绝不能因为时间的推移和一些人员（包括专家组成员）对爆炸可能性的个人评估意见而放松警惕。“4·16”事故一次爆炸死亡 9 人以及后来的多次爆炸，都说明部分人员对爆炸的潜在危险估计不足，存在麻痹和侥幸心理。

第二，加强个人防护。处理类似“4·16”事故，救援人员防护应着全密封防化服，佩戴正压式空气呼吸器、消防头盔、防化手套，穿防化靴，在警戒区入口处设置检查员，对进入人员进行严格检查，不符要求的一律不得进入毒区。

第三，防止集结点人员中毒。在常年上风方向相对安全的地点设置救援人员、装备集结点，集结点距事故地点一般宜在 300~900 米左右。多处设置风向标，明确观察风向变化情况，随时向指挥部报告。夜间设置现场探照灯，组织现场监护组，每组由 2~3 名救援人员组成，监测风向变化、毒气扩散和意外情况发生，一旦发生紧急情况，立即鸣响警报，按照应急方案采取相应的处理措施。

第四，加强特种装备的配备。处理类似“4·16”事故，救援人员应配备专用器材装备，比如侦检器材、防化服、靴、手套、空气呼吸器、消防机器人、移动式水炮、屏障水幕水枪、水幕水带、警示标志牌、警示带等。

第五，加强通信和后勤保障工作。在现场组建无线区域网，网络覆盖面积不小于半径 2~3 公里的范围。明确各战斗单位的信道和呼号，保证通话质量。后勤保障工作除吃、穿、用、医疗等事项外，还应考虑解决官兵野外宿营休息的问题，如简易帐篷、睡袋、防潮睡垫等，以保证官兵有充足的精力投入战斗。

第六，各部门统一协调。政府要制订危化品事故处置预案、成立专家组、建立完善联动机制，使各部门能及时赶到现场参加处置。

▶ 打破城市困境

危化品易引发公共危机，但产业发展又离不开它。这次事故再一次向每一个城市的管理者敲响了警钟。在城市的中心区，绝对不可以有具有潜在安全隐患的企业，尤其是化工企业。危化品易燃、易爆、易污染、毒性大，事故一旦发生容易造成群死群伤。国内面临同样困境的城市绝不止重庆一个，隐含于城市腹地的高危企业，更远非天原一家。这些企业，仿佛潜藏于城市中的定时炸弹，严重威胁着城市和市民的安全。

这些事故，都给当地居民的生活带来了不同程度的影响，有些事故还会导致严重的人员的伤亡。除了化工厂外，制药厂、橡胶厂、电池厂、油漆厂等都有可能发生有毒气泄漏。这类企业如果设在人口密集的城区，与化工厂一样，都如同悬在城市上空的定时炸弹，严重威胁城市和百姓的安全。所以各个城市有必要通过重庆天原化工总厂此次事故，举一反三，按照以人为本的要求重新审视城市规划，排查安全隐患，及早安排那些不宜设立在人口稠密区的企业迁移出城，以确保城市的安全与宁静。

手记

频繁操作失误诱连环大爆炸，松花江 80 公里严重污染

——2005年吉林石化公司双苯厂“11·13”特大爆炸事故和松花江特大水污染事件救援和调查工作手记

- 时间：2005 年 11 月 13 日 13 时 30 分许
- 地点：中国石油天然气股份有限公司吉林石化分公司双苯厂

硝基苯精馏塔发生爆炸，造成生产装置严重损坏和大面积燃烧，燃烧面积达 12 000 平方米。事故致使 8 人死亡，60 人受伤，直接经济损失 6908 万元，并引发松花江特别重大水污染事件。

频繁误操作下的灾祸

2005 年 11 月 13 日，双苯厂苯胺二车间化工二班班长徐某替休假的硝基苯精馏岗位内操员顶岗操作。根据硝基苯精馏塔 T102 塔釜液组成分析结果，应进行重组分的排液操作。10 时 10 分，徐某进行排残液操作。在进行该项操作前，他错误地停止了硝基苯初馏塔 T101 进料，但没有按照规程要求关闭硝基苯进料预热器 E102 加热蒸汽阀，导致硝基苯初馏塔进料温度升高，在 15 分钟内温度超过 150℃量程上限，超温过程一直持续到 11 时 35 分。11 时 35 分左右，徐某回到控制室发现超温，关闭了硝基苯进料预热器蒸汽阀，硝基苯初馏塔进料温度开始下降，13 时 25 分降至 130.4 ℃。13 时 21 分，徐某在 T101 进料时，再一次错误操作，没有按照投用换热器应“先冷后热”的原则进行操作，而是先开启进料预热器的加热蒸汽阀，7 分钟后，进料预热器温度再次超过 150℃ 量程上限。13 时 34 分，徐某启

动了硝基苯初馏塔进料泵向进料预热器输送粗硝基苯。当温度较低的 26℃粗硝基苯进入超温的进料预热器后，由于温差较大，加之物料急剧气化，造成预热器及进料管线法兰松动，导致系统密封不严，空气被吸入系统内，与 T101 塔内可燃气体形成爆炸性气体混合物，硝基苯中的硝基酚钠盐受震动首先发生爆炸，继而引发硝基苯初馏塔和硝基苯精馏塔相继发生爆炸，而后引发装置火灾和后续爆炸。

事故发生时，在现场作业和巡检的 6 名员工当场死亡；与双苯厂一墙之隔的某农药公司一名员工在本单位厂房内作业时，受爆炸冲击受伤，经抢救无效死亡；某通信公司一名员工在距事故现场 1000 米以外的路上骑摩托车时，被爆炸碎片击成重伤，经抢救无效死亡。在受伤人员中有 23 名员工，其他为企业外人员。本次爆炸直接涉及设备有硝基苯初馏塔、硝基苯精馏塔、2 个粗硝基苯罐、2 个硝酸罐、苯胺水罐、精硝基苯罐、空气罐、氮气罐、氢气缓冲罐、2 个苯胺捕集器等设备，以及管架和原料罐区 1 个精硝基苯罐、2 个苯罐等，爆炸事故造成周边的企业和居民住宅的门窗受到一定程度的破坏。

由于事件发生初期的应急措施不及时和不妥当，爆炸导致物料泄漏，并通过装置周围的雨排水口和清净下水井进入松花江，约 100 吨苯类物质流入松花江，造成松花江长达 80 公里的严重污染带，沿江数百万群众生产和生活用水发生严重困难，129 家重点工业企业被迫停产，同时给下游国家和周边国家带来了一些麻烦，造成了恶劣的国际影响。

航拍松花江污染情况

▶ 连环大爆炸中生死救援，污染扩大，紧急处置

爆炸事故发生后，党中央、国务院高度重视，作出一系列重要指示，要求有关地方和部门立

即采取有效措施，积极做好应对工作，切实把事件造成的损失降至最低。

13 日 13 时 38 分，吉林市消防支队接到火警，迅速调集 11 个公安消防中队、吉化消防支队 5 个大队，共 87 台消防车，467 名指战员赶赴现场进行灭火救援。吉林省消防总队接到报告后，调动长春市消防支队 3 个中队，共 9 台消防车、43 名指战员增援。

此时，整个装置区上空浓烟滚滚，火光冲天，空气中弥漫着刺鼻的气味，从被炸裂的蒸汽管道中喷出的高温蒸汽发出刺耳的呼啸声，震耳欲聋；苯胺二车间装置区一片火海，装置区氮气灭火系统装置全部被破坏；距装置区北侧 100 多米的罐区内 1 个硝基苯储罐爆炸起火，2 个纯苯储罐发生猛烈燃烧，厂区消防供水系统因断电无法启动，罐区部分储罐水喷淋供水管线和泡沫固定灭火设施管线被炸毁，现场情况万分危急。

由于爆炸刚刚发生，厂区内都是向外跑的群众。事故又发生在周末，吉林市公安及交警部门紧急调集了 500 多名干警赶到现场维持秩序，紧急疏散现场附近的居民，并通知市化学灾害事故救助办公室、120 急救、原安全生产监督管理局、自来水公司、供电局等部门赶往现场，协助事故处置工作。

14 时 06 分，通过对现场情况的进一步了解，救援人员发现装置区有进一步发生大爆炸的危险，现场救援指挥部马上命令前方所有车辆和人员撤至距火场 300 多米的厂区大门口外。就在消防员撤离不到 3 分钟，装置区发生了第二次最猛烈的大爆炸。爆炸产生的棕红色蘑菇云遮天蔽日，整个装置区笼罩在浓烟之中。爆炸产生的巨大威力将装置区后侧炸出了一个深约 8 米、直径 20 余米的大坑；罐体残片、装置管线以及附近的其他建筑材料被抛向天空，并呼啸着“砸”向地面，残碎的罐壁和装置飞出 800 米远；强大的冲击波将后撤的官兵“推”倒在地，将火场前沿阵地来不及撤出的战斗车辆的车门损坏、车窗玻璃击碎，大吨位水罐消防车被水平推出数米距离；染料厂消防中队的三扇铁制车库大门，距离爆炸现场 650 米远，被冲击至严重变形，沥清、石块等不时砸在后撤的官兵身上。

14 时 28 分，所有参战力量撤至距离火场 2000 米的化工建设公司门前，防止再次发生爆炸造成伤亡。14 时 30 分，装置区再次发生剧烈爆炸；14 时 32 分到 56 分，短短的 20 多分钟时间内，又相继发生 11 次不同规模的爆炸。

爆炸产生的巨大蘑菇云

几次爆炸过后，黑烟越来越浓，刺鼻气味已飘到大桥南侧，不少群众在民警的指挥下，或戴口罩，或用湿布掩鼻，或头裹塑料袋，从桥北侧向南侧有序转移。紧急撤离的人们扶老携幼，争相涌上几座通往市区的大桥。由于车辆拥堵状况十分严重，警方不得不封锁龙潭区、江北区、松花江大桥以及松花江边所有道路，禁止车辆通行，只允许行人步行。15 时许，铁东 101 厂附近的大部分人群基本撤离完毕。这时气象部门预报，风向为东南方向，也就是吉林市的龙潭山方向，这里的居民也都接到了转移的通知。此后，吉林化工学院及北华大学的师生也开始了大转移。一时间，吉林市出现了数万人大转移的空前场面。

经过 3 个多小时的艰苦作战，18 时 50 分，罐区 3 个猛烈燃烧的储罐火灾被有效控制；19 时 15 分，罐区大火被扑灭，彻底消除了引发“系列连锁大爆炸”的潜在危险。随后，现场留下两个中队的 4 台消防车对罐区进行监护冷却，驱散着火罐内挥发出来的残存可燃液体的蒸气，防止发生复燃和爆炸。

20 时 40 分，装置区中部的流淌火被扑灭。至此，现场只剩下苯胺二车间装置区一处火点， 灭火力量也全部转入扑救苯胺二车间装置区的火灾战斗中。21 时 45 分，救援力量进行调整，对装置区展开进攻。

14 日 0 时 30 分，前方作战阵地报告，装置区火势明显减弱。指挥部经研究，决定组织力量抓住时机一举扑灭火灾。3 时许，装置火灾被基本控制；12 时 08

分，火灾被彻底扑救。指挥部决定，由吉化消防支队和吉林市消防支队特勤二中队的2门移动水炮继续对装置实施冷却，四中队、五中队对现场实施监护，同时命令特勤一中队利用生命探测仪等救生器材，配合吉化公司对失踪人员进行全力搜救，其他中队官兵到医院接受医护检查。

爆炸事故发生后，吉林市环保部门立即启动化学事故应急监测预案，15时左右，监测人员赶到事发现场，开展现场采样和分析化验工作。苯在常温下为无色透明液体，但极易挥发，短时间内吸入大量苯蒸气可引起急性中毒。因为爆炸制造出巨大的蘑菇云，滚滚浓烟随风飘散，所以初期的监测重点是大气。

检测人员在最大落地浓度点的测验表明，大气中的有毒物质并不超标。后来，检测人员把监测重点转移到了水体上。吉化公司有自己的污水处理场，在正常生产过程中，高浓度工业废水会通过各路管线排进污水厂，处理达标后再排放。但是事故发生后，大部分生产装置和中间贮罐及部分循环水系统遭受严重破坏，致使未发生爆炸和燃烧的部分原料、产品和循环水泄漏出来，逐渐漫延流入双苯厂清净废水排水系统。另外，事故抢救现场所用的消防水与残余物料混合后，也逐渐流入该系统，这些污水通过吉化分公司清净废水排水系统进入东10号线，也会与东10号线上游来的清净废水汇合，一并流入松花江。为此，检测人员马上兵分两路，一路监测大气，一路监测水体。他们首先检测了东10号线， 果然在里面发现了苯，浓度很高，水体发黄，除了苯还有别的物质。这也证实了残余物料和灭火废水通过排雨管线流入了松花江。

松花江作为黑龙江的支流，其水体汇入黑龙江。事故发生后，俄罗斯对此表示出极大关注。松花江水污染事件的影响也因其水体的流动性进一步扩大。中方积极与俄方进行沟通。有关部门和地方政府之间也作出了具体安排。双方商定在边境环保部门和地方政府间建立热线联系，随时通报最新动态。为减缓对俄罗斯境内河流的影响，我国做出了多种努力。中方封堵了污染物排放口，加大上游水电站的下泄流量，以减轻水污染。25日，哈巴罗夫斯克边疆区宣布实行紧急状态，该边疆区紧急情况委员会指挥部决定购买20吨活性炭，用于净化当地居民饮用水。俄自然资源部成立了防治指挥部，紧急情况部官兵进入战备状态。

党中央、国务院对水污染事件高度重视，对下一步工作提出了七点要求。第一，严密监测水污染情况。国家有关部门要加强对污染防控的指导，地方要沿江跟踪污水流过的城市、乡村，逐段检测水质情况，及时向社会公布监测结果。第二，采取各种措施，保证群众饮水需要和水质安全。要调集各方面力量、设备和物资，抓紧打井、调水。水厂要加强防污，做好停水期间供水和储水工作。保证居民特别是学校、医院用水，保证供热用水。我们决不能让一个人喝不上水，也决不能让一个人饮用污水。第三，切实做好水污染的善后工作。对污水流过的地方要进行环境质量评估，采取措施彻底清除污染物，不留隐患。要及早研究解决水体污染可能对江水造成的影响，研究治污的根本之策。第四，加强安全生产工作，特别是易燃、易爆和危险化学品的安全。第五，要认真调查事故原因，严肃处理，追究责任。第六，加强与俄罗斯的联系，以友好、负责的态度，及时通报监测信息，加强合作。第七，加强宣传引导。要向群众说明事实真相和政府采取的措施，做好思想工作。要加强对饮用水及相关产品的市场价格监管，防止哄抬物价，维护正常的生产和生活秩序。

▶ 安全管理漏洞百出

中国石油吉林石化分公司双苯厂是“一五”期间成立的国有老厂。该项目总投资上亿元，拥有年产 13.65 万吨苯胺的生产能力，是国内最大的苯胺生产基地。2003 年 3 月年产 7 万吨苯胺装置的二期工程启动。调查了解到，本次事故车间三年来，运行一直正常，而一个月以前刚刚经过了大检修，生产设备不存在严重安全隐患。

而事故发生当天，操作工在停止硝基苯初馏塔进料时，没有将应关闭的硝基苯进料预热器加热蒸汽阀关闭，导致硝基苯初馏塔进料温度长时间超温；恢复进料后，操作工徐某本应该按操作规程先进料、后加热的顺序进行，结果出现误操作，先开启进料预热器的加热蒸汽阀，使进料预热器温度再次升高，并超过温度量程上限。当温度较低的物料进入超温的进料预热器后，出现突沸并发生剧烈振动，使预热器及管线的法兰松动、密封失效，空气吸入系统。最后，由于摩擦、静电等原因，导致硝基苯精馏塔发生爆炸，并引发其他装置、设施连续爆炸。

此外，岗位操作人员技术水平低，业务能力较差，也是导致事件发生的重要原因。操作员徐某是一名五星级操作员，但在常规的化工工艺操作过程中，却多次出现错误操作，反映出公司在员工素质培训方面做得并不到位，员工在应知应会方面还不能适应安全生产的基本要求。另一方面，排液操作是每隔 7~10 天进行一次的不定期的间歇式常规操作，对于一项常规的简单操作，却反复出现操作错误，也反映出工厂操作规程执行不严，管理不到位，在工作中存在有章不循的问题。顶岗操作更是暴露出工艺纪律管理不严。

工厂、车间在生产组织管理上也存在巨大漏洞。在车间工艺规程和岗位操作法中，对于该岗位在排液操作中应注意的问题，以及岗位存在的安全风险、削减措施没有明确说明，对超温可能带来的严重后果也没有在规程中提示加以注意。工艺规程对装置的技术特点和安全风险没有明确阐述，岗位操作法缺乏指导性和可操作性。此外，重组分的排液操作，属于正常间断操作，不应切断进料，但从上午 10 时 10 分开始切断进料，直到 13 时 34 分 37 秒的爆炸，3 个多小时的切断进料，一直没有向车间报告，整个过程只有一名班长在操作，缺少相互配合。班长在外操作时，操作室无人监控温度，也无人对温度控制负责，在超温后无人进行及时的调节或汇报，致使操作严重失控，导致事故发生。

在针对松花江污染的调查中发现，工厂没有事故状态下防止受污染的“清净下水”流入松花江的措施，爆炸事故发生后，未能及时采取有效措施，导致泄漏出来的部分物料和循环水，及抢救事故现场的消防水与残余物料的混合物流入松花江。工厂对事故可能引发的水体污染问题没有进行深入研究，导致有关应急预案的重大缺失。另外，事故应急救援指挥部对水污染估计不足，重视不够，未提出防控措施和要求。

▶ 把好每道关口，筑牢安全防线

本起爆炸事故是因操作人员疏忽大意，错误操作而导致的，事故的危害和损失令全社会感到震惊。为什么会出现误操作？如何避免这样的误操作？是我们安全工作者需要深刻反思的问题。为此，我就此起事故给出一些安全防范建议。

一是加大安全投入，提升企业本质安全水平，改进完善安全监测报警系统和自保连锁系统，提高装置的安全可靠性。在生产工作中，人的失误是很难避免的，可通过“自动化换人、机械化减人”的技术改造，强化“减量、消除、替代、缓和、容错”的本质安全理念，从源头上消除或降低安全风险。针对本次事故，如果能舍得投入，安装一套连锁装置，即当阀门未关闭时阻止进料，则能够有效防止事故的发生；如果设计和安全装置都失效后，则应提供报警设备，而本次事故中对进料系统的持续高温则应进行相应的报警，真正减轻设备对人的依靠，让设备配合人的操作，杜绝因误操作引起的事故，保证安全。

二是严格控制生产管理，强化现场管理。领导干部不集中精力抓安全生产，不认真抓好整个生产过程的控制，就容易造成职工的“三违”现象，养成麻痹侥幸心理。所以各级干部应牢固树立起“以人为本，安全第一”的思想，不走形式主义，严格惩治不负责任、违章操作的操作人。强化现场的监督、检查与考核，真正形成横向到边、纵向到底的安全监督组织网络。抓好现场安全管理，安监人员要经常深入现场，不放过每一个细节，在生产一线查找违章乱纪作业人，把各类事故消灭在萌芽状态，真正做到全员、全过程、全天候、全方位抓好安全工作，确保安全生产顺利进行。

三是加强安全教育培训，提高操作人员安全素质。单位首先要大力开展安全教育，使操作人员端正安全态度，自觉遵守安全法规，加强工作责任感，养成严谨作风。之后要加强员工的职业技能培训，通过有针对性的培训，全面提高员工的应知应会以及分析问题和解决问题的能力。同时要加强员工基本理论知识的培训，使员工能够胜任本岗位的各项工作，并能独立正确地处理装置生产中遇到的各类问题。

四是合理安排用工制度，加强人文关怀，避免疲劳上岗、倦怠上岗、麻痹大意。对从事特殊作业和危险性较高的作业人员实行作业审批，严格审核作业者的资格和能力，对作业环境、作业对象和作业行为实施确认复检，纠正异常和不安全行为，坚决制止类似本起事故中的顶岗作业行为。对关键部位的操作，除了操作前的危害识别外，还要一对一地现场配备明显的操作说明、危害识别和安全警告等，实行双人互监操作或安全监督，并跟进监督的工作制度。

安全为上，怀责任心，行责任事

本起事故的直接原因是员工误操作，但其实质就是“不会操作”，更或者是因操作简单单调，没有意识到单调背后潜在危险的习惯性违章。无论是哪一种，都是“不负责任”的表现：是管理上的不负责任，是监督上的不负责任，是具体工作者的不负责任，是对领导、公司的不负责任，更是对家人的不负责任。

惨痛的事故教训告诉我们，各类事故的发生往往是由于安全意识淡薄，持“没问题、无所谓”思想的结果。没有强烈的安全意识，安全生产就失去了第一道防线，进而为误操作、违章操作等不安全行为让路，最后诱发事故，造成伤害。所以，我们要注重员工安全意识、安全素养、安全行为的提升和培养，坚决同违章、麻痹、不负责任的不安全行为作斗争，认真遵守规章制度，用高度的责任心换取持续的安全无事故。

手记

大年初一烟花爆竹库房爆炸，84 人死伤

——2006 年河南省林州市梨林花炮公司“1·29”爆炸事故救援和调查工作手记

- 时间：2006 年 1 月 29 日（正月初一）
- 地点：河南省林州市临淇镇梨林花炮有限公司

成品和半成品库房发生爆炸，导致附近的老君庙和天爷庙倒塌，造成 36 人死亡，48 人受伤（其中 8 人重伤，40 人轻伤）。

花炮仓库爆炸，震塌附近两座庙宇

2006 年 1 月 29 日（正月初一），河南省林州市临淇镇当地不少群众来到梨林花炮有限公司库房附近的老君庙和天爷庙烧香，梨林花炮有限公司是一个已停产整顿的企业，仓库里仍存有部分花炮。

14 时 15 分，临淇镇 3 名男童一起到老君庙玩耍，其中一人购买了两个被称为“怪炮”的鞭炮。燃放了一个后，男童走到梨林花炮有限公司仓库门前，将另一个“怪炮”点燃后从该仓库的通风口扔入库房，引燃了库内存放的鞭炮成品和半成品。之后库房发生爆炸，爆炸的气浪震塌了老君庙和天爷庙，庙内的部分群众被压在瓦砾下，附近许多住户的窗户被震碎。事故造成 16 人当场死亡。之后在现场清理和救治过程中，又相继有 20 人死亡。另有 48 人受伤，其中 8 人重伤。

30小时生死救援

事故发生后，党和国家领导人作出重要批示，要求各级地方政府、各有关部门

要继续抓紧安全生产工作，加强监管，严防重大事故发生。原国家安全生产监督管理总局（现为中华人民共和国应急管理部）主要领导立即组织研究并与现场通话，要求全力灭火，防止二次爆炸，清点核实人数，查清原因，并派原危化司副司长率工作组赶往事故现场，会同河南省副省长及公安部工作组，原河南省安监局、公安厅负责人以及当地人民政府负责人组成抢险指挥部，进一步开展抢救工作。

30 日上午，原安监局主要领导再次组织人员研究事故抢救和调查工作，并与河南省副省长通话，要求：（1）进一步核查伤亡人数；（2）全力抢救伤员；（3）查清爆炸地点与老君庙及生产车间的距离；（4）控制该公司业主和有关人员，尽快查清原因；（5）立即开展烟花爆竹安全检查；（6）做好善后工作。考虑到事故的严重性，会议决定增派我赶赴事故现场指导事故救援和调查工作。

29 日 14 时 10 分，林州市消防大队接到报警，立即出动两辆消防车 18 名消防员行驶 50 多公里，于 14 时 58 分赶到事故现场，安阳市消防支队派出两辆消防车和 15 名消防员前来增援。

爆炸现场在一个海拔约 150 米的小山山顶，爆炸后，小山上空腾起滚滚浓烟，附近公路上围满了人群，通过一条狭窄且崎岖不平的山路，两辆消防车颠簸前行靠近爆炸地点。存放花炮的一大片房屋已被炸成一片废墟，邻近的天爷庙全部震塌，老君庙部分倒塌，瓦砾遍地，废墟中半掩半埋着数十具老人和孩子的尸体，惨不

房屋被炸成废墟

现场找到的已爆的烟花爆筒

忍睹。爆炸主场区东北侧的花炮半成品仓库正在猛烈燃烧，弥漫着浓烈的火药味，库区不断传来噼里啪啦的爆炸声，另一成品仓库随时都有再次爆炸的可能，形势十分紧急。

考虑到山上灭火的特殊性，大队长首先命令一辆消防车停至半山腰，主要负责山顶供水。时间就是生命，划定警戒区域后，大队成立两个突击小组，一个小组组织现场搜救，一个小组组织灭火。气温越来越低，搜救人员用冻得发紫发僵的手一点一点扒开被困人员身上的乱石和瓦砾。

天色渐晚，在照明灯的照射下，搜救灭火监护工作仍在有条不紊地进行。消防员将库房的明火扑灭，积压在低层的鞭炮和半成品仍在继续阴燃，不断冒出浓烟，产生大量的硫化氢等有毒气体，给扑救工作带来很大困难。为了避开有毒气体，指挥员命令灭火队伍占领上风向，利用开花水枪对现场进行有效处置。 但是，一堵危墙挡住了扑救通路，为了加快灭火进度，指挥部命令将危墙强行推倒。消防队员们用木梁对危墙进行冲击，来回七八次终于将危墙推倒。直到深夜，全体参战人员成功救出 2 名伤员，找到 8 具尸体，及时疏散成品、半成品鞭炮 30 余箱，花炮 40 余捆，完全扑灭明火。第二天清晨，现场下起了小雪，气温骤降，救援人员将余烟彻底浇灭，继续全面搜救。一直持续到 20 时，搜救人员确认整个爆炸现场没有再次爆炸的危险，并且现场没有被埋人员后，才停止搜救和灭火工作。

▶ 事故背后，违法违规，失职渎职

此次事故中的伤亡人员，绝大多数是在爆炸地点附近老君庙和天爷庙里烧香和参观的游客。爆炸点为该公司的烟花爆竹成品和半成品仓库，该仓库距老君庙 30

余米，距生产厂房30余米。爆炸引起老君庙和厂房倒塌。该公司正在停产整顿，事故发生时没有进行生产，故公司无一人伤亡。

事故是由男童从通风口扔进点着的鞭炮直接引起的。孩子能轻易接近这么危险的库房，说明企业在安全管理方面存在严重问题。首先，根据安全生产的有关要求，鞭炮厂应建立在远离人群、远离火源的地方。梨林花炮公司的生产车间建立在一座香火旺盛的庙宇附近，厂址的选择不仅没有远离人群，并且离火源还很近，这严重违反了国家有关烟花爆竹安全管理的法律法规要求。其次，公司的安全监管不力，安全意识十分淡薄，在庙会期间没有做好防范措施，外界人员就很容易接近库房。这些都说明企业没有执行值班巡检制度，存在严重安全漏洞。

经调查，林州市临淇镇梨林花炮有限公司法定代表人为申喜栓，公司由申喜栓、申存生、申永江和张红生四人合股承包经营，从事爆竹的生产和销售，并分工负责该公司下属的四个生产区。2005年4月，该公司取得河南省安全生产监督管理局（现为河南省应急管理厅）颁发的安全生产许可证。同年8月，因在安全检查时发现该公司未严格遵守烟花爆竹有关规范，林州市原安全生产监督管理局暂扣其安全生产许可证，责令其停产整顿。同年9月，申喜栓违规私自购买了9万余枚礼花弹成品及半成品用于生产和销售，并将其违规超量存放在自己负责的包装车间内，直至事故发生。从10月底开始，梨林花炮有限公司开始偷偷生产烟花爆竹。其间，林州市安监局、公安局治安管理大队、临淇镇政府人员多次到梨林花炮有限公司检查，但检查流于形式，对梨林花炮有限公司擅自改变工房用途、长期违规存放爆炸物品、擅自扩建工房并在其中违规生产礼花弹、违规超量储存爆炸物品等违法违规行为视而不见，更未及时采取整改措施。调查还发现，林州市公安局治安管理大队民爆管理员牛明生甚至未经批准擅自同意向梨林花炮有限公司提供1000公斤黑火药、100包引信。

这样一个漏洞百出的企业，也能拿到安全生产许可证，暴露出地方政府有关部门安全监管不认真、不负责，烟花爆竹安全评价许可把关不严等问题。企业长期违规生产、超量储存爆炸品，胆大妄为，长期罔顾法律法规，而政府监管部门都视而不见，纵容隐患和漏洞长期存在而未整改，这些都是导致此次事故的重要原因。

▶ 铭记血的教训，树立安全生产红线意识

这起爆炸发生在农历大年初一，给人民群众生命财产造成了严重损失，教训十分惨痛。作为传统的高危行业，烟花爆竹的安全事故时有发生，深深刺痛着人们的神经。烟花爆竹的安全管理工作任务重、责任大，必须牢固树立安全生产红线意识，抓住要害采取断然措施，才能解决关键问题。

第一，严格执行有关烟花爆竹燃放的规定，加强专人值班检查和巡查工作。各级地方政府、各有关部门严格执行有关烟花爆竹燃放的规定，严禁在易燃易爆物品生产、储存单位燃放烟花爆竹；加强检查巡查，坚决制止违法兜售、燃放烟花爆竹的行为；从事烟花爆竹生产、储运、销售活动的单位必须安排专人每天 24 小时值班检查，值班人员既要检查本单位生产、储存场所情况，又要严密巡查厂区、仓库、店铺周围的群众性活动情况，防止可能对本单位安全造成的影响。

第二，加强对烟花爆竹企业的安全监督检查。加强对车间、仓储设施，特别是药物、成品、半成品等爆炸性物品存放的安全检查和治安保卫工作；对安全距离不够标准的生产厂、仓库要立即责令其停产，并落实有效防护措施；对因不具备安全生产条件而被依法关闭、责令停产整改的企业，要指导和监督其妥善处理库存药物、成品、半成品及有关设备，严防“地下生产”“私自储存”等违法活动；对已经取得批发、零售资质的烟花爆竹经营单位和个人，要加强日常检查和监管；对超能力储存、超范围经营销售非法产品等违法行为，要责令改正并依法处罚。公安、交通、铁路、民航等部门要加强对烟花爆竹运输的安全检查，打击非法运输，杜绝超载、混载、携带烟花爆竹的违法行为。

第三，加强安全生产联合执法检查。将烟花爆竹安全管理工作，与人员密集场所，易燃易爆单位，耐火等级低的密集建筑区、风景名胜区、旅游娱乐场所和大型公共活动场所的消防、燃气等方面的安全工作结合起来，开展公共安全联合执法检查。针对农历正月期间农闲人员较多、人口流动较大的特点，着重加强对烟花爆竹生产经营单位周边的日常安全管理，杜绝闲杂人员接近和进入危险物品生产、储存区域。

第四，提高烟花爆竹生产企业本质安全水平。推进烟花爆竹生产先进机械设备

的推广应用，科学运用自动化控制、安全联锁、紧急停车、视频监控、智能预警、机器人等先进技术，实现异常预警、故障停车、联锁控制等安全功能，提升烟花爆竹生产企业机械化自动化安全管理水平；对设备运行状况，人员禁入情况，环境药物粉尘、温度、湿度等实施监控，有效防范超速率、超负荷、超能力生产等安全隐患问题；将烟花爆竹生产中危险岗位人员换下来、减下去；做到机械运转作业时的人机分离，进料出料严格分开进行，并确保任何时候机械作业工房药物不超量。

第五，大力开展宣传教育，提高群众安全燃放烟花爆竹的意识，引导广大人民群众安全燃放烟花爆竹。在可燃放和限制燃放烟花爆竹的城乡地区，充分利用各种新闻媒体，向广大群众普及合格烟花爆竹产品识别、燃放注意事项等安全常识，引导群众自觉在合法销售点购买质量合格的烟花爆竹产品，按照产品的安全注意事项要求，做到文明燃放、安全燃放。举行焰火燃放活动的地区和单位要严格审查实施燃放作业的单位、人员资质，燃放方案和安全措施。对在禁放地区燃放、以危害公共安全的方式燃放等违法行为，要依法严肃处理，并及时向社会公告。

▶ 抓好安全生产，才是对国家和人民负责

在我国，在喜庆或有意义的活动场合燃放烟花爆竹，是一项传统活动。然而，这一象征美好愿望的活动，往往因为烟花爆竹的非法生产、销售、储存、使用而给社会带来不安宁因素。此次事故就发生在大年初一，一个原本欢乐祥和的节日，却变成了令人痛心疾首的日子。

烟花爆竹作为民用爆炸物品，其生产过程中从原料到产品都含有易燃易爆物质，稍有不慎便会引起燃烧和爆炸，甚至造成重大伤亡事故。要想做好烟花爆竹安全管理工作，需要各方共同努力。企业要向标准化、机械化、科技化、规范化、环保化的方向发展，提高自身本质安全水平；政府部门应立足产业发展实际，有保有压，支持有条件的企业做优做强，推进机械化、标准化生产和信息化管理；民众要提高安全意识，做到文明燃放、安全燃放。安全管理部门应从生产、销售、储存、运输、燃放等多个环节着手，从健全原材料标准体系、强化原材料进厂检验、严格火药安全管控、强化技术队伍建设、加强燃放产品管控、促进燃放行为规范、

做好销毁回收处置等多个方面，保障烟花爆竹的全生命周期安全。

安全生产事关人民福祉，事关经济社会发展大局。发展的每一个环节都要以安全为前提，不能有丝毫疏漏。在未来的发展道路上，我们要正确认识和处理安全与效益的关系，既要争取得到较好的经济效益，又要考虑社会效益，还要考虑企业效益的后续发展，创造一个良好的安全生产环境和条件，从国家的整体利益出发，有计划地进行安全生产投入，保证烟花爆竹行业的生产经营健康稳定发展，真正做到对国家、对人民负责。

手记

爆炸突如其来，误操作背后暴露多重问题

——2006年江苏省盐城市氟源化工有限公司临海分公司“7·28”重大爆炸事故救援和调查工作手记

- 时间：2006年7月28日8时45分左右
- 地点：江苏省盐城市射阳县盐城氟源化工有限公司临海分公司（以下简称临海分公司）

氯化反应塔发生爆炸，造成22人死亡、29人受伤（其中3人重伤），直接经济损失1938.55万元。

误操作酿惨祸

2006年7月27日17时左右，氯化车间第一次向28号氯化反应塔塔釜中投入约800千克氟化料。17时20分，氯化反应塔塔釜夹套内通入230~235℃的导热油，对塔釜内氟化料进行加热升温；18时，塔釜内氟化料温度为100℃，关闭导热油阀门，保温1小时；19时10分，开导热油阀门继续升温，按车间主任要求，操作工向塔釜内通入氯气，此时塔釜内氟化料温度为130℃，塔顶温度为32.9℃，冷凝器没有冷却水；直至20时交至下一班时，塔釜内氟化料温度为133℃左右，塔顶温度为34℃左右。

接班后，20时15分左右，因冷凝器没有出水，夜班操作工没有执行车间主任下达的继续向塔釜内通入氯气的指令，而是停止向塔釜内通入氯气，并关闭导热油阀门。直至28日凌晨4时20分左右，塔釜内氟化料温度已升至160℃左右，塔顶温度为35℃。此时，车间主任继续下令向塔釜内通入氯气，要求通入氯气流量为2标立方米/时。操作工接到指令后开导热油阀门继续对氯化反应塔塔釜加热升温，在冷凝器仍然没有冷却水的情况下，仅向塔釜内通入流量为0.5标立方米/时的氯气。

爆炸后的现场

接近 7 时，塔釜内氯化料温度已上升到 220℃左右，塔顶温度为 43.9℃，操作工关导热油阀门，此时 28 号塔塔顶没有产品出来；7 时 45 分左右，交下一班时塔釜内氟化料温度仍为 220℃左右，塔顶温度为 43℃，冷凝器依然没有冷却水。

8 时 45 分左右，28 号氯化反应塔发生爆炸，致使氯化车间、硝化车间等厂房垮塌，设备受到了严重损坏，爆炸又引发了其他化学物料的燃烧和爆炸。据估算，氯化塔物料的爆炸当量相当于 400 千克 TNT，爆炸半径约为 30 米。当时共有 71 名工人在厂内，其中 21 人得以安全撤离，22 人死亡，另有 29 人受伤。其中，氟源化工厂董事长、总经理和副总经理均受重伤。

火速抢险，严防事故扩大

射阳“7·28”爆炸事故牵动着每一个人的心，也受到了国家相关部门，以及省、市、县各级政府领导的高度重视。接到事故报告后，我于 29 日凌晨赶到爆炸现场，并按要求指导事故救援和事故调查工作。

事故发生 5 分钟后，当地民警、保安人员、消防队员迅速赶赴现场，开展灭火救援工作。事故现场一片狼藉，发生爆炸的化工厂车间已经完全坍塌，只剩下空壳。现场有刺激性气味传出，在消防队员的掩护下，射阳县公安局组成的第一批突击队毫不犹豫地冲进爆炸中心区搜救伤员，之后第二批、第三批突击队进场搜救，

20分钟内，共救出16名伤员，运出十几具遇难者遗体。

射阳县环境监测站在事故当天就开始对现场和下风向及周围水质进行连续的布点监测，监测范围从爆炸点上游100米到下游1300米左右，监测内容包括pH值、氰化物、苯胺、高锰酸钾指数。监测过程中发现有毒气体的浓度在迅速上升。据了解，在已经坍塌的废墟下面有四个液氯罐，个别地方已经发生泄漏。这些液氯罐一旦发生爆炸，后果将不堪设想。盐城市消防支队的同志身着防护服，在喷雾水枪的掩护下冒着生命危险冲进废墟，用布条裹着木塞封住泄漏的洞口，排除了险情，阻止了有害气体的扩散。

化工企业发生爆炸，最容易造成大气污染和水体污染。爆炸发生后，县、市、省环保部门立即启动应急机制，时刻关注附近水域和空气污染情况，每两小时检测一次，对于围堵起来的水采取了两个办法：一是把雨水管网的水弄到污水处理厂进行处理，再通过污水管道排出；二是将厂区内的残水通过石灰石简单中和一下，再送到污水处理厂进行集中处理。

28日10时30分，现场火灾得到控制。13时许，大火被完全扑灭，残存的数个氯气罐被安全封堵，35个硝酸罐也得到有效保护，避免了事故进一步扩大。同时构筑围堤，避免了水源污染。

针对事故现场氯气、硝酸、硫酸、氟苯等化学品泄漏情况，为确保附近居民生命安全，专家们提出方圆2公里范围内的群众必须紧急疏散。临海镇广播站迅速进行广播通知，全镇机关干部统一行动，深入村组，逐户上门组织转移。刚开始不少村民牵挂家里的财物，不理解不配合，有的死活不肯离开。经过村组党员干部耐心劝说，7000余名群众最终安全及时撤离。

事故后进行现场环境监测

经全力搜救、现场清理和逐一核对人员，确认事故死亡22人，住院接受治疗29人，所有受伤人员伤情稳定，无生命危险。环保部门在事故现场周围布点，对大气和水体进行 24 小时严密监测。经环保部门现场监测，事故现场围堰外水体及周边居民区空气未受污染。至 28 日 18 时，疏散的 7000 余名群众安全返回家园，事发地群众生产生活秩序稳定，善后工作也有序进行。这么大的事故，由于处置及时，没有造成环境污染，又是不幸中的万幸。

祸根早早埋于始

据估算，氯化反应塔物料的爆炸当量相当于 406 千克 TNT，爆炸半径约为 30 米，造成 1 号厂房倒塌。在调查事故原因时，调查组初步判定，这起事故可能是由氯化反应器的问题或者是人为操作失误而引起，于是明确了事故查处工作的任务：一方面要掌握确凿证据判定事故的直接原因，另一方面要查清管理上出了什么问题。

调查组首先对事发企业的建设情况展开调查，在了解掌握事发企业建设的相关资料后，发现该企业在建设过程中存在着很多不合法的地方。其硝化、氟化、氯化等生产车间的钢结构厂房、仪表控制室由氟源公司自行设计，钢结构厂房和仪表控制室的建设、生产设备的安装由氟源公司内部的承包单位承揽，承包设计和建设单位均没有相应资质。另外，2005 年 5 月至 2006 年 7 月，氟源公司为降低生产成本，总经理一行人到浙江三门经纬化工有限公司私下找相关人员引进不完整的氟化工艺。在建设过程中，车间建设、设备布置更是不符合化工安全建设规程。

之后，调查组对该企业项目的生产工艺和技术规程等进行了调研，根据掌握的资料判定该项目未经可行性论证，该厂存在不遵守法律法规、违法投产的行为。该项目在未全面掌握氟化工艺关键技术、未掌握生产工艺和安全技术特性的前提下，仅在实验室进行过小试，未经中试就盲目组织工业化试生产，未下发正式的工艺操作规程、安全规程，未制订详细的试生产方案和试生产期间的应急预案。同样从射阳县环境监察大队、消防大队等调取的该厂相关申请、审核和处理资料也证实了该企业的违法生产行为。记录显示，2005 年 12 月至 2006 年 7 月，氟源公司因临海新厂区非法安装压力管道、擅自进行 2,4- 二氯氟苯试生产、新建的 2,4- 二氯车间未经消防验收擅自投入使用，以及未领取营业执照等原因，先后受到射阳质量技术监督局、射阳县环境保护局、射阳县公安消防大队、盐城市工商局等行政执法部门的查处。

企业未掌握项目工艺技术，对员工的工艺技术、岗位操作和安全技能培训也就无从谈起。对于新工艺不培训就上岗，致使氯化反应塔冷凝器在断水状况下没有采取停车措施，盲目操作，错误地将氟化料长时间升温，直接造成塔釜内以二硝基物为主的氟化料在高温状态下过热剧烈分解，从而引发爆炸。

造成这起事故惨重后果的其他重要原因是监督管理出了纰漏。企业在试生产过程中边施工、边生产、边试车，劳动组织不合理，现场管理混乱，作业人员大量增加，氯化车间、硝化车间、氟化车间、机修车间的生产工人及现场附近施工人员多达 70 多人，导致爆炸后多人伤亡。另外，企业声称 7 月 1 日开始项目建设，但 7 月 20 日才有设计图纸；声称 7 月份才开始试生产，但实际上 2 月份就开始投产，事故发生前已有 900 吨的产量。这也反应出有关部门对于违法建设和存在重大安全隐患企业的管理松懈，没有完全履行监管职责，对于违法建设项目的监督管理和检查不力。

▶ 汲取教训严整改

这是一起因企业违法建设、违法投产、违章操作而引发的重大事故，伤亡惨重， 损失巨大。我们当认真吸取事故教训，查找问题，对症下药。

第一，化工生产企业新、改、扩建危险化学品生产建设项目，须严格执行安全设施“三同时”制度。氟源化工有限公司建设过程有很多不合法之处，如为节约成本将企业建设承包给无资质单位、违反化工建设规程等。这反映出企业安全生产责任不明确，监管部门对化工企业的安全监管不到位。化工生产企业应自觉遵守国家法律法规，保证安全投入，对化工生产企业新、改、扩建危险化学品生产建设项目，严格执行安全设施“三同时”制度，按照国家有关法律法规规定的程序和要求，办理各项审批、审查及验收手续。安全监管部门要严格控制化工行业固定资产投资，督促化工企业严格执行技术标准和设计规范，绝不能降低安全技术标准，坚决防止盲目投资、盲目发展。对不符合建设项目“三同时”要求的建设项目要立即停止，依照有关法规进行处罚并限期补办有关手续；对非法建设和严重违法的项目，要坚决依法关闭或取消；对已经合法批准并经复查后的建设项目要切实加强建设施工、竣工验收、投料试车的安全监管工作。

第二，企业要加强新产品、新工艺、新技术、新设备等的安全技术管理。企业在新工艺投入试生产前，必须准确和全面地掌握其技术、安全要点，在未完全掌握的情况下不得进行试生产活动；对于新产品、新工艺、新技术、新设备等，要严格执行国家有关的技术标准和设计规范，制订并落实各项规章制度、操作规程、工艺规程，有针对性地开展员工的安全教育和培训，把工艺技术参数和主要操作要点向操作人员交代清楚，提高员工的安全操作技能和应急处置能力，强化现场管理。安全监管部门要督促企业建立健全并严格执行安全管理制度和各项安全操作规定；加大安全隐患排查的力度，积极组织企业结合实际有重点地开展安全标准化活动，督促企业完善规章制度，制订并实施科学的作业方案和规程，加强人员培训，提高安全管理水平，确保安全生产。

第三，监管部门要认真履行监管职责。事发企业先生产后审批，反映出各监管部门在新建项目的设立、审批程序上存在漏洞，没有认真履行安全监管责任，放低了化工企业的准入门槛，这是造成事故的重要原因。化工行业是高危行业，各级监管部门应提高危险化学品企业的准入门槛。在新建项目的设立、审批程序上，各相关部门需增进沟通联系，制订相应的审批程序规定；加强危险化学品等企业的源头监管，实行联动监管审核，切实做到严格审批把关，实施有效监管，严格执法，整改措施要落实到位，将安全隐患遏制在摇篮中。

第四，政府部门要始终把安全生产放在首位。各地各部门在加快发展的同时，要坚持安全第一和安全发展，杜绝一切与安全法律法规相矛盾的地方政策，加强对企业安全生产的监督检查，加强联合执法，组织开展安全专项整治；加大化工产业结构调整力度，加大化工园区的核准力度，坚决关闭和淘汰不具备安全生产条件、破坏资源环境、不符合产业政策的化工企业，规范化工园区建设；对发现的安全隐患，采取坚决的整改措施，立即整改到位，从根本上促进化工工业的健康发展，避免类似事故再次发生。

尽职尽责强防范

江苏省现有 29 个化工园区，最多时有 54 个，是一个化工大省。然而就在当月射阳 “7・28” 爆炸事故不久前， 江苏的化工企业就发生过几次事故：7 月 4 日凌晨，连云港澄鑫化工有限公司浓硝酸泄漏；7 月 17 日，江苏富士食品有限公司氨气泄漏；7 月 25 日晚，连云港市凯达溶剂厂发生爆炸。化工企业事故屡屡发生，安全警钟一次次敲响。千里之堤，溃于蚁穴，小事故不深刻反省，仍放任不管，最终酿成大事故。

各地政府及安全监管部门必须深刻吸取事故教训，加强对化工企业的安全监管，摘掉化工企业高风险标签，防止事故再次发生。事故暴露出的安全问题，主要还是源于个别干部和企业没有把安全生产当作工作之首、重中之重，依然存在麻痹大意思想。等到事故造成人员财产损失后再去补救，为时已晚。要解决此类问题，关键是要以增强责任意识、强化责任担当为基础，以加强日常监督、防控系统风险为重点，以深挖彻查、扎实整改为保障，用层层压实的责任链构建环环相扣的安全网，实现发展和安全两促进。

手记

销毁烟花爆竹引发意外爆炸，20余人当场殒命

——2008年新疆维吾尔自治区吐鲁番市“3·26”烟花爆竹爆炸事故救援和调查工作手记

▶ 时间：2008年3月26日19时左右

▶ 地点：新疆维吾尔自治区吐鲁番市七泉湖镇

一起特大爆炸事故发生，共造成24人死亡，8人受伤，5人失踪，直接经济损失合计约974.69万元。这是我国在烟花爆竹销毁环节发生的首起重大安全事故。

▶ 销毁烟花，卸车接近尾声引爆炸

2008年3月26日10时左右，吐鲁番市公安局、恰特喀勒乡和乌鲁木齐雪峰民爆公司的工作人员将原红旗花炮厂库存的904箱过期烟花爆竹及原材料分别装载在4辆大货车上，于17时30分左右运至戈壁滩沟壑内，准备进行集中销毁处理。这次销毁行动是经过精心策划的，由市公安局治安科牵头并制订详细计划。工作人员先将3辆普通大货车上的烟花爆竹及半成品卸在沟内，后卸载民用爆炸物品专用车装有的黑火药、烟火剂及氯酸钾、高氯酸钾、硫磺、铝镁粉、炭黑粉等烟花爆竹制作原料。

19时左右，已经放置在沟壑内的3车销毁品突然发生爆炸。参与销毁工作的21人当场死亡，死亡人员中还包括7名警察。10名受伤人员被送往医院抢救，3名伤员因抢救无效死亡，事故还造成9辆车被毁，1辆车受损。

事故当天，现场有6名当地媒体工作者，一名当地电视台女记者当场死亡，一名男记者（上文女记者的丈夫）重伤，另有两名女记者事发前因离爆炸现场距离较远没有受伤，但受到了严重惊吓，事故发生后，这两人拨打了110电话报警。

离爆炸现场较远处的受损车辆

紧急救援，全力救治

26 日 19 时 12 分，新疆维吾尔自治区吐鲁番市公安局 110 指挥中心接到一通七泉湖镇戈壁滩发生爆炸的紧急电话，接警人员在第一时间通知消防队员，向七泉湖镇方向出警。随后又组织医生和救护车，及时赶到出事地点，公安局指挥中心立即将整个事件如实向自治区及地委领导报告。

19 时 13 分，接到报警后，吐鲁番地委、行署立即启动应急预案。当时的地委书记、地委副书记带领地市两级公安、消防、安监、医疗卫生等有关部门人员，急赴现场展开救援行动。根据现场形势，救援人员及时划定了警戒区域，控制火势，紧急抢救伤员。

吐鲁番“3·26”烟花爆竹爆炸案救援指挥中心迅速成立，指挥中心领导不停地向救援大队人员传达命令，以最快速度向七泉湖镇方向前进，分派两辆消防车寻找事故地点，最终在七泉湖镇的戈壁滩上找到了爆炸地点。事故现场被炸得只剩底盘主轴的货车、正在翻滚着火舌的微型车、遍地零零散散的车辆零件、遇难者遗体、呻吟着不停扭动身体的伤者……眼前的景象，给年轻的消防官兵留下了难以磨灭的记忆。他们面前，是一条数百米长、东西走向的沟壑，沟壑中，浓烟滚滚，呛鼻的火药味扑面而来。到场的消防官兵迅速分工，搜救、灭火工作同时展开，消防官兵使用水枪扑救仍在燃烧的车辆，以及沟壑中燃烧着的余火。浓烟翻滚在现场上空，时不时还从沟壑中传出残余烟花爆竹爆炸的声响。现场另一侧，当地消防局领导通过对讲机，指挥部分消防官兵有序地搜寻事故死伤人员。

20 时左右，一名背上有烧痕、头发被烧卷、身穿迷彩服、身体仍在扭动的男子被消防官兵抬上担架，送至安全区域。紧跟其后，一名上身裸露、裤子被烧出多个大洞的男子也被担架抬了过去。三名、四名、五名……死伤者陆续被消防官兵送至安全区域。坑里的火已扑灭，10 余名消防队员纷纷跳进两米左右深的沟壑内，用双手在还冒着青烟的灰烬中寻找遇难者和生还者。沟壑西侧，一名遇难者遗体被发现时，另一侧的消防官兵也找到一具遇难者遗体，为数不多的担架不够用了，几名消防官兵索性寻找到了一块爆炸后残留的汽车发动机盖，当作担架，将找到的遇难者遗体抬出沟壑。21 时左右，遇难者遗体搜寻工作已接近尾声，摆放在现场一块平地上的 20 余具遗体被顺次编号。

26 日 23 时，新疆维吾尔自治区党委常委、自治区副主席带领自治区公安厅、原安监局等有关负责人赶到事故现场实地查看，并前往吐鲁番地区人民医院看望受伤人员，吐鲁番地市医疗专家与自治区卫生厅安排的医疗专家成立了救治工作组，共同开展救治工作。

27 日凌晨 2 时，吐鲁番地区人民医院住院部三楼外一科、外二科走廊里，来回搬运医疗器材、药品的医生和护士都脚步匆匆。病房门外，公安民警、事故处理工作组人员守候在楼道，有的面露焦急神色，有的紧锁眉头来回走动。当日在事故中受伤的人员，正在住院部三楼外一科、外二科接受抢救治疗。在三楼医生办公室，由当地医疗部门组织的 10 余位专家正在紧张地讨论伤者病情与治疗方案。

27 日 17 时，爆炸事故中的 5 名伤者由于伤势较重，被送到了自治区人民医院外科重症监护室。医院立即成立了以副院长为首的抢救小组，抢救小组包括医院烧伤科、骨科、外科、神经科的 20 多位专家。经过一个多小时的会诊，这 5 名伤员被送往烧伤科、骨科等科室进行救治。

▶ 摩擦起火酿惨祸，祸首为10年前老爆竹

据悉，爆炸的烟花爆竹及原料是恰特喀勒乡境内的原红旗花炮厂 10 年前的库存。吐鲁番地区提供的 2007 年治安管理报告称，该礼炮厂在 1998 年已经停产歇业。2007 年 7 月，彼时破旧的库房只有一名妇女看管。当地公安机关调查后发现，

存放于此的大批烟花爆竹及生产材料已经严重过期，存在巨大的安全隐患，加之吐鲁番气候干燥，这些废弃的火药非常危险。为防止发生事故，当地公安部门组织人员于26日对这批烟花爆竹及原料进行销毁。这次集中销毁行动是由吐鲁番市公安局、恰特喀勒乡政府共同组织的，乌鲁木齐雪峰民用爆破公司也派出人员配合参与。据恰特喀勒乡党委副书记称，这次销毁行动本是经过精心策划的，由市公安局治安科牵头并制订详细计划。销毁地址选择在七泉湖镇的戈壁荒漠上进行，就是为了远离人烟以免发生事故，但万万没想到销毁物品会突然爆炸。

公安机关查明并证实爆炸事故并非人为制造。调查组分析推断，烟花爆竹原料在卸载过程中混合洒落在车厢地面上，客观上形成了感度极高的物质，与铁质原料桶发生撞击、摩擦引发爆炸，然后沟内堆放的易燃易爆原料和成品烟花爆竹殉爆燃烧。经计算，爆炸的能量大约相当于1.5吨TNT当量。由于爆炸发生在卸车过程中，周围没有阻隔，因而威力巨大，造成现场大量人员伤亡。

此次烟花爆竹销毁组织单位虽制订了销毁方案，但方案不尽合理，对此次烟花爆竹销毁行动也缺乏严密组织，本可以安排分批次进行销毁，也可以一辆车卸完后，开出沟壑再进行第二辆车的卸装，危险性会降低很多。值得一提的是，此次烟花爆竹销毁组织单位及销毁的具体参与人员对烟花爆竹及制作原料的危险性认识不足，安全知识缺乏，麻痹大意，对需要销毁的烟花爆竹成品、半成品以及制作原料未进行认真分析和分类，在装卸和运输过程中对烟花爆竹的原料进行混装且搬运粗暴，造成外力撞击或摩擦作用引发爆炸。销毁方案实施之前也没有全面、及时地向方案中涉及的有关人员进行宣贯和通报，有关人员不了解自己在方案中应履行的职责，对现场出现的违规装卸、无关人员进入现场等混乱现象没有及时制止。另外，销毁烟花爆竹的时间安排在傍晚也是一个很大的错误。离天黑已较近，都想早点卸完货回家，造成工作人员抢时间干，搬卸过程难免发生匆忙卸货、动作粗暴的情况。这些因素都共同导致了惨祸的发生。

▶ 爆炸品销毁安全需引起重视

民爆物品、烟花爆竹是国家依法严格管制的危险物品，做好民爆物品、烟花爆竹安全管理工作，事关社会治安大局和人民群众生命财产安全。发生在新疆吐鲁番七泉湖镇的“3·26”烟花爆竹爆炸事故给国家及人民群众生命财产带来巨大损失，教训极为惨痛，社会影响极其恶劣，充分暴露出民用爆炸物品安全管理上还存在诸多问题。烟花爆竹销毁工作是一项危险性较大的工作，“3·26”爆炸事故是我国在烟花爆竹销毁环节发生的第一起重大安全事故，事故发生后，举国震惊。各地各部门应深刻吸取事故教训，加强民用爆炸物品销毁安全管理。

一是做好组织保障。烟花爆竹销毁工作应制订技术方案，由专业公司负责实施，采取技术服务外包的形式进行，并且做好各项保障工作，避免发生危险和事故。烟花爆竹销毁工作由专业人员进行操作，公安机关负责组织协调并且做好安全管控工作。当销毁的烟花爆竹数量较多、规模较大时，要建立现场指挥机构，设立运输、爆破、警戒、消防、应急保障等组，作好分工，搞好协同，统一指挥信号，确保销毁过程紧张有序、忙而不乱。爆破时应选择遥控点火或远距离点火的方式，禁止近距离点火。

二是选择适宜的销毁环境，妥善布置销毁场地。销毁时应避开大风干燥天气，位置要远离库房、工房、城镇、居民点、工矿企业、公路、铁路、高压输电线路、通讯线路、森林、草原和易燃柴草地区，并与周边的繁殖、养殖区保持足够的安全距离；地形最好选在山沟、丘陵、盆地等碎片不易飞散的地方，如三面或四面环山、中间较为平坦的山洼地区；选择便于运输车辆、人员出入，点火引爆人员快速撤离隐蔽的场地。场地选定后，应对销毁场地进行妥善布置，清除易燃物品、易飞物品，设置防火带、指挥所和观察所。

三是划定警戒区域。在销毁现场应根据所销毁烟花爆竹的数量、品种、爆炸威力等因素划定安全警戒圈，并做好安全警戒标志，严禁无关人员进入施工现场，所有进入销毁现场的通道和入口区都必须配备人员警戒。警戒人员应持有警戒旗、警笛或便携式扩音器、对讲机。执行警戒任务的人员，必须按时上岗，认真履行职责，杜绝闲杂人员、车辆进入警戒范围内，发现意外情况应及时报告。在未接到解除警戒信号的指示前，不得离开警戒位置。

四是做好善后处理。销毁人员在进入销毁结束的现场时一定要确保无爆炸、无烟火时方可进入；对未燃爆的零散鞭炮可集中进行第二次销毁；在销毁彻底结束后，要对灰烬喷水掩埋，不可留下任何安全隐患。

事故引发的思考

民用爆炸物品是易燃易爆的危险品，严重威胁着人民财产安全和社会公共安全。近年来，我国民爆行业产销量快速增长，各地、各部门围绕加强民爆物品、烟花爆竹安全管理采取了一系列有效措施，全国爆炸案件、事故起数和伤亡人数大幅下降，但全行业安全生产形势依然严峻。一些地方、部门和从业单位针对民爆物品、烟花爆竹的安全管理制度不健全、管理不严格、措施不到位、责任不落实、协作配合不力等监督管理松懈的问题仍比较突出。

要对民用爆炸物品的生产、运输、储存等进行严格把控，就必须按照国家安全管理规定的要求进行全面监督管理，企业内部的各个岗位管理制度进行更新完善，将安全管理工作落到实处。要加强安全责任意识，全面落实从业单位安全管理主体责任和监管部门职责，建立健全长效管理工作机制，堵塞管理漏洞，消除安全隐患，杜绝重特大爆炸案事件发生。公安机关要加强监管，一刻都不能放松，做到防患于未然；还应重视对民众的宣传教育，提高人们安全意识。各地、各部门需站在维护社会和谐稳定和人民群众生命财产安全的高度，加强安全管理和监督，有效防范和遏制爆炸案件、事故的发生。

手记

化工厂突发火情，万幸有惊无险

——2008年中国石化集团茂名石化乙烯厂“6·3”火灾事故救援和调查工作手记

▶ 时间：2008年6月3日18时32分

▶ 地点：广东茂名石化乙烯厂

榭平岭变电站榭烯线受雷击跳闸，引起茂名石化总变北站1#主变、南站1#主变发生晃电，造成多套装置跳车，并引发2#裂解装置2#裂解炉发生火灾。经过茂名石化和茂名市消防队全力扑救，事故未造成人员伤亡和环境污染。

▶ 雷火相接，险情回顾

2008年6月3日18时32分，110 kV外电网榭烯北线架空线遭受雷击，发生A相接地短路故障，引起乙烯北变一路电源失电，经过短时停电后（2秒以内），电源自动切换装置成功恢复供电，但短时停电导致1#聚丙烯、2#聚丙烯、1#高压聚乙烯、高密度聚乙烯、2#丁二烯、乙二醇、2#加氢、空压机C-103 A/C、热电A炉、3#发电机、2#裂解甲烷氢压缩机CB-402、甲烷压缩机CB-403跳车，合计约150 t/h排放量的气体排向设计能力为910 t/h的D火炬。D火炬制造质量上的缺陷致使火炬排放不畅憋压。18时46分，火炬系统压力达到0.22 MPa，引发2#裂解的裂解气压缩机CB-301中压缸干气密封排气压力过高，致联锁停车，使大约250 t/h的裂解气排往火炬系统，火炬系统压力随之增至0.591 MPa，超出了裂解炉出口裂解气管线的设计压力0.35 MPa。18时57分，2#裂解的2#炉出口裂解气管线膨胀节失稳泄漏着火，发生火灾事故。乙烯厂裂解装置三条裂解炉燃起熊熊大

熊熊大火映红了夜空

火，映红了正下着滂沱大雨的厂区夜空，火头最高时约30米。事故发生后，数千名村民、大批民工在当地有关人员的疏导下，纷纷冒雨撤离村庄，被疏散到数公里外的安全地带。直到22时以后，才开始陆续返回家中，所幸事故没有造成人员伤亡。但爆炸发生后，整个村庄的建筑物、田地及马路上都盖上了厚厚一层黑色物质，井水也变成了黑色。村里有人口800多人，130多户，因为乙烯厂车间装置发生火灾，这个村100多口饮水井一夜之间变成黑色，饮水遭遇困难。

处置及时有效，事故未扩大

2008年6月，全国上下都在紧锣密鼓地筹备北京奥运会（同时迎接改革开放三十周年）。在此期间，各地、各部门采取各项有力措施，加大重点行业、领域的安全监管监察力度，认真排查治理安全隐患，巩固百日安全督查成果，保证奥运会期间的安全生产稳定。就在此时，产量巨大的中石化茂名乙烯厂发生了火灾事故，这让所有人的心都提了起来。

火灾事故发生后，现场操作人员当即打开消防炮，中控关停了2#裂解装置全数裂解炉，并关闭了急冷油到炉区的调剂阀，同时对1#裂解装置进行停车处置。裂

救火现场

解炉全面停车后，操作人员赶往现场当即切断了裂解炉各股进料的界区总阀、燃料气总阀，关闭各界区隔间阀、新老装置相连管线阀门、装置内各系统相连管线阀门。

接到报警后，茂名石化和茂名市消防队出动10多辆消防车，3分钟内赶到现场。经全力扑救，火势在起火后1小时被控制住，又经半小时后被扑灭，无人员伤亡。为防止含硫化氢物料对环境产生污染，现场应急指挥部决定实施控制燃烧，不完全灭火，直至消除有害物料。

与此同时，茂名石化公司一方面加大污水场污水处理能力，另一方面切断雨水外排阀门，将雨水收集到调节池，防止事故消防水泄漏至厂外引发次生环保污染事故。除厂内处理达标的废水排海外，无其他废水外排。茂名市环保监测站对袂花江部分水域的水质及厂界环境大气进行了监测，监测结果均未见异常。火灾发生后，物料燃烧产生的碳灰飘落到下风向的部分村庄。4日上午，附近一些村庄村民发现井水变成浅黑色。茂名石化公司接报后，同茂名市政府、市环保局等相关部门一起到现场了解情况，并立即组织村民对水井进行清理，除少数水井在清理前存在色度略超标准的情况外，石油类、苯等其他化学污染物均未检出，水井清理后包括色度在内的各项监测指标均已正常。4日22时30分，经茂名市环保局确认，清理后的水井井水已可饮用。事件产生的污水被全部引入事故应急水池，未造成水体大气污染，其他装置生产正常。

▶ 防微杜渐，追根溯源

石油化工产业危险品数量大、种类多，生产工艺致灾因素繁杂，火灾事故频发，一旦发生火灾爆炸事故，救援难度大，极易造成人员伤亡和财产损失。为此，分析石油化工行业火灾事故原因，对石油化工灾害事故影响因素进行分析，对提升石油化工灾害事故应急处置能力具有重要作用。

经初步分析，这场事故直接原因是装置断电跳车后，各装置在同一时间集中往火炬管网紧急泄压。由于多套装置同时向D火炬管网排放，火炬管网压力急剧升高，超过了裂解炉出口管线的设计压力，导致2#裂解炉出口膨胀节泄漏，高温裂解气喷出着火。

这场事故虽然没有造成人员伤亡，却暴露出了多方面的问题。在供配电方面，110 kV线路的防雷措施不完善，导致110 kV外电网榭烯北线架空线在遭受雷击后发生A相接地短路故障，进而引起乙烯北变一路电源失电。调查还发现，运行中发电机的经济运行与供配电系统安全性存在一定矛盾。

在火炬排放系统方面，从现场来看，承包商提供的火炬分子封内件间焊接存在严重质量问题，部分焊缝未焊透，焊缝结构不符合规范。同时，制造商未能提供完整的质量控制文件。另外，分子封内的固定筋板与钟罩的连接方式不合理，使连接处成为薄弱环节。再者，制造质量上的缺陷致使D火炬排放不畅憋压，进而导致火炬系统压力超出裂解炉出口裂解气管线的设计压力。据调查，D火炬承包商提供的设计文件不完整，D火炬结构设计等方面的计算不完善，与设备本质安全的设计要求尚有一定差距。

在安全操作方面，2#炉出口裂解气管线大阀设计开关时间为195秒，但试生产操作一段时间后，开关时间短时有几十分钟，长时则需要1~2天。为解决开关时间过长问题，操作人员在裂解气管线上加装了膨胀节，但膨胀节的设置过程不符合有关管理规定，为事故发生埋下了隐患。

在管理方面，茂名石化乙烯厂现有应急预案没有针对火炬系统压力超高的内容，没有火炬系统压力超高情况下的处置方案。另外，事故发生后对外信息发布方面存在不足。在事故现场尤其是在恶劣天气情况下，现有的通信工具无法进行有效信息传递。

综上所述，可以认为此事故是一起因为D火炬承包商分子封设备质量引起火炬堵塞，在系统停车时造成火炬系统憋压，最终导致裂解炉裂解气管线发生火灾的责任事故。此外，管理不善、天气原因也间接诱发了事故。

▶ 深刻反思，引以为鉴

这场事故虽然没有造成人员伤亡，但也是一场本该避免的责任事故。天灾不可控，人祸本可防。近年来，我国化工企业火灾事故时有发生，给人员、设备、环境安全带来巨大威胁。因此对化工企业的火灾进行预防与控制非常必要，我们一定要吸取教训，防微杜渐。

一是坚持“群众过节，我们过关”的安全理念，在敏感时段关键节点，始终保持清醒的头脑，绷紧安全生产弦。该起事故发生时正赶上奥运年及改革开放三十周年，大事多，重要活动多，是一个非常重要的年份。作为全国首家百万吨级的乙烯厂，发生了这样一起火灾事故，让全国上下都跟着担惊受怕，给喜迎奥运的氛围蒙上了一层阴影。因此，一定引以为戒，在节假日期间、重要时段和重要节点上更加要提升责任感、使命感，把安全作为头等大事，把安全工作落到实处，让人民安心，让国家放心，共同营造安全稳定的氛围。

二是重视工艺落后、设备落后、监测监控系统不健全问题。由于石化行业生产特点和属性，在化工设备使用和安装的过程中，通常会存在一定的安全隐患。这些隐患不仅容易诱发安全事故，同时还会酿成严重的后果，造成人员和财产的损失。石化企业要保证所有生产设备有安全接地措施，定期对厂区内所有的防雷设施进行安全大检查，对油罐区的安全检查尤为重要。地方政府一定要督促各企业深刻汲取教训，加强隐患排查整改，做好对于化工设备的定期维修和保养工作，提高化工设备的安全生产水平。坚持安全发展的指导原则，真正提高企业安全保障能力，实现地方经济又好又快发展。

三是认真落实建设项目“三同时”制度，做好新建项目验收工作。这次发生事故的乙烯裂解装置是正在验收的新建项目，这起事故暴露出这个装置的安全措施还不完善。在每项生产任务开始前，应依据相应的文件制度提前制订生产操作方案，生产操作过程严格按照制订的方案开展。生产操作的方案应结合化工生产车间环境、生产操作项目、操作过程化学反应等方面因素制订，规避任何环节可能发生的安全事故。同时还应制订周全的应急预案，提前做好相应的防护控制措施。

四是关注基础管理工作，降低化工安全生产风险。现如今的化工生产企业发展过程中，一些企业即便已经制订了各项生产过程中需要遵守的制度以及规章流程，但是对于安全生产工作仍然缺乏重视，这些规章制度只是为了应付检查，整体的企业化工生产技术管理比较松散，缺乏科学的管理流程和管理标准，整体的管理效果难以得到保障。因此要强化安全生产管理和监督，结合企业实际，构建适合企业安全发展的管理模式；同时加强运行管理，明确工作标准，及时消除设备缺陷，提高设备可靠性。

五是严格按照有关规定，做好事故信息上报工作。《生产安全事故报告和调查处理条例》已对事故信息报送时限和调查处理等作出了明确规定，各地区、各部门、各单位和各企业都要严格按照《条例》的规定，及时上报事故信息。尤其要重视没有造成人员伤亡的事故信息报送工作，绝不能因为没有人员伤亡或造成环境污染，就不上报或迟报事故信息。

▶ 安全有方法，谈“化”不色变

中石化茂名乙烯厂年产各类乙烯化工产品300多万吨，生产能力约占中石化乙烯产能的六分之一，占全国乙烯产能的十分之一。这么大的一个化工厂，一旦发生火灾事故，后果不堪设想。无论是火灾、爆炸、中毒还是污染，件件事故都是关乎生命安全和设备安全的大事，切不可掉以轻心。同时，乙烯是化工产业链中的基础性原料，比如生产PPA、聚酯等很多下游化学产品都需要乙烯。茂名的乙烯有很大产量，对整个华南地区化工产品的生产影响举足轻重。

企业成于安全，败于事故。任何一起事故都会对企业造成不可挽回的损失，轻则停工停产，重则污染环境、危及性命。千万不能抱有任何侥幸心理，因为一次不经意的违章，或许就会造成很大的伤害或损失。化工生产活动所带来的火灾爆炸影响是巨大的，企业要加强火灾爆炸的防控措施，根据实际的化工生产要求，制订科学的预防手段。化工工作人员也要树立安全的防控意识，严格操作，安全生产，推动企业的可持续发展。

看待化工产业，必须理性、科学，必须全面、辩证，不宜“谈化色变”。化工产业是我国的支柱产业，也是我国重要的基础性、支撑性产业。整治提升化工产业安全，绝不是不要化工产业、不再发展化工产业，而是要高质量、高效率、高安全性地发展化工产业。如果每个人都能真正意识到这一点，那么我们的安全生产工作必将做得更好，我们的化工产业就能得到长足发展。

手记

二硫化碳泄漏，8500 多名村民紧急疏散

——2008 年大广高速河南周口段“6·28”槽罐车二硫化碳泄漏事故救援和调查工作手记

▶ 时间：2008 年 6 月 28 日 21 时 30 分

▶ 地点：大广高速周口扶沟段 242 公里处

一辆载有 16 吨二硫化碳的罐车发生泄漏燃烧事故，造成大广高速周口段被关闭 52 小时，周边 8500 多名群众被紧急疏散，没有人员伤亡，直接经济损失约 200 万元。

▶ 二硫化碳罐车乔装上路，躲过检查

2008 年 6 月 27 日，崔某某从关某某处购买 16 吨二硫化碳，安排原押运员徐某某招聘驾驶员，聘来具备从业资格的濮阳城关镇驾驶员杨某某，与原聘内黄县后河镇驾驶员王某某一起，让无从业资格证的滑县城关镇袁某随车押运，准备将货物运往湖南省株洲市。

27 日 16 时，杨某某、王某某和袁某某驾驶蒙 E34183 罐车从滑县县城东南的停车场出发。22 时许，到达武安市康二城镇二硫化碳生产点。28 日 6 时，他们开始装车。10 时许，罐车被篷布蒙住，伪装成其他普通运输车辆，先由王某某驾驶出发上路，经邯郸上京珠高速，进入河南境内，又经濮鹤高速转入大广高速。由于用篷布遮盖，豫冀收费站和安阳市公安局高速交警大队均未发现。16 时许，该车进入大广高速滑县服务区。稍作休息后，换由杨某某驾驶，继续沿大广高速南行。21 时 30 分，该车驶入周口境内距扶沟服务区 1.5 公里处，发生泄漏并燃烧，杨某某发现后停车，与王某某和袁某下车，拦车要求其他车辆远离事发地点。同时，杨

某某拨打周口市110报警，王某某和袁某在杨某某报警时逃跑。

紧张有序抢险

接到报警电话后，周口市委、市政府主要负责同志和分管负责同志带领市公安、安全监管、交通、环保、卫生、气象等部门和扶沟县委、县政府及其有关部门的人员，迅速赶赴事发现场，组织公安干警、消防队员，启动应急救援预案，开展抢险救援。接到事故报告后，我和河南省政府有关领导同志以及省公安厅、原安全监管局、环保局等部门的负责同志，带领有关人员，邀请有关专家，火速赶到事发现场，组织和指导抢险救援，并调动许昌、开封等市的消防力量，请求人民解放军某部防化部队参加抢险救援。

6月29日22时，我和危化司负责人4人到达位于大（庆）广（州）高速公路河南周口段扶沟服务区的事故现场处置远程观测点，省、市、县政府及有关部门的负责同志详细汇报了事故经过、现场处置、人员疏散及下一步的救援工作情况。调查组根据现场情况提出了三点总体处置意见：第一，在确保人员安全的前提下，组织消防、防化官兵控制现场火势，防止爆炸；第二，由专家组拿出现场处置意见，公安、消防、安全监管、环保等部门要按专家意见尽快抢险；第三，做好周围群众的疏散工作，设置有效隔离区，防止次生事故发生。

为弄清外泄点位置和大小，了解现场真实情况，以便对症施策，需要派人近距离侦察。周口公安消防支队和川汇区公安消防大队两名同志携带个人防护装备，在消防队员的保护下接近事故车辆。经过现场侦察，罐车位于高速公路西侧靠近护栏处，西侧为深沟。泄漏点位于罐体前侧下部，罐体上部形成猛烈喷射燃烧，发出刺耳的呼呼声，底部有流淌火，火势较大；车辆驾驶室及前面4个轮胎已全部烧毁，罐体处于烈焰的炙烤之下，随时都有可能发生爆炸，空气中弥漫着刺鼻的恶臭味。

根据掌握的情况，我同专家以及安监、环保等部门紧急协商，迅速制订处置方案：高速交警立即对大广高速扶沟至开封市通许段实施交通管制，在事故现场扩大警戒区域，以事故车辆为基点，向上风、侧上风方向扩大至500米，向下风方向扩大至1000米。

因二硫化碳是损害神经和血管的有毒物质，燃烧后会产生有害物质，周围群众必须尽快撤离，调查组和扶沟县政府一起制订了群众撤离疏散方案。扶沟县政府组织公安部门和附近镇 300 名干部在距事故中心下风口 5 公里、两侧 4 公里、上风口 3 公里范围内的 5 个受毒气威胁的村庄进行“拉网式”紧急疏散，当日夜晚 2078 户 8519 名群众被疏散至安全地带，同时昼夜巡逻，防止疏散人员回流。

由于当时火势猛烈，且在夜间，罐体泄漏点不能完全确定，无法实施堵漏。为防止罐体发生爆炸及泄漏液体流淌到老涡河内造成更为严重的环境污染灾害，只能一边将罐体进行冷却，一边采取措施围堵，防止有毒物质流入河流。

消防队员调集消防车辆在侧上风方向利用车载泡沫炮对槽车罐体顶部火势进行阻击，对流淌火进行压制，消灭驾驶室明火后将罐体前部冷却；同时专门安排一门自摆水炮对罐体后部进行冷却，并根据火情变化适时调整位置。

由于槽车燃烧猛烈，现场温度过高，前线人员无法长时间近距离作战，水枪手两人一组，着防化服，佩戴空气呼吸器，10 分钟一轮换，其他人员撤至安全区域。8 辆水罐车采取铺设双干线的方式对主战车辆进行供水，确保火场供水不间断。

30 日 5 时 30 分，前线侦察小组查明泄漏点位于罐体前下侧焊缝处，罐内液体呈瀑布状泄漏。消防官兵立即调整方案，加强对槽车的冷却，防止白天气温升高引起罐体爆炸。我组织了人员用水泥、沙土筑堤，将泄漏的二硫化碳液体导流入事故车旁的排水沟渠内，并在排水沟渠的适当位置筑堤截流，把泄漏液体控制在排水沟内，以限制泄漏液体的扩散范围，并对排水沟内的二硫化碳残液进行吸附，防止发生严重的次生灾害。

经过 52 个小时的艰苦奋战，7 月 1 日 1 时 20 分，泄漏燃烧事故得到成功处置，上午 10 时大广高速恢复正常通行，避免了一起恶性爆炸和环境污染次生灾害事故的发生。

违法违章，事故成必然

经专家分析，由于成品油运输罐车违法改运二硫化碳，长期腐蚀，罐壁变薄，罐体前壁下中部扳边处破裂，造成二硫化碳泄漏，二硫化碳遇高温或者火花燃烧，导致此次事故发生。6 月 28 日，天气晴朗，气温较高（28~35 ℃），容器内压增大，罐体质量差。经现场勘察检测发现，罐体前封头下部折弯处有一条 250 毫米长的穿透性裂纹。该车缺乏检验和维护保养，运行过程中该处缺陷由于载荷交变、高速冲击、流动激荡，温差应力及交变应力使罐体前封头下部扳边处破裂，造成物料泄漏。罐体与地面没有消除静电措施，产生静电火花，或遇到高温天气，即刻着火燃烧。

该案例十分典型，集非法违法违章多种表现于一体。车主法律意识淡薄，在没有取得危险化学品生产许可证情况下，非法生产危险化学品；在没有取得安全生产经营许可证情况下，违法经营危化品二硫化碳；购买成品油运输罐车，私自改运易燃、易爆、易挥发、易腐蚀的危化品。事故罐车隶属安阳市永兴化工有限责任公司，是公司负责人崔文杰在 2006 年 11 月购买的二手车，该罐车是成品油运输罐车，不允许运输二硫化碳等易燃、易爆、易挥发、易腐蚀危险化学品。事故车辆所属公司安阳市永兴化工有限责任公司于 2005 年 12 月，在未取得危险化学品安全生产许可证的情况下，经滑县工商局批准成立。

肇事车辆跨省套牌，其车辆行驶证、危险货物运输资质挂靠在内蒙古自治区莫力达瓦达斡尔族自治旗荣兴运输外运车队。挂靠运输车队只收费用、不加管理、放任自流，驾驶员盲目从事危险货物运输，违规驶入京珠、大广等多条高速公路。事故发生后逃匿押运员无从业资质，货源由濮阳市华龙区的关林波与他人合伙开办的非法生产点生产。我也了解到，该二硫化碳生产点，长期为安阳市永兴化工有限责任公司非法提供产品二硫化碳，也是导致事故发生的主要原因之一。运输过程中，押运员用篷布蒙住车辆，以运输玻璃水的名义，伪装成普通运输车辆，擅自进入危险化学品禁行区域，改头换面使得交管人员没能及时发现并制止，事故车辆得以蒙混过关。

另外，相关部门单位监管不力，缺乏严格检查、监控和管理，或违规办理营业执照，或超范围、超职权开展检测检验。滑县工商局违法核发安阳市永兴化工有限责任公司工商营业执照，为该公司违法经营二硫化碳提供条件；原滑县安监局对该公司违法经营二硫化碳行为失察；滑县瓦岗寨乡党委、政府对该公司违法经营二硫化碳行为未引起重视，也未加以制止。另外，相关部门对于非法、违法运输车辆的监控手段落后，管理措施缺乏。

此次事故救援也反映出一些问题：应急救援专业队伍匮乏，现场救援主要还是依靠消防员，专业技术指挥人员短缺；参战各方意见有分歧，救援技术方案难以达成一致，救援力量相对分散；应急救援物资、特种装备、防护用品不足，后勤保障不能及时到位，应急预案不完善、操作性差；联合行动中具体指挥人员不太明确，各方力量协调较难，应急救援进程缓慢。

举一反三，防微杜渐

虽然本次事故得到成功处置，没有人员伤亡及环境污染，但是大广高速公路封闭长达 50 多小时，紧急疏散群众 8500 余名，国家、省、市、县四级应急联动，调集防化部队、消防部队及地方应急救援人员数百人，调动大量装备、器材及活性炭、中和剂等物资数十吨，造成了很大的经济损失和不良的社会影响。为了预防此类危化品运输事故的发生，我有几点建议。

一是加强对危险化学品运输单位和运输从业人员的监督检查。对没有取得资质、假借或者套用资质、超越资质等非法、违法运输行为，要依法严厉打击。对外埠危险货物运输罐车，各级公安、交通部门要纳入监督检查范围，实施重点监管。对查出的非法从事运输的有关人员，移交司法机关依法追究其刑事责任。

二是加强危险化学品道路运输执法监督检查。完善安全监管、公安交通、环保、质监等部门共同参与的危险化学品道路运输执法检查机制，加大道路运输安全执法检查的力度。利用道路信息系统、收费站口和 GPS 定位系统，加强对营运车辆的监控和检查，杜绝危险化学品非法、违法运输行为，重点检查危险化学品运输车辆是否超载、超速行驶和疲劳驾驶。对运输易燃、易爆、易挥发、强腐蚀性液体的危险化学品运输车辆，进入干线公路或者高速公路时，要逐车检查，严厉打击非法运输危险化学品行为。

三是加强对危险化学品生产、经营和使用领域的综合整治。各级安全监管、公安、工商、质监、环保等部门在各司其职、依法严格监管的同时，要对非法生产、非法经营、违法使用危险化学品的单位或者个人，加强联合执法，实施综合治理，进行严厉打击。对未经批准或者没有取得安全生产许可证、经营许可证擅自从事危险化学品生产、经营的单位或者个人，坚决予以处罚，依法追究其刑事责任。

四是健全和落实危险化学品运输泄漏事故的应急预案，严格执行责任追究制度。各省辖市人民政府、各级有关部门要进一步健全本行政区域内由相关单位参加的危险化学品运输泄漏事故应急预案，落实责任单位，明确工作职责，保障抢险力量和救援物资，加强培训和演练。确保一旦发生事故要及时救助，减少损失，防止、控制和消除污染。

危化品运输安全管理任重而道远

危险化学品运输事故不同于一般的运输事故，危险化学品具有爆炸、易燃、毒害性、腐蚀性、放射性等特性。因此，危险化学品运输车辆是流动的重大危险源，具有易扩散、易污染、危害大、损失大、影响大等特点，极易造成重大人员伤亡、环境污染和经济损失。

危险化学品道路运输系统由危险化学品、运输车辆、有关人员、道路及环境、应急救援等要素组成，可以说，运输过程影响因素众多、随机性强。由于危险化学品的特殊性，在运输时对这些因素就有了更加严格的要求，所以要提高危险化学品道路运输的安全系数，最关键的是加强对运输设备、有关人员、应急救援等方面的管理。

危险化学品对运输车辆要求较高，承运危化品运输车辆相比普通车辆更易发生事故，而且事故具有突发性、复杂性和更大危害性。本就如此危险的车辆，上路超速行驶只会险上加险，成为行驶路上的“定时炸弹”。要降低事故伤害，就要从源头着手，对危化品运输车严格把控，加强对危化品运输车辆的安全检查，做好车辆行驶部件、储存容器、装卸系统、安全防护等各部位的风险控制。

除车辆风险控制外，人的风险控制更加重要。驾驶员必须认识危化品运输的危险性和生命安全的重要性，同时参与驾驶员专业培训，加强专业技能，具备紧急情况处理问题的能力，以降低危化品运输的风险，把事故伤害降到最低。

总之，践行危险品物流安全，要总结经验，吸取教训，只有充分认识危险化学品运输的危险所在，并加强对设备、人员和应急救援的管理，才能有效控制、减少危险化学品事故发生。危险化学品安全管理任务任重而道远，加强危险化学品运输安全管理，是一种事先的、主动的、有效的管理方法，也是当前保证危化品运输安全的客观需要和必然选择，不仅能够预防和减少事故的发生，还能提升整个行业的安全水平，为社会的和谐稳定贡献力量。

手记

隐患变爆炸，终致惨祸

——2008年广西壮族自治区河池市广西维尼纶集团公司“8·26”重大爆炸事故救援和调查工作手记

- 时间：2008年8月26日6时40分
- 地点：广西壮族自治区河池市广西维尼纶集团有限责任公司（以下简称广维集团）广维化工股份有限公司（以下简称广维化工公司）有机厂

一起爆炸事故发生，造成21人死亡、59人受伤，厂区方圆3公里范围18个村屯约11 500名群众被疏散，直接经济损失达7586万元。

连锁爆炸，火灾毒气夺人命

广维化工公司为广维集团控股的子公司。2008年8月26日6时40分，广维化工公司有机厂罐场CC-601C储罐发生闷爆，罐内储存的大量物料泄漏，泄漏物料蒸发产生的气体与空气混合形成爆炸性气体遇静电火花后，引发空间化学爆炸。周边罐场罐体、合成、蒸馏工段在爆炸冲击波和高温作用下发生连锁爆炸，爆炸泄漏的物料又在有机厂内造成更大面积的着火。事故发生时，全公司共有303人当班，有机厂共有49人当班。爆炸造成20名作业人员当场死亡，60人受伤（其中重伤6人）。9月19日，1名重伤人员经救治无效死亡，事故累计造成21人死亡，59人受伤，伤亡惨重。

爆炸事故导致有机厂罐场、合成、蒸馏、醇解、聚合、回收、包装等生产建筑全部损坏或倒塌，大部分生产设备、工艺管道、电缆及供水设施等受损。变、配电房倒塌，车间内电气设备损毁。除此之外，罐场32台储罐，有22台因爆炸燃烧已损毁。其中，13 台 100 立方米铝制罐全部被爆炸烧毁，5 台钢储罐顶盖被炸飞，CC-602B 顶盖飞到南面约 90 米的地磅房，将地磅房砸倒，另有 4 台碳钢储罐倒塌，厂区内的其余设备设施均有不同程度破损。

爆炸造成设施严重损毁

同时，事故还造成严重的环境污染，由于厂区的下水道没有执行清污分流，生活用水与污水沟相通。爆炸事故发生时，约 1200 吨化工原料（甲醇、醋酸、醋酸乙烯酯）燃烧或随消防水通过排污口进入外界环境，并在厂区下水道、污水收集池及总排水道出口等多处发生爆燃，造成周边大气环境和龙江河水质轻度污染。最后为了防止爆炸性气体向厂区外扩散再次发生爆炸，以及有毒气体扩散造成危害，厂区周边 3 公里范围内的 18 个村屯的村民及厂内职工、家属共 11500 多人被疏散到安全地带。

火海救援，生死时刻

事故发生后，河池市委、市政府迅速成立事故救援指挥部。26 日 6 时 50 分，接到报警之后，宜州市（县级宜州市于 2016 年撤销）消防大队 19 名消防官兵立即出动，火速赶往现场。6 时 58 分，8 个消防中队紧急支援事故现场。此时火区就像人间地狱一般，火海的火焰此起彼伏，罐体接连爆炸。上午 10 时左右，除了有机车间火势有所减弱外，其余部分大火还在燃烧，仍然有余爆的发生，救援行动仍在进行。在各级各部门的全力支援和配合下，解放军、武警、公安、消防救援等人员和广大干部群众连续奋战，抢险救援决策得当、措施有力，克服了爆炸冲击波破坏范围广、残留危险化学品浓度高、火势情况复杂、厂房建筑物及管廊损毁严重、搜救空间狭窄等重重困难，取得显著成效。

全体救援人员经过英勇奋战，抢救出 6 名生还者，搜救出 15 名遇难者，同时成功阻止了罐区大火向仅有 20 米远的新厂区蔓延，保护了企业的设备设施，最大限度减少了因爆炸引发的包括环境污染在内的次生灾害造成的损失。据统计，共有消防车 26 辆、吊车 5 辆、市政洒水车 3 辆、救护车 7 辆、供油车 1 辆、大货车 3 辆、铲车 20 辆、挖掘机 7 台，防化官兵 120 多人、消防队员 180 多人、公安干警 470 多人、武警 120 多人、危险品救援队 73 人、矿山救援队 16 人、民兵预备役部队 120 人、河池市及宜州市干部 300 多人投入抢险救援工作。

拨开爆炸迷雾，探求事故真相

为探究事故发生原因，调查组对事故现场工艺过程和设备进行详细调查勘察。8 月 26 日 6 时，储存合成工段醋酸和乙炔合成反应液（主要成分：醋酸乙烯 45%、醋酸 53%、乙炔 1%、乙醛 1% 等）的 CC-601 系列储罐液位整体出现下降，导致罐内形成负压并吸入空气，与罐内气相物质混合形成以乙炔为主的爆炸性气体，遇静电火花导致罐内乙炔爆炸性混合气体发生爆燃，导致储存在 CC-601 系

全力搜救被困人员

列储罐的反应液泄漏，遇电火花引发空间化学爆炸，造成作业人员伤亡和财产损失。通过调查，调查组最终认定此次事故发生第一次爆燃的时间是26日6时40分左右，最大一次爆炸发生时间是6时44分。

调查发现，广维化工公司的重大危险源安全管理存在较大问题。根据安全评价报告，有机厂罐场已经构成重大危险源，应当依法实施重点监控，但广维化工公司制订的危险源及风险控制措施十分复杂，每个作业点几乎都为危险源，而罐场作为重大危险源却没有实行严格管理和监控，应当配套的安全技术措施不健全，危险因素防范措施不完善。

同时，调查发现罐场工艺缺陷和设备隐患未得到应有改造治理。广维化工公司的有机厂罐场储存的生产原料、中间品、成品、副产品（有乙炔、醋酸、醋酸乙烯、乙醛等）均属爆炸极限较宽的物料，可与空气和蒸汽形成爆炸性混合物，遇明火、静电均会燃烧和爆炸。但罐场的储罐原设计存在缺陷，浮子式液位计在槽顶直接开孔导致空气进入储罐，随着液位的升降，钢丝绳与滑轮发生摩擦产生静电火花，将罐内的爆炸性混合气体引爆。我们还注意到其储罐既无压力监测、无氮封保护，又无专门防静电保护接地。冷凝器放空管既无U形液封也无阻火装置，温度监控缺失，泡沫消防装置被拆除，料泵、电缆、氮气总阀一并装在防火堤内，更无危险因素集中监控系统。

另外，通过调查资料发现，广维化工公司于2005年委托广西安生安全科学技术咨询公司（以下简称广西安生公司）对罐场进行安全现状评价。虽然广西安生公司对罐场重大危险源进行了清晰的辨识，对火灾爆炸存在的危险范围进行了分析，并通过划分评价单元按安全检查表法逐项进行了评定，但该公司没有严格按国家标准《石油化工企业设计防火规范》（GB 50160–92）进行检查，存在分析设计缺陷、辨识事故的隐患和提出的对策措施均不到位的情况。同时，按国务院《危险化学品安全管理条例》的规定，该安全评价有效期已过，因此不足以起到指导安全工作的作用。

经进一步调查，调查组了解到，河池市、宜州市安监部门在对广维化工公司的安全监管工作中，没有严格检查企业重大危险源的管理和监控措施落实情况，督促企业排查事故隐患不到位；河池市经贸部门作为行业管理部门，对广维化工公司安全生产工作督促落实不到位；河池市人民政府也没有严格落实对广维化工公司的安全生产监管工作。

增强安全意识，吸取事故教训

化工行业对于国民经济非常重要，涉及领域非常广泛，工艺流程极为复杂，所运用的原材料种类繁多且危险，这对化工行业安全提出了更高的要求。广维集团广维化工公司这起重大爆炸事故再一次反映了我国化工行业安全生产的严峻形式，需要引起足够重视。对于这起重大爆炸事故，我们必须引以为鉴，总结经验，吸取教训。

第一，提高化工企业安全管理水平，加强重大危险源和设施工艺管理。提高对安全生产工作极端重要性的认识，健全安全生产责任制，完善重大危险源安全监控措施，建立健全安全生产监控系统，切实落实企业安全生产主体责任。一是要落实危险化学品生产储存过程中防火防爆责任。二是要加强工艺管理，认真落实国家化工行业技术规范和安全标准，对工厂全面实施安全技术改造，装备集散控制系统和紧急停车系统要提高自动化控制水平，配备相关气体泄漏报警系统和火灾报警系统。

第二，全面落实政府部门安全监管主体责任。我们国家目前仍然处在需要政府强监管推动企业落实主体责任的阶段，安全生产仍然处在爬坡过坎期，安全生产艰巨性、长期性仍然没有得到根本转变，企业安全管理的内存动力也需要政府部门的监督和推动。政府部门带头聚焦行业安全生产重点领域、重点环节、重点部位，企业深入开展安全生产专项整治集中攻坚，从源头上防范安全风险，从根本上消除事故隐患。

第三，严格执行隐患排查治理工作。建立健全事故隐患排查治理工作责任制，全面落实事故隐患定期、分级检查制度，做到全员参与、全过程检查、全面覆盖、不留死角。排查出来的隐患要明确整治责任单位和责任人，限期整改。一时难以整改的隐患，要切实做到“五落实”（即落实责任、措施、经费、期限、应急预案），确保整改到位。凡存在重大事故安全隐患而又不能保证安全的，要立即停止生产，杜绝重特大事故的发生。

第四，严格执行建设项目安全实施“三同时”制度。一是企业进行技术改造和设备更新方案必须经过充分论证，布局必须符合安全规范要求；二是储存易燃易爆化学品的储罐区必须按规范设置防火堤和泡沫灭火装置；三是防火堤内不得设置泵类等动力设备及动力电缆；四是重点岗位和重大危险源必须安装可燃气体自动检测报警仪和视频监控装置；五是项目设计、施工必须由具有相应资质的单位承担，投用前要组织严格的安全验收；六是禁止没有设计资质的企业技术人员自行承担技术改造的设计工作，严禁没有相应资质的单位承担技术改造的设备制造和安装任务。

第五，切实加强安全生产教育培训，营造良好安全生产氛围。按照事故“四不放过”的原则，对全体职工进行安全教育，深刻吸取事故教训。同时要严格贯彻落实安全教育培训制度，建立安全教育培训档案，实行全员培训，坚持持证上岗。安全教育方式要采取多种有效措施，分类、分层次开展安全生产法律法规、安全管理规章制度、操作规程、安全技能、事故案例、应急管理、职业危害与防护、遵章守纪、杜绝“三违”等教育培训活动，增强职工自我保护意识和应急处置能力，一旦发现直接危及人身安全的紧急情况，立即停止作业或在采取可能的应急措施后撤离作业场所。同时，还需要完善危险化学品事故应急救援预案，定期组织演练，增强事故应急和人员救护的能力。

化工安全，任重道远

这起事故暴露的问题相当严重：既有企业安全生产管理混乱的问题，也有安全设施严重不全的问题；既有正常生产组织问题，也有应急措施不完善的问题；既有日常管理问题，也有技术改造问题；既有企业主体责任不落实的问题，也有政府监管不到位的问题。这次事故为行业发展和社会安全建设敲响了警钟。

化工行业和危险化学品领域安全生产中存在着突出的矛盾和问题。一是企业安全生产主体责任落实不到位。有的企业存在人员安全意识差、安全生产职责不清、安全生产规章制度不完善、隐患排查治理走过场、重大危险源的安全监控措施不完善、监控责任不落实的现象。二是政府对危险化学品安全生产的监管工作有待进一步改进和加强。一些地区的部分从事危险化学品安全监管工作的同志，工作上等、靠、要的现象严重，执行工作层层衰减的情况严重。三是化工行业从业人员素质不高，化工工业本质安全程度低。

所谓君子爱财，取之有道，在现实生活中，企业往往在金钱的诱惑下，铤而走险，利益至上，将员工的生命安全抛之脑后，这种做法通常都会导致严重的后果。安全生产一定要严格贯彻，切实实行，认真监督。这需要企业自身重视，同时也需要政府对危险化学品安全生产监管工作进一步改进和加强。另外还需要进一步加大对违法违规企业的处罚力度，通过强化指导、督促、监督检查和严格执法，推动企业落实安全生产主体责任。

总之，要以开展化工企业安全生产大检查为契机，继续深化化工企业隐患排查治理工作，大力推进化工企业安全生产专项整治，淘汰落后工艺、设备，改造提升装置自动化程度，提高化工企业本质安全水平，培养危化领域专业人才，从而使整体化工行业安全水平达到质的飞跃。

手记

问题耦合导致输油管道发生爆炸，周围下了一场“黑雨”

——2010 年辽宁省大连市“7·16”输油管道特别重大爆炸火灾事故救援和调查工作手记

- 时间：2010 年 7 月 16 日 18 时 02 分
- 地点：位于大连市保税区的大连中石油国际储运有限公司原油罐区输油管道

一艘利比里亚籍 30 万吨原油轮“宇宙宝石”号在大连新港卸油过程中，原油储油罐陆地管线在加催化剂作业时起火，后引起另外一条管线起火，紧接着，引燃旁边 10 万立方米原油罐。事故造成 1 名作业人员轻伤、1 名失踪。在灭火过程中，1 名消防战士牺牲、1 名受重伤。事故造成的直接财产损失约为 22 330 万元。另外，事故对周边 7 个海水浴场、2 个海水养殖区和 3 个海洋保护区环境造成不同程度的影响。

输油管线爆炸，引发原油泄漏

2010 年 7 月 15 日，利比里亚籍 30 万吨油轮在大连新港卸载 15.3 万吨从委内瑞拉进口的原油，因为原油的硫化氢含量较高，需要在输油管道上进行注入脱硫化剂的操作。16 日 13 时，油轮停止卸油，开始扫舱作业。上海祥诚公司和天津辉盛达公司现场人员在得知油轮停止卸油的情况下，继续将剩余的约 22.6 吨“脱硫化氢剂”加入管道。18 时 02 分，靠近加注点东侧管道低点处发生爆炸，导致罐区阀组损坏、大量原油泄漏并引发大火。在火场的高温环境中，原油中的轻组分逸出并与空气混合，达到了爆炸极限，在高温作用下发生爆炸。爆炸后，空气又与油气混合，达到爆炸极限后，又在高温作用下爆炸，如此重复，不断地发生爆炸，火焰高达 50 米左右，场面异常凶险。由于不断地燃烧爆炸，火场地面及低空温度极高，消防水喷上后立即汽化，在其上空冷凝后又降落到地面，在火场周围几平方千米范围内下了一场“黑雨”，“黑雨”中夹杂的是没有完全燃烧的炭颗粒。与此同时，储罐阀门、泵房阀门和电力系统损坏，储蓄罐阀门无法关闭，原油顺着地下管道流淌，火线长达 3000 米，流淌火面积 6 万平方米。原油泄漏 9 万吨，污染海面 50 平方千米。

▶ 流淌火危及原油罐及二甲苯罐，扑救难度大

火灾首先由 103 号罐北侧的 900 毫米输油管道爆炸引起，900 毫米输油管瞬间引爆了并列的 700 毫米管道，原油从两个直径将近一米的管道中带着火焰喷射而出，与之紧邻的 103 号罐很快便起火了。源源不断的油从管线中喷出，流到哪儿，哪儿就是一片火海，滚滚浓烟，火光冲天，当消防员们赶到时，已形成了 500 多平方米的地面流淌火。此时， 103 号罐旁边的 101 至 106 号 5 个 10 万立方米储油罐，岌岌可危。103 号罐东侧的原油泵房，已经身陷火海，与它一路之隔的南海罐区 42 号、37 号两个 10 万立方米原油罐也受到威胁。不仅是 10 万立方米储油罐爆炸，会引起链条反应，就是 51 个二甲苯罐，只要爆一个，现场的扑救人员全得中毒身亡。事故现场离大连市区只有五六公里的直线距离，毒气一旦飘过去，整个大连市都将变成一座死城。

这起爆炸火灾事故有五个特点：一是燃烧面积大。事故发生后，大量原油从管道破裂处喷涌燃烧，流淌火迅速沿输油管线、管沟、排污渠、坡地面、排水排污管道迅速扩散，在短时间内形成了一个总面积约 6 万平方米的巨大火海。二是爆炸危险性大。在流淌火作用下，多处输油管线、管道井连续多次发生爆炸，井盖、阀门被抛向空中。着火油罐猛烈燃烧，如处置不当，随时都有发生沸溢、喷溅的可能。三是潜在威胁多。距火场不足百米就是一个有 51 个储罐的危险化学品存储区，这些危险化学品受到火势严重威胁，一旦发生爆炸燃烧，毒气扩散，后果不堪设想。

事故现场

四是火灾损失大。火灾造成直接损失上亿元，燃烧、泄漏的原油达几千吨。五是爆炸引起的大型油罐火灾热辐射强，浓烟、烈火阻挡视线，管线带压喷涌燃烧，加之还要高度警惕沸溢、喷溅和殉爆等次生灾害的发生，给扑救带来了极大的困难。

海上漏油扩散，一名消防员牺牲

18 日，最大的 10 万立方米原油储罐被烧毁，油罐顶部是一个大圆铁盖，着火后，油罐里面温度很高，需不断降温，防止复燃，现场数台消防车不间断向它喷水。距这个油罐东侧 10 米远，引发大火的起始点一两根输油管线扭曲变形。

在海上，用沙袋毛毡隔离的一片漏油区向外扩散，影响了 100 平方千米海域，重污染海域 10 平方千米。28 艘专业清污船舶由各地赶往油污水域实施清理工作。除了采用投放水面护栏防止油污扩散之外，还采用投放吸油毡和直接回收两种方法清污。前者主要用于厚度 1 厘米左右的漂浮油污的清理，看似笨拙实际比较彻底；后者主要对港内厚度 2 厘米左右的漂浮油污进行直接勺舀、打捞回收，及向油污较稀薄水面喷洒消油剂等。

20 日 8 时，在辽宁省大连市大窑湾新港海面执行清理油污任务的两名消防战士，在海面风力达 8~9 级的情况下，为了保证前方不间断供水，不顾个人安危，用安全绳固定渔船钢索，再次进入海里清理浮艇泵。由于海面情况突变，一个巨浪将二人吞没，一名消防员不幸牺牲，另一名被成功救出。

15个小时成功扑灭大火，创造了世界火灾扑救史奇迹

这起爆炸事故灾害规模之大、危险程度之高、调动力量之多、灭火战斗之艰辛，是极为少见的，也是我国原油管线储罐爆炸救火难度最大的一次。用 15 个小时成功扑灭 10 万吨油罐大火，更是世界消防史上的首例。

我到达现场后，组织有关方面负责人共同研究确定了“灭、堵、 防”的科学扑救方法，将事故扑救处置分为四个阶段。

第一，堵截火势蔓延，防止灾情扩大。16 日 18 时 19 分，10 万立方米的 T103# 罐已经起火，北侧输油管线已经炸断，大面积流淌火直接威胁毗邻油罐和邻近的南海储油区、液体化工原料仓储区及油火经过区域的油泵房、输油管线和阀组等设施，现场多处输油管线、排水排污管道井连续发生爆炸。现场指挥部立即作出战斗部署。一是派出灭火攻坚组，在单位技术人员指导下，深入罐区关阀断料；二是利用 14 门车载水炮、 3 门移动水炮对着火罐和毗邻的 2 个油罐及南海罐区的 2 个油罐进行冷却抑爆；三是利用 6 门车载、移动泡沫炮和 25 支泡沫管枪全力堵截消灭地面流淌火，压制输油管线火势，誓死保护液体化工仓储区安全；四是协调海事部门出动消防艇和消拖两用船，控制海面火势。由于大连支队初期控火得力，为成功扑救火灾赢得了宝贵时间。

第二，全面控制火势，掌握战局主动。21时30分，现场输油管线、泵房、明沟暗渠、污油池等处连续发生爆炸，原油从破裂管道、阀组处带压喷涌燃烧，巨大火柱将墨色夜空照得如同白昼，地面原油流淌火顺坡向四面八方急剧扩散，中联油库区及毗邻的南海原油罐区、液体化工仓储区等6大储罐区受到大火严重威胁。特别是T103#罐，火势异常猛烈，火焰高达几十米，随时可能发生再次爆炸。随着增援力量的到达，总队指挥员现场决定迅速调整作战力量，将火场划分了4个战斗区域并设置分指挥部。每个分指挥部由一名总队党委成员和一名灭火高级工程师作为指挥员。4个战斗区域利用车载水炮和移动水炮重点对第一战斗区域的102、103、106号原油罐，第二战斗区域的37、42号原油罐，第三战斗区域的43、48号原油罐进行冷却；并采取筑堤围堰、泡沫覆盖、沙土掩埋等措施堵截消灭地面流淌火和罐区阀组及地下沟渠内的火势，全力保护位于火场北侧的化工仓储区，牢牢地掌握火场主动权。

第三，备足攻坚力量，发起总攻灭火。17日8时20分，4个区域的火势基本得到控制，已具备发起总攻的各种条件，火场总指挥发出总攻命令，4个战斗区域同时利用车载泡沫炮、移动泡沫炮和泡沫管枪全力扑灭罐体、阀组、沟渠的大火，采取水流切封法彻底扑灭管线火灾，利用消防艇及消拖两用船，扑灭海面浮油火。经过1小时35分钟的艰苦奋战，9时55分，大火被全部扑灭，灭火战斗取得了决定性的胜利。

第四，彻底消灭残火，实施现场监护。总攻结束后，现场指挥部命令继续加强火场重点部位的冷却，并消灭残火。各战斗区域对残火逐一消灭，不留死角，对重点部位持续冷却，防止复燃复爆。尤其是在对T103#罐保持冷却的同时，利用改造的固定灭火系统向罐内灌注泡沫实施灭火，并采取“注水灭火”的措施消灭罐内残火。20日8时20分T103#罐内残火彻底消灭。至此，整个灭火战斗行动圆满结束。

原辽宁省公安消防部队先后出动14个消防支队、18个企业专职消防队、348辆消防车、2380余名指战员赶赴现场扑救；同时在全省范围内调集泡沫液900余吨；通过原公安部消防局以陆运、海运、空运方式从吉林、河北、天津、黑龙江、山东等地调集泡沫液460余吨运往现场；协调沈阳空军调用运-8飞机，运送包括院士在内的11名专家到场，为火灾扑救工作提供技术支持。经过消防官兵15个小时的艰苦奋战，大火被彻底扑灭，成功保住了罐区19个总储量175万立方米原油储罐，临近2个单位的56个总储量为560万立方米原油、成品油储罐，以及51个总储量为12.45万立方米二甲苯、苯等易燃易爆有毒危险化学品储罐，乃至整个大连地区的安全。

火灾中被烧塌了半边的103号储油罐，保持着奇异的姿势，矗立原地。工程车在现场进进出出，工人们忙着拆除烧毁的输油管道。浓烟虽然早已散去，但方圆几公里的房子、路面都被落下的油污染得斑斑点点。随处可见蹲在地上奋力擦洗油渍的工人。不远处的新港码头已经恢复了油船靠泊，曾被原油污染的海域也重现湛蓝。

▶ 违规操作，终酿大祸

本次事故造成的人员和财产损失巨大。调查认定，这起事故的直接原因是在油轮卸油作业完毕的情况下，服务商上海祥诚公司继续向卸油管线中加入大量脱硫化氢剂（主要成分为双氧水），造成脱硫化氢剂在加剂口附近输油管段内局部富集并发生放热反应，引起输油管道爆炸，原油泄漏，引发火灾。

同时，这次事故暴露出诸多问题，包括企业在安全方面掉以轻心、监督审核不严格等等。

由于罐区内储存的大多是进口的高硫油，因此原油管道长期处在腐蚀性很强的介质中，而在卸油后，原油管道内又没及时采取处理措施，导致管壁逐渐减薄，使管道的承压力下降，最终在最薄弱处爆裂。事故造成电力系统损坏，应急和消防设施失效，罐区阀门无法关闭。天津辉盛达对所加入原油脱硫剂的安全可靠性没有进行科学论证，违反了《中华人民共和国安全生产法》（以下简称《安全生产法》）中关于“生产经营单位采用新工艺、新技术、新材料或使用新设备，必须了解、掌握其安全技术特性”的规定。上海祥诚公司向输油管道内添加原油脱硫剂，不仅没有正规设计添加方法，而且违反了《石油库设计规范》（GB 50074–2002）的相关规定；没有对加注作业进行风险辨识和评价，没有制订安全作业规程；没有作出在油船停止卸油时，原油脱硫剂添加工作如何调整的规定。上海祥诚公司的经营范围中，只有“从事进出口商品检验和相关技术服务”，并没有工程施工资质，而中燃油公司将原油脱硫剂的添加工作委托给没有施工资质的上海祥诚公司，有失察之责。正因为如此，上海祥诚公司在接到添加原油脱硫剂的委托后，对添加作业没有进行正规设计，造成输油管道超压后压力无处泄放的恶果。

大连中石油国际储运公司的上级机构中国联合石油公司对原油脱硫剂的添加使用未进行合法性审核和可行性论证，就直接下达作业指令向此次进口的原油中加入原油脱硫剂。整个卸油加剂工作安全管理混乱，指挥协调不力。此次卸油加剂工作本应由船方、港方、加剂方等各方代表商量作业流程和控制参数；应明确各方职责，明确全部作业链的总指挥，负责协调相关事宜。作业链上任何一方若需改变作业，必须先通知现场总指挥，由总指挥按照事先商定的控制流程指挥完成，各方均应服从总指挥的协调指挥。而此次卸油加剂工作中，加剂方在已得知船方停止向岸上油罐卸油的信息后，仍然坚持“正好管道内压力低，继续加剂”的行为，最后导致事故发生，属于管理上缺失。

另外，港区内原油等危险化学品大型储罐集中布置，也是造成事故险象环生的重要因素。

▶ 对于危险化学品储存企业消防灭火的思考

“7·16”事故，损失巨大，影响巨大，暴露出了许多深层次的问题，应该在分析事故原因的基础上，认真总结经验教训，防止重特大事故的再次发生。我对危险化学品储运企业在安全生产方面提出四点建议。

首先，要加强对灭火剂用量计算理论的研究，并改进现有储罐区安全间距和固定灭火设施，实现大型储罐区的本质安全。全世界目前针对 10 万立方米的大油罐灭火还没有成熟、有效的事故救援方法，然而我国像浙江舟山国家油储基地有几十个超过 10 万立方米的油罐，一旦发生泄漏着火，来不及有效施救，后果不堪设想。因此，要加强大型储罐灭火实战演练，不断总结新的有效的灭火方法。针对石油化工企业和危化品储存单位最大储罐的灭火需要，要加强区域灭火剂储备种类、数量的应用研究；通过修改相关规范、标准，提高石化企业自身消防用水及高效泡沫液的储备量，并在规范中规定在水池、泡沫液罐上设置供消防车取水（液）的设备设施。

其次，要修改完善化学品储运企业防火设计规范。在大连“7·16”爆炸事故中，事故发生地各油罐区之间、油罐区与其他化工原料仓储区之间的安全距离虽然符合现行防火设计规范，但罐区之间特别是罐区与危化品储罐之间的距离太近，整体布局不合理，缺乏前瞻性，暴露出库区内配电室、消防泵房、消防水池、泡沫液罐等设施，在设置位置、自身防护方面还存在一定问题，如库区停电后，现场无法实施电动关阀断料等工艺灭火措施，大大影响了灭火作战进程。

再次，要做好危险化学品储存企业救援物资储备。在这次火灾扑救中，泡沫灭火剂用量巨大，共调集了900余吨泡沫，又从周边省份调集了400余吨泡沫空运大连，而事故单位自身的泡沫储备严重不足，往往错过了火灾最佳扑救时机。吸取这次火灾事故经验，危险化学品储存企业要储备充足的泡沫灭火剂，固定消防设施要与储罐保持一定的安全距离，同时也要配备大功率、大流量的移动灭火装备，提高初期扑救火灾的能力。

最后，要加强危险化学品储存企业消防安全管理。危险化学品储存企业特别是石油化工企业要严格落实消防安全责任制，对生产、储存、经营、运输等各个环节存在的安全问题进行彻底排查、整改，坚决防止遗留火灾隐患；加强危险化学品储存企业生产、装卸作业活动的安全管理，坚决杜绝违章操作；配齐配强日常值班和应急处置力量，制订企业灭火和应急处置预案，定期组织消防安全培训和消防演练，确保一旦发生紧急情况能够快速有效处置。

切实加强危险化学品安全生产工作

这次事故的发生，集合了很多耦合因素：事故单位对所加入原油脱硫剂的安全可靠性没有进行科学论证；原油脱硫剂的加入方法没有进行正规设计，没有对加注作业进行风险辨识，没有制定安全作业规程；原油接卸过程中安全管理存在漏洞，指挥协调不力，管理混乱，信息不畅；有关部门接到暂停卸油作业的信息后，没有及时通知停止加剂作业；事故单位对承包商现场作业疏于管理，现场监护不力；事故造成电力系统损坏，应急和消防设施失效，罐区阀门无法关闭。

我们要深刻吸取事故教训，切实加强危险化学品各环节安全生产工作；持续开展隐患排查治理工作，加强危险化学品各环节的安全管理；认真做好大型危险化学品储存基地和化工园区（集中区）的安全发展规划，合理规划危险化学品生产储存布局，严格审查涉及易燃易爆、剧毒等危险化学品生产储存建设项目；切实做好应急管理各项工作，提高重特大事故的应对与处置能力。

手记

违章指挥，野蛮挖掘，隐患诸多致丙烯泄漏爆燃

——2010年江苏省南京市“7·28”地下丙烯管道重大爆燃事故救援和调查工作手记

▶ 时间：2010年7月28日10时11分许

▶ 地点：南京市栖霞区迈皋桥街道

扬州鸿运建设配套工程有限公司（以下简称鸿运公司）在原南京塑料四厂地块平整拆迁土地过程中，由于施工安全管理缺失，挖穿了输送物料的地下丙烯管道，丙烯泄漏后遇明火发生爆燃。事故造成22人死亡、120多人入院治疗，燃爆点周边部分建（构）筑物受损，直接经济损失4784万元。

▶ 盲目挖掘，一场人祸导致的灾难

事故中被挖掘机挖穿的地下丙烯管道于2002年投入使用，途经原南京塑料四厂旧址，用于向由江苏金浦集团控股的南京金陵塑胶化工有限公司输送原料丙烯，管道属于江苏金浦集团所有。事故发生时，管道处于停输状态，管道内充满丙烯。

原南京塑料四厂已于2005年停产，所在地块当时正由栖霞区迈皋桥街道办事处进行商业开发利用。鸿运公司议标后对该地块进行场地平整。2010年7月28日9时30分左右，鸿运公司的小型挖掘机械为了回收地下废弃管道的钢材，进行作业时挖穿了丙烯管道，造成大量液态丙烯泄漏，泄漏的丙烯汽化形成雾状，大面积扩散，与空气形成爆炸性混合物。10时11分，泄漏的丙烯遇到附近餐馆明火引起大面积爆燃。南京不少市民感觉到晃动，像是发生了地震，中央门地区震感尤其强烈，河西地区有居民听见了爆炸声，三牌楼附近有居民被巨大的响声震得暂时性失

聪。当地消防部门先后共出动36辆消防车和2000余名消防干警赶赴现场，组织救治伤员和进行现场处置，有关单位将泄漏点两端的阀门关闭。15时许，现场火情得到初步控制。

23时左右，被挖穿的丙烯管道两端用盲板隔离。29日5时23分，现场明火熄灭。事故导致22人死亡，120人住院治疗，其中14人重伤，还造成周边近两平方公里范围内的3000多户居民住房及部分商店玻璃、门窗等不同程度受损，建筑物外立面受到破坏，少数钢架大棚坍塌。幸运的是，经过消防等部门和社会各界的共同努力，人员得到及时疏散、营救，并成功扑灭了大火。经当地环境保护部门监测，事故未造成环境污染。

控制住火势，迅速抢救生命

10时10分，“砰”的一声巨响，泄漏点火势迅速升腾高达数十米，黑烟滚滚，爆燃点附近的房屋瞬间倒塌，化为废墟，爆燃引发数十个火点，现场一片狼藉，大量群众被埋压……事故发生后，我迅速赶往现场，发现现场泄漏物质已大面积扩散，并汽化形成雾状，能见度极差，现场周围情况也极其复杂，便立即组织疏散小组和警戒小组对周围群众进行疏散。此时，泄漏点处丙烯正在扩散，白雾一片。

地毯式搜救

事故现场虽为拆迁工地，但仍有大量居民房屋和工厂未进行搬迁，内部可燃物较多。爆炸发生后，周边建筑不同程度受损、起火，形成数十个火点，需要分片作战，逐个消灭。由于爆炸冲击波造成的破坏，受损房屋也有随时倒塌的危险，给灭火救援工作带来许多困难。

关阀断料是降低火灾危害和推进灭火进程的有力手段。救援人员开展协同作战，并迅速成立专家组对管道进行关阀断料、氮气填充等工艺措施，以减少燃烧物质的数量，降低燃烧强度，推进灭火进程，降低火灾危害。针对丙烯管道爆炸的特点，工作人员采取了有效的工艺处置措施，对爆炸后形成稳定燃烧的部位利用移动水炮进行现场监控；配合工程技术人员，对管道阀门进行关闭；采取“减压注水”的措施，降低管道内的丙烯浓度，防止发生二次爆炸。

待气体泄漏燃烧点已形成稳定燃烧，现场泄漏气体的气味基本消退，我果断下达作战命令：出两支水枪扑救小的起火点，一门移动炮对泄漏起火点进行冷却降温。现场指挥部统一指挥，在展开救人的同时，积极开展灭火行动；先后设置 4 个水枪阵地，出 18 支水枪、4 门移动炮扑救建筑和车辆火灾，并用喷雾水枪控制泄漏点火势，确保形成稳定燃烧。支队参战力量在指挥部的指挥下，共扑灭 60 余处着火点。

为了抢救生命，我决定增加搜救攻坚组，对倒塌建筑进行撒网式搜索。经过多方协同配合，抢救 36 人，挖掘遇难者 9 人，疏散群众 635 人。

▶ 盲目施工，未履行职责引发事故

调查认为，由于鸿运公司组织的施工队擅自组织开挖地下管道，盲目指挥，野蛮操作，导致挖掘机挖穿地下管道，管道内存有的丙烯大量泄漏，迅速扩散后遇火引发大范围空间爆炸，同时在管道泄漏点引发大火。栖霞区相关单位及负责人违反国家法律、法规和市、区两级政府相关规定，违规组织实施原南京塑料四厂地块拆除工作，且未在拆除过程中履行安全监管工作职责，对野蛮施工行为未加制止，对事故发生负有主要责任。

第一，未依法按程序组织实施工程项目建设。从事故调查情况看，栖霞区拆迁办套用集体土地拆迁许可样本，违规向塑料四厂发放拆迁通知书。迈燕开发办及迈皋桥街道在未办理房屋拆迁许可、未经招投标、未签订施工协议、未采取安全措施的情况下，违规将原塑料四厂地块的拆除业务交给了个体拆除施工队负责人邵某某，致使施工队野蛮挖掘，造成丙烯管道被挖穿，产生爆燃事件。栖霞区党委、政府对建设项目安全生产重视不够；对上级党委、政府关于安全生产的一系列部署、要求落实不力，特别对该项政府工程安全的行政责任监督检查不到位，教训十分深刻。

第二，未认真做好城镇化进程中城市管网的安全监管工作。从事故调查情况看，当地政府在加快推进城镇化的进程中，对城市管网的安全存在监管不到位的问题。各地政府都要认真研究，积极采取措施，使城市规划建设管网与安全生产监管有效衔接、有机联动；要对城市地下管网进行全面普查、建立档案，健全档案查询和报送机制，及时更新地下管网的动态信息，实现部门之间、规划设计和建设施工单位之间信息共享，并落实各个环节的监管责任。

第三，未加强城市开挖工程的现场管理。从事故调查情况看，现场拆除负责人在明知拆除地块内有地下丙烯管道的情况下，没有准确了解、掌握地下丙烯管道的位置和走向，没有制订可靠的安全措施，违章指挥，野蛮操作，导致管道被挖穿引起爆燃。要防止和杜绝此类事故的发生，项目施工单位必须按规定在组织项目施工前，认真查阅有关资料，全面摸清项目涉及区域地下管道的分布和走向，制订可靠的保护措施。

第四，未履行安全监管职责。从事故调查情况看，建筑拆迁领域的行业监管和综合监管的缺失和不到位，也是事故发生的重要原因。

因此，各级建设行业行政主管部门要严格按照《江苏省房屋建筑和市政基础设施拆除开挖安全管理办法》，切实加强房屋拆迁安全管理，规范房屋拆迁市场秩序，加强拆迁现场安全监管，严格市场准入，严厉打击无资质、无技术人员、无拆迁方案、无安全保障进行拆迁的行为，严肃查处各种违法发包、分包、转包、挂靠、出卖出借资质等行为，坚决杜绝层层转包、以包代管、包而不管等现象。

事故暴露出来的主要问题

事故的发生让人痛心疾首，这起重大事故暴露出以下四个问题。

一是城市规划布局不合理。随着经济的不断发展和城市的急剧扩张，许多城市出现了城区中工厂与居民区交错分布的情况，给居民生命及财产安全埋下巨大隐患。由于人口密度较大，一旦出现危险容易导致群死群伤事故。有些地方虽已开展化工企业搬迁工作，但形势依然严峻。

二是安全距离不达标。《石油天然气管道保护条例》《城镇燃气设计规范》等法规、标准都对管道与建（构）筑物之间的安全距离作了相关规定，但政府对于安全距离内的土地利用缺乏管理，安全距离范围内的用地被再次利用，用于修建住房或商业设施，这种现象在农村建设的工业区中尤为明显。

三是城市管网交叉建设，底数不清。燃气、电力、通信、给排水等管线是城市的“生命线”，而天然气管道被挖破、自来水管道被挖坏、地下光缆被挖断等事故时有发生。各类管线单独建设、分割管理，没有统一的牵头部门和完整的管理体制。

四是城镇地面开挖施工安全监管不力。挖掘不当是导致管道事故的重要原因。涉及管道挖掘作业时，施工方不严格向有关部门报批，不重视查看地下管线图，不预先进行现场勘查，而相关部门又缺乏对城镇拆迁和地面开挖施工作业的安全监管，相应的保护措施和安全责任得不到落实。

▶ 合理规划，加强管理

这起事故伤亡惨重，教训极为深刻。特别是继辽宁省大连中石油国际储运有限公司 “7·16” 输油管道爆炸火灾事故后，半个月内再次发生涉及危险化学品管道的重大生产安全事故，更加需要合理规划，加强安全管理。为此，我总结了以下五点。

第一，做好城镇地面开挖施工安全管理，杜绝违章、蛮干现象。政府主管部门要加强对城镇地面开挖施工作业和拆迁过程的安全监管，建立作业报批制度；对可能涉及地下管道的施工作业，施工单位必须全面掌握地下管道的分布和走向，并采取切实可靠的保护措施。

第二，合理规划城市布局，保证安全距离达标。城市规划管理部门要针对城市的总体定位和发展态势制订城镇土地利用和建设规划，及时调整地下管网布局，提高规划的科学性和前瞻性；对于目前许多城市存在的城区工厂与居民区交错分布、危险化学品地下管道与居民区距离较近的情况，相关部门应制订工厂搬迁规划，使安全距离符合相关法规、规章的要求，尽量降低高风险区域的人口密度。

第三，进行重大危险源普查，建立监测监控系统。针对地下管道进行城市重大危险源普查，明确地下管道的布局情况和危险程度，企业要建立管道装置设施的自动控制系统和安全监控系统，着重加强对地下管道安全距离不达标且目前不具备搬迁条件的危险化学品企业的安全监管，将其运行状态纳入当地主管部门的安全监管系统。

第四，重视风险沟通，提高公众应急能力。加强危化企业、政府主管部门和社区居民三者之间的风险沟通，可以让政府主管部门明确监管重点，使得社区居民认识到社区周围所存在的危险和明确发生事故时应采取的应急避险措施；针对距离居民区较近的危化企业（管道），制订有针对性的应急预案，提高事故风险防范能力和事故自救互救能力。

第五，加强管道安全监管的法治建设。由于我国管道建设发展迅速，不断采用新材料、新工艺，不断出现新情况，迫切需要通过立法工作来加强管道的安全监管；同时与土地利用安全规划相关的法规与政策制定也亟待完善。

▶ 将监督防范放在首位

我从人、机、环、管四方面，对 2001 年至 2020 年我国发生的共 140 起特别重大事故进行了系统梳理分析，发现涉及人的不安全行为的事故有 120 起，占 85.7%。回顾这起事故，施工队盲目施工，相关单位违规组织拆除工程，未履行安全管理工作职责，监管不力，都与人的不安全行为有直接关系。

石油、煤矿生产都属于重大危险源范畴，也是重大安防事故高发行业。一个“螺丝钉”的失误就可能是伤财甚至是致命的，因此应将监督防范放在首位。否则，亡羊补牢，为时晚矣。爆炸事故的发生不仅是一个打击，也是促使行业监督体系完善的始点，泄露更不能抓大放小，小隐患带来大灾难，麻痹不得。

各地要深刻吸取事故教训，切实加强安全生产工作，依法按程序组织施工项目建设，严格履行审批手续和完善安全生产的各项措施。要认真做好城镇化进程中城市管网的安全监管工作，使城市规划建设管网与安全生产有效衔接、有机联动。施工项目管理单位要切实加强城市开挖工程现场管理，提前摸清项目设计区域地下管道的分布和走向，制订可靠的保护措施，并坚决遏制违章指挥、野蛮操作。行业监管和综合监管部门要认真履行安全监管职责，规范房屋拆迁市场秩序，严厉打击非法、违法生产经营建设行为，构筑更加完备的安全生产防控体系。

手记

违法违规生产，生命转瞬即逝

——2010年黑龙江省伊春市“8·16”特别重大烟花爆竹爆炸事故救援和调查工作手记

- 时间：2010年8月16日上午
- 地点：黑龙江省伊春市华利实业有限公司（以下简称华利公司）

一起特别重大烟花爆竹爆炸事故突发，造成34人死亡、3人失踪、152人受伤，破坏直径两公里，破坏范围内建筑墙体震裂，屋顶坍塌，直接经济损失6818万元。

爆炸声不绝于耳，刹那间浓烟滚滚

2010年8月16日9时47分，华利公司工人在二区的礼花弹装药工房进行礼花弹生产作业时，由于操作不慎，引发爆炸，随后装药间和两个中转间的开包药、效果件、半成品爆炸，爆炸产生的冲击波、抛射物体、燃烧星体又引起厂区其他部位陆续发生9次爆炸。爆炸造成相邻企业泰桦公司建筑物部分被炸毁、其余着火坍塌；还有4家相邻企业建筑物部分被烧毁；两公里范围内建筑物的门窗不同程度破损，内隔墙体震裂，屋顶部分损坏。爆炸产生的震动非常强烈，5公里外的居民以为发生了地震。

直升机紧急救援，火海救治伤员

当晚，我到达现场，四周浓烟滚滚，大风卷着浓烟让每一个接近现场的人都感

爆炸导致建筑物损毁

到呼吸困难，靠近扑火难度很大。更为严重的是，火头顺着风向朝鞭炮厂北部的两个原料仓库烧去。4 吨烟花炸药随时威胁到现场所有救援人员的生命安全，如果处置不当引发爆炸，附近群众的家园也将毁于一旦。

现场救援指挥部紧急启动突发事件应急预案，调动 200 名人民解放军战士、100 名消防救援人员、50 名森林消防救援人员、200 名专业扑火人员驰援现场。在进行扑火救人的同时，紧急将周围 2000 余名群众疏散。又利用林区森林防火的优势，从沾河航站调来一架直升机，进行吊桶浇水灭火。直升机在距离事发现场两公里处的伊春水上公园取水，而后迅速将其浇到鞭炮厂指定位置。每 3 分钟就有 5 吨水浇过来，灭火效果非常明显。经过几个小时的努力扑救，火势得到基本控制。由解放军战士和森警救援人员组成的 300 人救援组再次进入火场，在上午进行的第一阶段搜救后，对受困人员进行地毯式搜救，从火场救出 24 人。

我查看爆炸现场后，于 17 日凌晨召开了专题会议，传达中央领导同志的批示精神，“要全力做好现场救援工作，严防发生次生灾害。全力以赴抢救伤员，最大限度减少伤亡。尽快核准伤亡人数，消除社会怀疑。严肃认真做好事故调查处理工作，对存在的违法违规行为要坚决查处。做好善后和抚慰工作，向社会及时发布信息”。

根据国家相关规定，黑龙江省政府成立了事故调查组，会同多方面专家，查清事发原因，进行责任认定，并决定立即对黑龙江省烟花爆竹生产、批发企业和油库、加油站等危险化学品经营、使用企业进行地毯式排查，对检查中发现存在重大隐患的企业，要坚决停产整顿。

全力灭火救援

爆炸无情人有情

我现在回想起来仍然心有余悸。据伤者回忆，当时爆炸突如其来产生的热浪一下子把人掀翻，周边建筑玻璃粉碎，路边栅栏被生生压弯，回过神来，满身是血，身边的人也不见踪影，没过多久消防战士和武警官兵就到了，把他们送到了救护车上。我还了解到，这家公司附近有多家木制品加工企业，并且民宅颇多，当时公司所在区域准备进行拆迁，企业的安全生产许可证已被收缴，其他手续也进行注销，爆炸发生时应处于停产阶段。但根据受伤职工讲述的情况，该厂当天偷偷对剩余原料进行了加工，组织人员对漏雨的仓库进行倒库，50 多名职工都在上班。

我去伊春林业中心医院看望伤员，他们大部分都是脑外伤、颜面外伤、胸外伤和骨折。当时医院救护人员根本不够，物资奇缺，我们立即调集黑龙江省卫生厅派出的 40 人专家组参与救治。许多伊春市民都自发来到医院献血，积极投入救助工作，有序分配救援物资。

追根溯源，祸根盘点

造成这次事故的直接原因是华利公司礼花弹合球工在礼花弹生产过程中，进行合球挤压、敲实礼花弹球体时，操作不慎引发爆炸，随后引起装药间和两个中转间发生爆炸，之后又引起厂区其他部位陆续爆炸和相邻企业着火。

事故发生的间接原因较为复杂，主要有以下几个方面：

首先，该公司安全生产管理混乱，严重违法违规进行烟花爆竹生产经营活动。

超许可范围违法生产礼花弹和B级以上组合烟花。在不具备生产礼花弹基本条件、生产许可范围为C级以下烟花爆竹产品的情况下，擅自违法组织生产3至8号礼花弹和B级以上组合烟花。

超人员、超药量生产。按照相关规定，1.1级工房每栋定员1人，定量不超过5千克；而礼花弹装药工房实际作业人数为3人，药量约为3421千克（TNT当量），组合烟花装药工房实际作业人数为4人，药量约为1058千克（TNT当量）。

外部安全距离不够。华利公司经过许可生产烟花爆竹的三区，与泰桦公司仅一墙之隔，特别是该公司在未经许可的二区违规进行烟花爆竹生产，生产组合烟花的工房与泰桦公司厂房共用一墙，严重违反国家标准中有关外部距离的规定。

擅自扩大生产区域并新建大量工（库）房，造成工（库）房之间内部安全距离不够。事故发生导致殉爆和传爆，扩大了事故范围，加大了破坏程度。华利公司一、二、四、五区均未经许可进行烟花爆竹生产；经过许可生产的三区，擅自增建了10个、扩建了1个工（库）房。

生产工艺布置和工房建筑结构不符合国家标准规定。华利公司未按国家标准要求分区设置危险生产区、非危险生产区、存储区、办公区，生产流程交叉往返；礼花弹和组合烟花装药工房与药物中转库联建；部分1.1级工房未设防护屏障；工（库）房墙体结构为红砖泥土砌筑，强度低，抗爆能力差；屋架为木质结构，不符合防火要求；随意改变工房设计用途。事故发生时，三区有9个工房改变了安全评价时标明的用途。

其次，地方政府及其有关部门未认真依法履行职责，对华利公司长期存在的严重违法违规生产等问题监管不力，部分工作人员失职渎职。

安全生产监管部门履行职责不到位，对烟花爆竹企业安全监管不力。原乌马河区（现已撤销）和伊春市原安全监管局对华利公司长期违法生产礼花弹、在未经许可的区域生产烟花爆竹等问题没有查处；对该公司超员、超量生产，私建工（库）房以及企业内外部安全距离、生产工艺布置和建筑结构不符合国家标准等安全生产隐患没有查处；在华利公司停产和安全生产许可证被暂扣期间，没有按照黑龙江省原安全监管局相关要求，查处该公司违法生产问题。伊春市原安全监管局对原乌马河区安全监管局履行日常监管职责情况督促指导不力。黑龙江省原安全监管局对下级安全监管部门履行职责情况监督指导不到位；2010 年 6 月对华利公司检查时，不严格、不规范，没能发现该公司违法违规生产及存在重大安全生产隐患问题。

原公安机关消防部门未认真履行职责，对辖区内烟花爆竹企业消防监管不力。原乌马河区公安分局消防大队在对华利公司检查中漏检，未对该公司建筑物是否经过竣工消防验收情况进行检查；发现该公司违法建设行为后，没有向上级报告，也没有采取责令限期改正等措施。伊春市消防支队对原乌马河区公安分局消防大队业务指导督促不力，对其未有效履行监管职责的问题失察。

公安机关治安部门履行职责不到位，核发烟花爆竹运输证审核把关不严。原乌马河区公安分局治安巡警大队对华利公司爆炸物品（烟花爆竹）运输证审查程序不清，审核把关不严。伊春市公安局治安巡警支队对原乌马河区公安分局治安巡警大队履行职责情况督促指导不力；对华利公司爆炸物品（烟花爆竹）运输证审核把关不严；对华利公司在辖区内超许可范围擅自燃放礼花弹行为监管不力。

伊春市城市管理行政执法局和原乌马河区城市管理行政执法局执法不到位，未按要求强制拆除华利公司违法建筑，致使其得以使用这些工（库）房进行违法生产。

原乌马河区党委、政府和伊春市政府贯彻落实国家安全生产工作方针政策和法律法规不到位，对相关部门履行烟花爆竹企业安全生产监管职责不力的问题失察。原乌马河区党委、政府未认真督促有关部门认真履行安全生产监管职责，对区安全监管局、公安分局等部门履行安全监管职责情况检查督促指导不到位；对华利公司违法生产行为查处不力；事故发生后，开展死亡和失踪人数统计工作不力，存在漏报、迟报行为。伊春市政府指导、督促和检查相关部门履行职责工作不到位，对相关部门履行烟花爆竹企业安全生产监管职责不力的问题失察。

此外，经调查发现，煤炭科学研究总院抚顺分院2005年12月给华利公司出具的安全评价报告中，存在资料不全等问题，没有提供反映当时烟花爆竹生产区周边环境的区域位置图，也没有说明与周边企业和居民区的安全距离不够问题，导致爆炸波及相邻企业， 死伤惨重。黑龙江省质量技术监督局在近两年组织的产品质量抽查中，抽查了华利公司生产的礼花弹，但未发现这些礼花弹是该公司违法生产的。调查中我们也了解到，部分基层执法部门执法不严、知法犯法，明知企业违法，在收受红包后睁一只眼闭一只眼。

杜渐防萌，曲突徙薪

作为一名长期从事安监工作的人，现在回想起黑龙江省伊春市“8·16”特别重大烟花爆竹爆炸事故，仍然心有余悸，这起事故伤亡惨重、损失巨大、影响恶劣、教训深刻，在烟花爆竹领域是一起十分典型的因违法违规造成的重大责任事故。为认真吸取教训，防止类似事故发生，建议如下：

大力提升烟花爆竹领域本质安全水平。类似企业应加大工艺生产研发，提高生产工艺安全性，生产工艺布置和工房建筑结构必须符合国家标准规定，高危岗位采用机械化代人。

严格烟花爆竹生产经营安全许可审查。在实施烟花爆竹行政许可过程中，必须严格执行《烟花爆竹安全管理条例》等有关法律法规和《烟花爆竹工程设计安全规范》等有关标准规范的规定，严格审查烟花爆竹企业的安全条件。对企业的工厂布局、内外部安全距离、防护屏障、建筑结构、防火等级等不符合标准规范要求的，坚决不予许可。在烟花爆竹企业的外部安全距离内，不得批准新的建设项目，不得存在违法违规建筑物。严格礼花弹的生产准入条件，严格限制生产企业数量，严格监管产品流向和燃放活动。在严防非法生产的同时，要进一步强化烟花爆竹经营的安全监管，合理布局经营网点，加强仓储设施安全条件和产品流向监管，严防事故发生。

运用现代化技术手段强化烟花爆竹企业安全监管。要针对烟花爆竹生产和经营的特点，研究运用现代技术手段，对烟花爆竹企业特别是企业的重点部位、重点危险工序进行视频监控，实现对企业及员工违规违章行为的监测、记录和报警等功能，监督企业依法依规从事生产经营活动，监督从业人员严格执行安全操作规程，严防企业非法违法组织生产经营和超员超量进行生产作业。

加强安全生产中介机构的管理。要进一步加强烟花爆竹安全评价等安全生产中介机构的管理，指导监督安全生产中介机构提高工作质量。烟花爆竹安全评价机构必须对其做出的相关评价、鉴定结论承担法律责任。对安全评价报告与实际情况不符或者存在疏漏的，要依法进行处罚；对违法违规、弄虚作假的，要依法从严追究相关人员和机构的法律责任，降低或取消相关资质。

落实企业主体责任和部门监管责任。企业不得超许可范围违法生产，不得超人员、超药量生产，有关部门要加强对烟花爆竹企业的监督检查，严格执法，督促企业落实安全生产主体责任，及时纠正和处理违规违章行为。强化安全生产企业主体责任、部门监管责任和属地管理责任的要求，切实加强组织领导，落实监管责任，进一步强化对下一级政府及其有关部门特别是基层监管部门安全生产监管责任落实情况的督促检查。质监部门要进一步强化和完善烟花爆竹产品质量监督检验工作。

止之于始萌，绝之于未形

全国发生过很多起类似的烟花爆竹爆炸事故，其根本原因多与人们安全意识淡薄、忽视有关安全要求分不开。

监管部门监督不严。就整个烟花爆竹行业的监管情况来看，地方监管部门对非法生产打击力度不够，使得本地的烟花爆竹行业存在大量的非法活动，最终导致事故的发生。还有的地方由于招商引资，享受地区政策的同时忽视了安全工作。

非法生产经营屡禁不止。由于行业的特殊性，有的业主安全意识淡薄或不熟悉烟花爆竹行业技术标准以及安全生产流程，为牟取暴利大量营建违规的厂房；还有的业主为追求经济效益，对于存在的隐患不进行整改，淡季时停产停业，旺季生产繁忙，企业加班加点，使企业高危运行。类似事故在全国绝非个例，它只是一个小小的缩影，我们要坚决取缔非法生产经营烟花爆竹的企业、个体作坊。

管理上的漏洞不堵。烟花爆竹行业作为一种危险性较大的特种行业，安全管理尤为重要。然而在实践中，疏于管理的现象大量存在，这是造成烟花爆竹爆炸事故频发的重要因素。

此类爆炸事故对烟花爆竹行业的管理者、监督者、经营者起着一种警示作用，而有关管理干部和主管部门为有安全隐患的厂家说情、隐瞒实情，甚至弄虚作假，更是一种严重的失职行为，它带来的危害结果将无法估量。亡羊补牢，未为迟也，我们要时刻把好安全生产关卡，严格履行职责。

手记

管道泄漏、处置不当，62人殒命

——2013年山东省青岛市“11·22”中石化东黄输油管道特别重大爆炸事故救援和调查工作手记

- 时间：2013年11月22日10时25分
- 地点：山东省青岛市经济技术开发区的中国石油化工股份有限公司管道储运分公司东黄输油管道

一起爆炸事故发生，造成62人死亡、136人受伤，直接经济损失75 172万元。

管道泄漏引爆炸

2013年11月22日凌晨2时左右，潍坊输油处调度中心发现东黄输油管道黄岛油库出站压力下降，两次电话确认黄岛油库无操作因素后，判断管道发生泄漏，东黄输油管道紧急停泵停输。3时40分左右，青岛站人员到达泄漏事故现场，确认管道泄漏位置距黄岛油库出站口约1.5公里，位于秦皇岛路与斋堂岛街交叉口处，立即组织人员开挖泄漏点、抢修管道，并安排人员拉运物资清理海上溢油和路面泄漏原油，同时请求潍坊输油处调用抢险救灾物资。7时左右，潍坊输油处组织泄漏现场抢修，使用挖掘机实施开挖作业；在管道泄漏处路面挖出作业坑，管道露出，找到管道泄漏点。10时25分，为处理泄漏的管道，现场决定打开暗渠盖板，动用挖掘机，采用液压破碎锤进行打孔破碎作业，作业期间发生爆炸。

爆炸造成秦皇岛路桥涵以北至入海口、以南沿斋堂岛街至刘公岛路排水暗渠的预制混凝土盖板大部分被炸开，与刘公岛路排水暗渠西南端相连接的长兴岛街、唐岛路、舟山岛街排水暗渠的现浇混凝土盖板拱起、开裂和局部炸开，全长波及

爆炸后形成的废墟

5000余米。爆炸产生的冲击波及飞溅物造成现场抢修人员、过往行人、周边单位和社区人员，以及青岛丽东化工有限公司厂区内排水暗渠上方临时工棚及附近作业人员，共62人死亡、136人受伤。爆炸还造成周边多处建筑物不同程度损坏，多台车辆及设备损毁，供水、供电、供暖、供气多条管线受损。泄漏原油通过排水暗渠进入附近海域，造成胶州湾局部污染。

▶ 全力救援

爆炸发生后，山东省委书记、省长，青岛市委、市政府主要领导同志迅速赶赴事故现场。党中央、国务院高度重视，指示成立现场指挥部，组织抢险救援，指导事故现场处置工作。指挥部责成中石化集团公司调集专业抢险救援力量赶赴现场。现场指挥部下设8个工作组，开展人员搜救、抢险救援、医疗救治及善后处理等工作。当地驻军也投入力量积极参与抢险救援。

现场指挥部组织2000余名武警及消防官兵、专业救援人员，调集100余台（套）

全力开展抢险救援

大型设备和生命探测仪及搜救犬，紧急开展人员搜救等工作。青岛市对事故区域受灾居民进行妥善安置，调集有关力量，全力修复市政公共设施，恢复供水、供电、供暖、供气，清理陆上和海上油污。

清理海上油污

管道腐蚀，处置不当酿惨剧

通过现场勘验、物证检测、调查询问、查阅资料，并经综合分析认定：由于与排水暗渠交叉段的输油管道所处区域土壤盐碱和地下水氯化物含量高，排水暗渠内随着潮汐变化海水倒灌，输油管道长期处于干湿交替的海水及盐雾腐蚀环境，加之管道受到道路承重和振动等因素影响，导致管道加速腐蚀减薄、破裂，造成原油泄漏。泄漏点位于秦皇岛路桥涵东侧墙体外 15 厘米，处于管道正下部位置，经计算、认定，原油泄漏量约 2000 吨。

泄漏原油部分反冲出路面，大部分从穿越处直接进入排水暗渠。泄漏原油挥发的油气与排水暗渠空间内的空气形成易燃易爆的混合气体，并在相对密闭的排水暗渠内积聚。由于从原油泄漏到发生爆炸达 8 个多小时，受海水倒灌影响，泄漏原油及其混合气体在排水暗渠内扩散、积聚，处置人员进行现场打孔破碎时，产生撞击火花，最终造成大范围连续爆炸。

监管不力埋祸根

这起事故的发生是多种因素耦合造成的，包括执法部门的监管失责、处置人员操作不当、管理缺失、规划混乱、应急响应不力等。

经调查发现中石化集团公司及下属企业安全生产主体责任不落实，隐患排查治理不彻底，未发现事故段管道安全隐患，也未对事故段管道采取任何保护措施。

中石化管道分公司对安全生产工作疏于管理，未对事故段管道防腐层大修等问题及时跟进，也未采取其他措施及时消除安全隐患；未督促指导潍坊输油处、青岛站按照预案要求开展应急处置工作；对一线员工安全和应急教育不够，培训针对性不强；对应急救援处置工作重视不够。

调查还发现潍坊输油处未能及时消除重大安全隐患。先后 3 次检测均未能发现事故段管道严重腐蚀，对管道泄漏突发事件的应急预案缺乏演练，应急救援人员对自己的职责和应对措施不熟悉。

此外，青岛站对管道疏于管理，管道保护工作不力。制订的管道抢维修制度及安全操作规程针对性、操作性不强，部分员工缺乏安全操作技能培训；管道巡护制度不健全，巡线人员专业知识不够；没有对开发区在事故段管道先后进行排水明渠和桥涵、明渠加盖板、道路拓宽和翻修等建设工程提出管道保护的要求，没有根据管道所处环境变化提出保护措施。

事故应急救援不力，现场处置措施不当点燃了导火索。青岛站、潍坊输油处、中石化管道分公司对泄漏原油数量和事故风险出现严重误判，没有及时下达启动应急预案的指令；未按要求及时全面报告泄漏量、泄漏油品等信息，存在漏报问题；现场处置人员没有对泄漏区域实施有效警戒和围挡；抢修现场未进行可燃气体检测，盲目动用非防爆设备进行作业，严重违规违章。

在调查中还发现，当地开发区规划、市政部门履行职责不到位，事故发生地段规划建设混乱。事故发生区域危险化学品企业、油气管道与居民区、学校等距离较近或交叉布置，埋下严重安全隐患。

开发区行政执法局（市政公用局）违规同意设置盖板将明渠改为暗渠；未发现青岛丽东化工有限公司长期在厂区内排水暗渠上违章搭建临时工棚的问题；管道与排水暗渠交叉工程设计不合理，未按要求计算对管道安全的影响，未对管道采取保护措施，管道处于海水倒灌能够到达的区域，加剧管体腐蚀、损坏。管道在排水暗渠内悬空架设，存在原油泄漏进入排水暗渠的风险，且不利于日常维护和抢维修。

青岛市及开发区管委会相关部门存在事故风险研判失误，应急响应不力等问题。开发区管委会未能认识原油泄漏的严重程度，事故定级错误，导致现场指挥协调和应急救援不力。未及时采取警戒和封路措施，未及时通知和疏散群众，也未能发现和制止企业现场应急处置人员违规违章操作等问题。

开发区应急办未严格执行生产安全事故报告制度，压制、拖延事故信息报告，谎报开发区分管领导参与事故现场救援指挥等信息。开发区原安全监管局未及时将青岛丽东化工有限公司报告的厂区内明渠发现原油等情况向政府和有关部门通报，也未采取有效措施。

▶ 桑土之防

一些地方政府为了发展经济，降低安全环保标准，审批程序搞特事特办，违规操作 “一路绿灯”，执法部门玩忽职守，至安全生产于不顾，人民生命财产安全何来保障？当地方政府规划、企业生产与安全发生矛盾时，必须服从安全需要；工程设计必须满足安全规定和条件。要坚决纠正单纯以经济增长速度评定政绩的倾向，科学合理设定安全生产指标体系，加大安全生产指标考核权重，实行安全生产和重特大事故“一票否决”。

作为城市生命线之一的石油管道，安全生产工作更要慎之又慎。务必开展在役油气管道，特别是老旧油气管道检测检验与隐患治理，对与居民区、工厂、学校等人员密集区距离较近，和铁路、公路、隧道、市政地下管网及设施安全距离不足，或穿（跨）越安全防护措施不符合国家法律法规、标准规范要求的，要落实整改措施、责任、资金、时限和预案，限期更新、改造或者停止使用。

执法部门应认真履行油气管道保护的相关职责，加大对油气管道的监督管理力度，保障安全运行。油气管道保护工作主管部门要加大油气管道占压清理力度，对打孔盗油、违章施工作业等危害油气管道安全的行为要依法严肃处理；对油气管道、城市管网开展暗查暗访，深查隐蔽致灾隐患及其整改情况，对不符合安全环保要求的立即进行整治，对瞒报、谎报、迟报生产安全事故的，要按有关规定从严从重查处。

要科学规划合理调整布局，提升城市安全保障能力。油气管道规划建设必须符合油气管道保护要求，并与土地利用整体规划、城乡规划相协调，与城市地下管网、地下轨道交通等各类地下空间和设施相衔接，不符合相关要求的不得开工建设。

要高度重视油气管道应急管理工作。油气管道企业要根据输送介质的危险特性及管道状况，制订有针对性的专项应急预案和现场处置方案，并定期组织演练，对于原油泄漏要提高应急响应级别，在事故处置中要对现场油气浓度进行检测，做到准确研判，杜绝盲目处置，防止油气爆炸。地方各级人民政府要制订包括油气管道在内的各类生产安全事故专项应急预案，建立政府与企业沟通协调机制，开展应急预案联合演练；根据事故现场情况及救援需要及时划定警戒区域，疏散周边人员，维持现场秩序，确保救援工作安全有序。

要加快安全保障技术研究，健全完善安全标准规范。组织力量加快开展油气管道普查工作，摸清底数，建立管道信息系统和事故数据库，深入研究油气管道可能发生事故的成因机理，尽快解决油气管道规划、设计、建设、运行面临的安全技术和管理难题。吸取国外好的经验和做法，开展油气管道安全法规标准、监管体制机制对比研究，完善油气管道安全法规，制定油气管道穿跨越城区安全布局规划设计、检测频次、风险评价、环境应急等标准规范。要开展油气管道长周期运行、泄漏检测报警、泄漏处置和应急技术研究，提高油气管道安全保障能力。

▶ 力克“黑天鹅”

当我深入反思与回顾此次事故，我意识到，引发管道事故的因素众多，形式各异，且后果极为严重，属于典型的“黑天鹅”事件。这类事故是由一系列事件共同作用而引发，究其深层次的原因，是目前安全理念风险评估方法和管理实践，甚至政府监管、社会氛围等方面均存在重大缺陷，使得企业安全管理人员认识不到风险或是低估风险。

认识风险的方法论要改变。“黑天鹅”事件，虽然其发生的概率小，但风险高，且具有不可预测性。对于“黑天鹅”事件，我们不能存任何侥幸心理。

事故调查方法要改变。对化工过程泄漏、火灾爆炸事故及应急响应各环节进行系统研究；主管部门需要对行业内发生的典型重大事故做专业深入调查，以便拿出在政策法规、监管企业管理、作业行为等方面的调整建议，为防范同类事故提供技术依据。

城市科学规划布局以及政府监管模式要改变。化工园区必须实现与人口密集区的有效隔离；城市暗涵与油气管线必须合理布局，采取有效的安全措施；市场机制下，政府要对企业安全监管模式开展专题研究，适时作出相应的调整。

应采用系统思想全面提升安全管理水平，塑造安全文化。在现有的技术水平下，安全大检查需要走专业化道路，安全管理也必须将人的行为、思想等纳入管理范畴。过去发生的许多重大事故表明，企地联动职责不清，企业应急预案与地方应急预案缺乏科学协同与有效演练。事故现场的指挥、通信和救援，随着事故规模的扩大，混乱程度往往增加，需要科学改进。因此，系统研究并改进重特大事件的应急机制、强化企地联动的有机衔接迫在眉睫。

手记

侥幸的代价，焊接缺陷引爆炸

——2015年福建省漳州市腾龙芳烃有限公司“4·6”重大爆炸着火事故救援和调查工作手记

▶ 时间：2015 年 4 月 6 日 18 时 56 分

▶ 地点：福建省漳州市腾龙芳烃（漳州）有限公司

二甲苯装置发生爆炸，引发大火，装备附近中间罐区 3 个储罐爆裂燃烧。事故造成 6 人受伤（其中 5 人被冲击波震碎的玻璃刮伤），另有 13 名周边群众陆续到医院检查留院观察，直接经济损失 9457 万元。

▶ 焊口断裂，芳烃蒸汽被引爆，储罐着火

2015 年 4 月 6 日 18 时 56 分，腾龙芳烃公司二甲苯装置在停产检修后开车时，吸附分离装置 41 单元加热炉东侧管廊一层 21 号焊口，因焊接缺陷造成断裂，泄漏出大量 $C8^+$ 混合芳烃组分蒸气，被加热炉高温引爆，导致二甲苯装置西侧约 60 米外中间罐区的 607 号、608 号重石脑油储罐和 609 号、610 号轻重整液储罐先后着火。7 日 16 时 40 分，明火第一次被扑灭；由于风力加大和下雨导致覆盖的泡沫被吹开和破碎，19 时 50 分复燃，23 时 40 分明火被第二次扑灭；8 日 2 时 40 分再次复燃，并产生流淌火，一度造成危险局势，经过紧急处置，局面得到缓解；10 时 53 分引燃 609 号储罐，9 日 3 时 10 分，609 号储罐物料燃尽，明火熄灭。经全力救援，火势未波及其他罐区。

▶ 火光冲天，浓烟滚滚

事故发生时，天色将暗，在海湾远处岛屿上，火光冲天燃亮半边天空，并腾起巨大浓烟。距离事发现场五六公里的一位目击者称，听到像是打雷一样的爆炸声，并感到家中发生晃动，到楼顶向外望去，火光冲天、浓烟滚滚。在爆炸工厂附近镇上，震感更强。爆炸时产生的冲击十分强烈，将距离爆炸中心一公里左右的加油站便利店的玻璃全部震碎。爆炸发生后气味很重，火势严重，并发生反复爆炸。附近居民人心惶惶，部分居民划船逃离到附近小岛上避难。大火 57 个小时后被彻底扑灭。

这次事故第一个特点是易燃易爆，危险系数大。厂区内危险化学品包括苯、甲苯、凝析油、轻/重石脑油、轻/重整液以及多种中间产物，其蒸气与空气混合能形成爆炸性混合物，且吸入较高浓度可对人的生命安全构成危害。发生爆炸燃烧的 4 个 1 万立方米重石脑油、轻重整液储罐火势异常猛烈，火焰高，热辐射极强。燃烧油罐区四周有 12 个危化品储罐，集高压、高温、有毒、有害、易燃、易爆等危险因素于一身，冷却不到位极易引发大规模爆炸燃烧，造成现场全面失控，给整个半岛带来毁灭性灾难。另一个特点是工艺处置难，技术要求高。厂区共有重大危险源 19 处，储罐 76 个，总容量 70.8 万立方米。厂内化学危险品类多量大、提炼重组环节多、生产工艺复杂，每项处置均涉及多个部门、工种，技术要求较高。如何针对

事故现场火光冲天

不同物料、不同工艺采取相应措施，是此次灾害处置的难题。尤其是火灾扑救后，对受损罐体内剩余的 1.7 万吨的存料进行的氮封倒罐、人孔排除残液、抽样化验等后续工作，处置工艺难度大。

▶ 多举措应急救援，妥善安置群众

我带领有关司局领导和专家迅速赶到了事故现场。已着火的 3 个轻重脑油罐仍在稳定燃烧，其中 2 个罐顶已经塌陷，流淌火被控制在罐区防护堤内，消防人员正在利用带架水炮对受到威胁的其他罐体进行不间断的冷却。

鉴于这次事故既涉及装置事故处置，也涉及油罐火灾处置，扑救难度大，经专家会商研判，主要采取如下措施：一是成立事故现场指挥部，下设现场处置、警戒维稳、伤员救治、群众疏散、信息发布、善后工作、事故调查、后勤保障等 8 个组，分头开展各项工作；二是组织专家分析研判，从全国抽调多名应急救援及石化行业工艺和设备方面的权威专家，会同福建省内 5 名专家赶赴现场分析研判，帮助指导事故救援；三是全力组织灭火，共调动消防车辆 269 部、消防官兵 1169 名，在专家指导下，采取扑灭石化火灾常用的成熟方法，加强对着火罐的火情控制，并实施喷水冷却、水幕隔离等措施，冷却保护周边储罐和装置；四是紧急调运救

紧张的事故救援现场

援物资，共调运灭火泡沫 1467 吨和沙包袋 5 万个，为救援工作提供充足的物资保障；五是及时救治伤员，共调度 70 台救护车待命、出动 16 台，共收治事故伤员 19 名，受伤人员全部伤愈出院；六是迅速有序转移群众，共转移并妥善安置周边群众 29096 人；七是密切监测周边环境，密切监测古雷地区气象、海水等方面的环境变化，没有发现辖区环境污染；八是积极做好舆论引导，及时组织发布信息，做到公开、透明，启动网络舆情监控预案，对网上出现的不良信息和网络传播假照片事件，迅速回应和利用事实进行澄清，及时消除负面影响。

▶ 多方原因耦合，终致事故发生

经调查认定，腾龙芳烃（漳州）有限公司“4・6”爆炸着火事故是一起重大生产安全责任事故。这次事故的直接原因是在二甲苯装置 41 单元开工引料操作过程中出现压力和流量波动，引发二甲苯塔底至邻二甲苯塔的排料管线产生液击振动，致使存在焊接缺陷的管道焊口断裂，物料（约 295℃）呈雾状喷出，形成的爆炸性混合气体被鼓风机吸入，进入加热炉风道后遇高温爆炸，并引爆加热炉周边空间区域，爆炸冲击波撕裂西侧中间罐区储罐，相继引燃同一防火堤内 4 个储罐内物料。

早在 2013 年 7 月 30 日，该项目一条尚未投用的加氢裂化管线在充入氢气测试压力时，就发生过焊缝开裂闪燃事故。漳州 PX 项目在时隔不到两年的时间内发生了两次事故。根据瑞士奶酪模型，一个能爆炸的东西，在正常的安全监管条件下要真的爆炸，需要经过很多的关口，破坏掉很多的防御安全层。从调查披露的情况看，腾龙芳烃安全投入不足，违规试生产，工艺操作不当，发现安全隐患但没引起重视，事故装置长时间处于高负荷运行状态，政府与企业之间存在监管“严格不起来，落实不下去”的现象。

调查认定，腾龙芳烃（漳州）有限公司重效益、轻安全，安全意识淡薄，安全生产主体责任不落实。“7・30”事故后，该公司拒不执行原福建省安监局下发的停产指令，违规试生产；超批准范围建设与试生产。工程建设质量管理未做到位，未落实施工过程安全管理责任，未发现施工过程中的分包、无证监理、无证检测等现象；工艺管道存在焊接缺陷，留下重大事故隐患。工艺安全管理未做到位，二甲苯单元工艺操作规程不完善，未根据实际情况及时修订，操作人员工艺操作不当产生液击；工艺连锁、报警管理制度未落实，解除工艺连锁未办理报批手续。试生产期间，事故装置长时间处于高负荷甚至超负荷状态运行。

另外，施工单位中石化第四建设有限公司违反合同规定，未经业主同意，将项目分包给扬州市扬子工业设备安装有限公司，质量保证体系没有有效运行，质检员对管道焊接质量把关不严，存在管道未焊透等问题。分包商扬州市扬子工业设备安装有限公司施工管理不到位，施工现场专业工程师无证上岗，对焊接质量把关不严；焊工班长对焊工管理不严；焊工未严格按要求施焊，未进行氩弧焊打底，焊口未焊透、未熔合，焊接质量差，埋下事故隐患。南京金陵石化工程监理有限公司未认真履行监理职责，内部管理混乱，招收的监理工程师不具备从业资格，对施工单位分包、管道焊接质量和无损检测等把关不严。岳阳巨源检测有限公司未认真履行检测机构的职责，管理混乱，招收无证检测人员从事芳烃装置检测工作，事故管道检测人员无证上岗，检测结果与此次事故调查中复测数据不符，涉嫌造假。

地方党委、政府及其有关部门没有正确处理好严格监管与服务的关系，存在监管“严格不起来、落实不下去”现象。漳州市委、市政府安全生产属地监管责任落实不到位，在腾龙芳烃（漳州）有限公司项目建设和试生产期间，督促古雷港经济开发区党工委、管委会及漳州市政府有关部门开展监督检查工作不到位。古雷港经济开发区党工委、管委会未认真落实安全生产属地监管责任，督促开发区有关部门依法履行安全生产监督管理职责、落实生产安全责任不力；没有按照《安全生产法》规定设立安全生产监管机构；对安全监管职责认识不清、人员不足、执法不落实等问题未予以重视和解决。古雷港经济开发区经济发展局未认真履行安全生产监管工作职责，督促腾龙芳烃（漳州）有限公司落实安全生产主体责任不到位。漳州市质量技术监督局及古雷办事处对监督检验单位监管不到位，未按照《特种设备安全监察条例》要求认真开展古雷项目部的监督检查，未依规对建设单位实施重点监管，违规出具特种设备可以投入使用的意见函。漳州市安全生产监督管理局及古雷分局在对腾龙芳烃（漳州）有限公司安全生产监督管理中，存在对该公司违规试生产行为制止不力问题。

此外，省锅炉压力容器检验研究院对施工、检测单位违法违规行为失察，违反规定对未出具监督检验合格报告的 13 个装置压力管道提出允许其运行的意见；省环保厅、省安监局、漳州市消防支队在日常安全监管工作中也存在履职不够到位、工作不够认真等问题。

▶ 痛定思痛，事故反思

腾龙芳烃“4 · 6”爆炸着火事故虽然未发生人员死亡，但该企业在不到两年时间内连续发生两起事故，影响恶劣，不仅引起了周边群众的担忧，更引起了党中央和总书记、总理的高度重视。针对这次事故暴露出来的不足，为了深刻吸取这次事故的教训，防止同类型事故的发生，我总结了以下六点。

一是加强应急物资储备。此次着火罐和受威胁的邻近罐都在 1 万吨以上，直径 20 米以上，高度 16 米以上，而开发区仅有 14 台车载炮、6 台移动炮可以满足射程和流量的需要。救援现场共消耗泡沫液 902.72 吨，而开发区仅储存 140 吨。要针对这次事故处置中发现的装备差距，提出针对性较强的消防装备建设计划，并结合国内外相关事故经验，测算开发区所需的泡沫储备，采取可操作性措施，加强消防泡沫储备。

二是严格按照规定选择工程服务承包商、设备材料供应商，建立良好的工程质量监督机制。在施工过程中，强化对各施工队伍的管理，严格执行项目及公司的质量管理制度，严把质量关，从源头上杜绝隐患的发生。

三是严格控制进场材料的检测检验，做好关键工序的质量控制，重视机械完工验收工作。

四是避免在节日期间进行生产调整，尤其是避免进行装置开停车和检修施工的操作。

五是炼化生产装置发生危化品大量泄漏，应快速采取切断措施，避免物料的大量泄漏，并启动紧急停车系统，机泵断电、加热炉（锅炉）熄火。

六是保证事故放空及紧急停车系统处于完好状态。

大型油罐库区发生火灾概率高，燃烧蔓延速度快，易造成大面积火灾，燃烧温度高，热辐射值大，易发生罐体坍塌和爆炸，产生燃烧爆炸连锁反应可能性大。这次事故和大连市“7·16”输油管道特别重大爆炸火灾事故都涉及到大型油库。关于大型油库库区防火的有效办法，我总结了以下五点：

第一，建立立体式的消防体系。储罐区的立体防线包括高位防线、中位防线和低位防线。高位防线是安装在罐区顶部的固定泡沫灭火系统，发生火灾时直接喷射泡沫覆盖在油面上，阻止油面与空气的接触，抑制火灾的发展；中位防线是对管壁起冷却作用的水喷淋系统，当火灾失控后，依靠水喷淋系统对罐壁进行冷却降温，防止罐体塌陷和变形；低位防线是由防火堤系统构成，其作用是将油罐泄漏后在地面上形成的流淌火控制在防火堤内。

第二，保证储罐区的防火间距及消防通道的畅通。油罐与油罐间、油罐与可燃物间必须设置足够的防火间距；为保证消防车辆及时到达火灾地点，展开火灾扑救，油库消防道路的型式、宽度、转弯半径以及与防火堤之间的距离等必须符合相关规范要求。

第三，科学合理地设置消防水源。为防止火灾复燃，应持续对着火及相邻罐体进行冷却保护。根据发生火灾后消防灭火救援的情况来看，消防车自身的储水有限，消防用水是需要解决的重大问题，因此必须按照规范加强对天然水源、市政给水、室外消防栓等的监管力度，真正做到发生火灾时水量供应充足。

第四，加强消防安全管理。建立重点部位防火监督检查制度，通过远程监控，实时监控管路内油压变化等，及时发现问题，防止火灾事故的发生；加强职工防火安全教育，掌握基本灭火逃生知识，并能及时扑灭初期火灾；开展重大火灾隐患专项整治活动，对照查出问题，限期进行整改；建立相关应急预案措施，确保发生火灾时能有条不紊、科学合理地开展灭火战斗。

第五，加强工艺处置措施的培训。工艺处置火灾事故是火灾扑救过程的重要一环，相关人员必须熟悉储油罐及其管道的特征、工艺流程、油品的火灾危险性等，并掌握常用的工艺灭火措施，例如管阀断料、开阀导流、排除积水等，组织模拟演练，提高实战化水平。

安全生产第一位，管理务必要跟上

近年来，中国石油化工行业迅猛发展，主要石油化工产品的生产能力位居世界前列，石油化工灾害事故呈现出频次高、危害大、影响广、处置难等特点，形势严峻。为此，我们要更加清醒地认识到危化品尤其是石油化工领域面临的严峻形势和挑战。

绝大部分的化工生产环境都涉及高温、易燃、有毒、易爆、复杂设备等，一旦疏忽大意就可能产生重大危害，但是经过严格流程的生产是不会轻易出现焊缝开裂闪燃等情况。这次事故，实际上是岗位责任不到位，操作不到位，缺乏安全生产意识，和整体生产工艺无关，还暴露出在安全管理上存在的严重问题。企业的主要负责人重效益、轻安全，在工程建设、设备设施选用上采取了最低价投标的招标方式，埋下重大隐患；企业的安全管理与地方政府部门的安全监管都存在不到位的问题。

我们要深刻吸取“4·6”事故惨痛教训，切实强化危化品领域安全监管，全面提升企业本质安全水平。

手记

企业劣迹斑斑，事故成无法避免的“偶然”

——2019年江苏响水天嘉宜化工有限公司“3·21”特别重大爆炸事故救援和调查工作手记

▶ 时间：2019 年 3 月 21 日 14 时 48 分许

▶ 地点：江苏省盐城市响水县生态化工园区天嘉宜化工有限公司（以下简称天嘉宜公司）

一起特别重大爆炸事故发生，造成 78 人死亡、76 人重伤，640 人住院治疗，直接经济损失 19.86 亿元。

▶ 违法贮存酿重祸

2019 年 3 月 21 日 14 时 45 分，天嘉宜公司旧固废库房顶中部冒出淡白烟，随即出现明火且火势迅速扩大，一分钟后，新固废库内作业人员发现火情，手提两个灭火器从仓库北门向南门跑去试图灭火。47 分，旧固废库房顶南侧冒出较浓的黑烟，旧固废库房顶中部被烧穿有明火出现，火势迅速扩大。48 分 44 秒发生爆炸。从旧固废库房顶中部冒出淡白烟至发生爆炸历时 3 分 9 秒。

根据现场破坏情况，事故现场可划分为事故中心区和爆炸波及区。事故中心区北至纬一路，南至大和路，西至江苏之江化工有限公司，东至 301 县道，面积约为 0.5 平方千米。爆炸形成了直径 120 米积水覆盖的圆形坑。排水后发现，爆炸形成以天嘉宜公司旧固废库硝化废料堆垛区为中心基准点，直径 75 米、深 1.7 米的爆坑。爆炸中心 300 米范围内的绝大多数化工生产装置、建构筑物被摧毁，造成重大人员伤亡事故，引发周边 8 处起火，包括天嘉宜公司储罐区 3 处，江苏华旭药业有限公司、响水富梅化工有限公司、响水县鲲鹏化工有限公司、江苏之江化工有限公司、盐城德力化工有限公司。爆炸冲击波造成周边建筑、门窗及玻璃不同程度受

爆炸现场黑烟滚滚

爆炸后形成的爆坑

损，其中严重受损（建筑结构受损）区域面积约为 14 平方千米，中度受损（建筑外墙及门窗受损）区域面积约为 48 平方千米。响水县、灌南县 133 家生产企业、2700 多家商户受到波及，约 4.4 万户居民房屋门窗、玻璃等不同程度受损。中国地震台网测得此次爆炸引发 2.2 级地震。经测算，此次事故爆炸总能量约为 260 吨 TNT 当量。事故造成的 78 个遇难者中，天嘉宜公司 29 人、之江化工 16 人、华旭药业 10 人、园区其他单位 10 人、周边群众 7 人、外地人员 6 人。

▶ 彻夜鏖战，八方驰援

事故发生后，由应急管理部、工业和信息化部、公安部、生态环境部、卫生健康委、全国总工会和中央宣传部等有关部门负责同志组成的工作组赶赴现场，指导抢险救援、伤员救治、事故调查和善后处置等工作。中央纪委国家监委成立责任追究审查调查组，对有关地方党委政府、相关部门和公职人员涉嫌违法违纪及失职渎职问题展开调查。

爆炸发生 10 分钟后，响水县 119 指挥中心接到警报，江苏省立即调集 12 个市的消防救援支队与死神赛跑。顶着烈火毒雾，930 名消防救援人员带着 192 辆消防车和 9 台重型工程机械第一时间赶赴现场支援，先后救出了 12 名幸存者。

22 日凌晨，我到达江苏响水后，立即对爆炸现场进行踏勘，前往现场指挥中心指导救援处置工作。自爆炸发生后，整个厂房都充满危化品。头上是被大火燃烧过的晃来晃去的建筑横梁，中间是爆炸后开裂的墙体，脚下是各种不知名的化学品液体……事故现场凶险异常，救援难度极大。为尽一切可能搜救幸存生命，我们本着绝不放过任何一个角落、不惜一切代价寻找失联人员的原则，组织大量人员持续连夜搜救。消防救援队员冒着危险趟过强酸积液挺进现场，现场气味非常刺鼻，戴着简易防护面具也不管用，但是没有一个队员退缩。

至 22 日凌晨 5 时许，天嘉宜公司的储罐和其他企业等 8 处明火被消防人员成功扑灭。来不及休息片刻，他们又投入搜救被困人员的战斗。消防救援人员经过 7 轮排查搜救，成功搜救出 164 人，其中幸存者 86 人。

22 日 5 时左右，由江苏省生态环境厅组织的 200 多名环境监测人员到达现场，他们出动 28 辆监测车、100 余台检测仪器立即开展环境监测。在爆炸现场周边布设 6 个大气监测点，加密布设 14 个水质监测断面，出具了 5500 多个监测数据。当地组织人员在新丰河、新民河、新农河三条通灌河流进行筑坝拦截，不让园区内的

消防人员不顾危险，与死神赛跑

废水直排外环境，并制订事故点大坑内部水、厂区地表水等应急处置方案，确保受污水体被安全处置。

至 3 月 25 日零时，失联人员全部找到，救出 86 人，搜寻到遇难者 78 人，响水爆炸事故现场搜救工作正式结束。27 日上午，爆炸事故现场，消防救援人员对园区内残存危化品开始了又一轮风险点排摸，对发现的风险点逐一消险，推进危化品清运工作，确保不发生次生灾害。

江苏省和国家卫生健康委全力组织伤员救治，至 4 月 15 日危重伤员、重症伤员经救治全部脱险。生态环境部门对爆炸核心区水体、土壤、大气环境密切监测，实施堵、控、引等措施，未发生次生污染；8 月 25 日，除残留在装置内的物料外，生态化工园区内的危险物料全部转运完毕。

▶ 弄虚作假，共致灾祸

为全面深入查清事故原因，我们联合多个部门和江苏省有关负责同志组成事故调查组，并分设技术组、管理组、综合组，下设专家组，聘请爆炸、消防、刑侦、化工、环保、国土、住建等方面的专家参与事故调查工作。

根据调取的监控视频，调查组认定起火位置为天嘉宜公司旧固废库中部偏北堆放硝化废料部位。之后对天嘉宜公司硝化废料取样进行燃烧实验，将燃烧过程的燃烧现象与事故现场监控视频进行比对，发现事故初始阶段燃烧特征与硝化废料的燃烧特征相吻合，所以认定最初起火的物质为旧固废库内堆放的硝化废料，其属于固体废物，经专业机构鉴定属于危险废物。在确定起火原因过程中，调查组通过调查逐一排除了其他起火原因，最终认定是硝化废料分解自燃起火。这是造成这起灾祸的最直接的原因。

根据天嘉宜公司法定代表人、总经理及副总经理等人的供述，他们在明知硝化废料具有燃烧、爆炸、毒性等危险特性情况下，始终未向环保（生态环境）部门申报登记，甚至为应付环保检查，曾以在旧固废库内硝化废料堆垛前摆放“硝化半成品”牌子、在硝化废料吨袋上贴“硝化粗品”标签的方式刻意隐瞒欺骗。对于公司内部的安全检查也弄虚作假，未实际检查就提前填写检查结果，严重违法违规生产。

在对事发硝化车间主要负责人的调查中发现，硝化车间主任仅是挂名法定代表人，而实际负责人根本不具备担任主要负责人的法定资质。技术团队仅了解硝化废料着火、爆炸的危险特性，对大量硝化废料长期贮存引发爆炸的严重后果认知不够，不具备相应管理能力。因而天嘉宜公司苯二胺项目硝化工段投产以来，没有按照国家有关标准对硝化废料进行鉴别、认定，没有按危险废物要求进行管理，而是将大量的硝化废料长期存放于不具备贮存条件的煤棚、固废仓库等场所，超时贮存问题严重，最长贮存时间甚至超过 7 年。在堆垛紧密、通风不良的情况下，长期堆积的硝化废料内部因热量累积，温度不断升高，当上升至自燃温度时发生自燃，火势迅速蔓延至整个堆垛，堆垛表面快速燃烧，内部温度快速升高，硝化废料剧烈分解发生爆炸，同时殉爆库房内的所有硝化废料，造成严重后果。

另外，通过对比环境影响评价、安全评价、设计、施工、监理、设施监测维保等多个机构对天嘉宜公司的报告文件，发现各中介机构编制的分析报告文件都存在与事发公司实际情况不符的问题，报告内容严重失实。而此类报告文件均是相关部门实行监管职责的基础依据，中介机构弄虚作假、出具虚假失实文件的行为，直接导致事故企业硝化废料重大风险和事故隐患未能及时暴露，干扰误导了有关部门的监管工作，这也是造成事故发生的重要原因。

造成上述多重原因的关键还是归于应急管理部门及其他有关部门监督管理不到位。据了解，2018 年 4 月生态化工园区因环境污染问题被曝光，江苏省原环保厅建议响水县政府责令整个园区停产整治。2018 年 4 月，园区接到江苏省原环保厅第四专员办交办的天嘉宜公司硝化废料问题后，未严格按程序办理，没有进行检测鉴定，仅以“存储危险废物未采取符合国家环保标准的防护措施”为由，对企业罚款 3 万元结案，致使重大隐患没有得到及时发现和处置。9 月，响水县组织 11 个部门对停产企业进行复产验收，包括天嘉宜公司在内的 10 家企业通过验收后陆续复产。相关部门在明知天嘉宜公司焚烧炉违法投入使用、大量危险废物没有按要求处理到位的情况下，就在复产审查意见中签字，同意复产复工，未严格把控，将复产把关流于形式，对违法违规行为视而不见，最终导致灾祸发生。

▶ 以案为鉴，以案促改

为进一步排查并消除危险品等重点行业安全生产隐患，举一反三，亡羊补牢，有效防范和坚决遏制重特大事故，我们必须深刻汲取这起事故教训，采取针对性措施，防微杜渐。

第一，深入开展化工园区重大风险隐患排查治理工作。防范化解重大风险重在落实，不能仅停留在文件上。应全面开展危险废物排查，对属性不明的固体废物进行鉴别鉴定，重点整治化工园区、化工企业、危险化学品单位等可能存在的违规堆存、随意倾倒、私自填埋危险废物等问题，确保危险废物的贮存、运输、处置安全。合理规划建设危险废物集中处置设施，消除处置能力瓶颈。对脱硫脱硝、煤改气、挥发性有机物回收、污水处理、粉尘治理等环保设施和项目进行安全评估，消除事故隐患。

第二，提高危险化学品企业准入门槛。各级政府和有关部门要认真履行职责，把好审批关口，严格把控项目准入门槛，从源头控制新增高风险化工项目。严禁投资新上淘汰类、限制类化工项目；鼓励发展产品档次高、工艺技术装备具有国际或国内领先水平的化工项目。还要严格审查主要负责人资质和能力，落实法定代表人、实际控制人的安全生产第一责任人的责任，企业主要负责人必须在岗履责，明确专业管理技术团队能力和安全环保业绩要求，达不到标准的坚决不准办厂办企。

第三，强化安全监管职责，落实主体责任。应急管理部门应承担危险化学品综合监督管理兜底责任，生态环境部门要依法对废弃危险化学品等危险废物的收集、贮存、处置等进行监督管理。加强有关部门联动，增进监管部门之间统筹协调、紧实工作衔接，实现各部门执法信息共享，联合打击企业违法行为，形成政府监管合力。严格落实“管行业必须管安全、管业务必须管安全、管生产经营必须管安全”和“谁主管、谁负责”的规定要求，在开展危险废物污染防治过程中，同步履行安全生产工作职责。对涉及生命安全的重点行业企业和评价机构，不能简单依靠诚信管理，要严格准入标准，严格加强监管，推动主体责任落实。

第四，增强对违法行为的打击力度，严厉惩处违法违规行为。响水县环保部门曾对天嘉宜公司固体废物违法处置行为作出 8 次行政处罚，安全监管部门也对该企业的其他违法行为处罚过多次，但都没有一查到底。这种以罚代改、一罚了之的做法，客观上纵容了企业违法行为。目前法律法规对企业严重不诚信、严重违法违规行为处罚偏轻，往往是事故发生后追责，对事前违法行为处罚力度不够，而且行政执法与刑事司法衔接不紧，造成守法成本高、违法成本低。建议加快修改刑法有关条款，将生产经营过程中极易导致重大生产安全事故的主观故意违法行为列入刑法调整范围；加大事前追责力度，建议通过刑法修订或司法解释，对于故意隐瞒重大安全环保隐患等严重违法行为，依法追究刑事责任。对重特大事故负有责任，或因未履行安全生产职责受刑事处罚或撤职处分的，终身不得担任本行业企业的主要负责人。

第五，树立安全发展理念。响水县本身不具备发展化工产业条件，却选择化工作为主导产业，盲目建设化工园区，且没有采取有效的安全保障措施，甚至为了招商引资，违法将县级规划许可审批权下放，导致一批易燃易爆、高毒高危建设项目未批先建。此次，要深刻吸取事故教训，坚持底线思维和红线意识，牢固树立新发展理念，推进绿色发展、安全发展，聚焦危险化学品安全的基础性、源头性、瓶颈性问题，以更严格的措施强化综合治理、精确治理。

要发展，更要安全

这次江苏省“3·21”特别重大爆炸事故，是继2015年天津港“8·12”瑞海公司危险品仓库特别重大火灾爆炸事故后，国内发生的最严重的一次爆炸事故，影响恶劣，教训惨痛。这一事故让当地政府对党中央、国务院关于安全生产的决策部署和安全生产法律法规贯彻落实不到位，片面追求经济效益，盲目引进化工项目，安全生产落实形式主义、官僚主义等问题暴露无遗。事故警示我们，官商勾结、权钱交易、不担当不作为等腐败问题、作风问题、责任问题已是危害安全生产的毒瘤，必须严肃整治。

这起事故的原因，直接来看是由于企业违法和部门疏于监管，但从本质上讲是发展理念出现偏差的后果。发展和安全是一体两翼、车之双轮，发展的根本前提是安全和稳定，要推动实现更高质量、有效率、可持续的发展，就必须树立、坚持安全发展理念，牢记生命至上、安全第一。

这种重发展、轻安全的问题在许多地方仍不同程度存在。目前全国共有600余家化工园区（化工集中区），规划布局不合理、配套设施不健全、入园门槛低、安全隐患多、专业监管能力不足等问题比较普遍，已经形成系统性风险。各地均当加强对发展化工产业的安全认识，把好安全关，坚持严的“主”基调，把功夫下在平时，紧扣“监管什么人、什么事”以及“用什么、靠什么监管”等问题，抓好干部管理监督；更要认真吸取以往特别重大事故教训，督促化工园区化工企业升级和产业调整，结合实际，举一反三，防患于未然，全面、深入、扎实推进各地化工园区重大安全风险排查治理工作。

手记

第二篇　交通事故

- 违法运输，监管缺席，终酿人间悲剧
- 主航道被侵占，客船严重超载，驾驶员操作失误，66 人死亡
- 超载超速非法载客，操作失误，终酿惨祸
- 肇事逃逸，“毒气”泄漏，人祸造悲剧
- 生死瞬间，疾速救援，全城出动夺回 260 条生命
- 违法变道遇疲劳驾驶，36 人凌晨殒命
- 车祸猛于虎，非法经营，车辆坠崖，35 人旅途丧生
- 突遇极端恶劣天气，操作不当，致客轮翻沉，442 人不幸遇难
- 司机驾驶夺命客车，35 条生命戛然而止
- 非法运营缺监管，客车爆胎致群死群伤
- 超速行驶，槽罐车惊天一爆，20 人死亡、175 人受伤

违法运输，监管缺席，终酿人间悲剧

——2004年重庆市石柱“9·25”特别重大道路交通事故救援和调查工作手记

- 时间：2004年9月25日
- 地点：重庆市石柱县下路镇牛栏口桥

石柱县汽车运输公司一辆中型客车，核载9人，实载52人，在行经该县下路镇牛栏口桥时，驾驶员冒险通过漫水桥翻入龙河。车上52人全部落水，其中49人死亡，仅2人生还，1人下落不明，直接经济损失700余万元。

事故回顾，噩梦不堪回首

2004年9月25日12时20分，杨某驾驶客车由石柱县城南车站驶往石柱县下路镇三树村。起初发车时车上乘客7人，后途经下路镇、下路中学、金彰村、育英中学、周家嘴转盘等地时，不断有乘客（包括周末放假回家的学生）上下。13时15分许，当车辆行驶至牛栏口桥北引桥时，杨超发现洪水已漫过桥面，就停车拆下空气滤清器进气管，以防空气滤清器进水导致发动机熄火，这时又有3名学生上车。经查实，此时车上包括驾驶员、售票员在内共有52人，超员达478%。13时25分，杨某驾车上桥过河，当车行驶至桥南岸主桥与引桥的接合部时，突然发生巨烈颠簸，被高于桥面2至3米的洪水大浪从桥面右侧卷入河中，车上人员全部落水，2名乘客获救生还，49人死亡，1人下落不明。

昼夜救援，打捞遇难者

事故发生后，重庆市委、市政府立即研究部署了应急处置措施，市政府领导率

被打捞出的事故车辆

有关部门人员于当天下午赶到现场，并成立了现场指挥部，组建了施救、善后、安全保卫、新闻报道、事故调查五个工作组，开展对失踪人员搜寻施救、善后处置等工作；共调派了300多名公安民警、260多名武警官兵进行搜救打捞，维护现场秩序，当地群众也自发地加入到了搜寻队伍。

为了打捞客车，14时整，几名工作人员做了一个可载5至6人的木筏。3名身着救生衣的工作人员登上木筏，用绳子系住一个直径约10厘米的吸铁石丢入河中，准备借助磁场探寻客车在水中的踪迹。木筏在湍急的河水中艰难前行，“我们可能发现车了”，由于工作人员突然拉不动丢下水的吸铁石，他们判断可能是吸住了中巴车，但工人们很快确定吸铁是被水中的石头卡住了。为了扩大寻找范围，指挥部下令立即调渔船加入。

我于27日晚抵达石柱县，立即查看了事故现场，了解到还有大量失踪人员未被搜救到，因此要求继续认真做好失踪人员搜救、善后处理和社会稳定工作。经过昼夜奋战，27日19时15分，搜救人员在距牛栏口桥下游150米处的龙河中将翻落客车打捞出水，但此时车上已没有遇难人员，直到10月2日，才打捞出49具尸体，仍有1人下落不明。石柱县委、县人民政府采取下派包户工作组的办法，从县级机关抽调250余名干部对遇难者家属进行“一帮一”安抚，积极做好各项善后工作。

▶ 夺命客车，追根溯源

针对这起特别重大事故，调查组围绕事故现场、驾驶人员、监督部门、桥梁建造维护等几个方面展开事故调查工作。

调查组经过调查，发现事发现场的牛栏口桥主桥长 59 米，宽 7.5 米，桥面距桥下河床 4.15 米，但是没有修建护栏。事故发生时在距南岸桥头 10 米处，桥面左侧有一处破损路面，距桥面右侧边缘 3.65 米，面积为 23.52 平方米，凹陷深度约 0.1 米。据幸存者孙家福讲，客车行至桥的大坑位置产生颠簸才被冲入河中。据当地村民讲，大桥破损已有较长时间，但一直没有得到维修。该桥原是一个简易桥，由石柱县交通局路政大队管理。 因重庆市龙泰电力有限公司修建龙河牛栏口水电站的需要，2001 年 12 月 14 日，该公司与石柱县政府签订了《关于扩建新建水电站建设施工公路的协议》。2003 年 10 月 1 日至 12 月 28 日对该桥进行了施工改造，由江津方正建筑公司承建，该桥设计时要求在桥上游一侧装设护栏，但是实际最后没有修建护栏，牛栏口桥修建中的违规行为为事故发生埋下了隐患。雨后河水猛涨，牛栏口桥变成漫水桥，据水文部门提供的数据推算，事故发生时翻车点水面高出桥面 0.32 ~ 0.78 米。重庆市龙泰电力公司对牛栏口桥的工程监管失职，未经设计部门同意就参与研究并擅自同意施工单位改变设计方案，取消牛栏口桥的护栏建设；江津方正建筑工程公司对牛栏口桥出现的严重缺损未予修复，也未设立相关警示标识。

调查组进一步针对石柱县运输公司、肇事车辆及肇事车辆驾驶员展开了详细的调查。肇事车辆为重庆市川江车辆有限公司生产的川江牌中型普通客车，核载 9 人，由于乡村公路不允许 10 座以上客车通行，因此事故中的 11 座客车将 2 座拆除，事故发生时该车已脱保 45 天。

肇事车辆车主程某某，石柱县邮政局合同制工人，车辆经营挂靠石柱县运输公司，车主与石柱县运输公司实行联合经营。2003 年 8 月至 2004 年 5 月，该车在没有办理营运证、线路牌的情况下，从事石柱县城到下路镇三树村线路的旅客运输。2004 年 5 月办理了营运证，但一直未取得线路牌。事故中肇事车辆的起始车站石柱县城南车站没有合法的经营手续，属违法经营。经调查发现，石柱县运输公司安全管理混乱，对车辆监管失控，对城南车站未经任何部门批准非法从事客运没有及时采取措施，企业内部安全责任制没有落到实处，安全管理机构形同虚设。特别是对挂靠车辆缺乏管理，在车辆运营手续不全的情况下允许联合经营，在管理上没有认真履行责任。

肇事司机杨某，石柱县三星乡五斗村人，持B型驾驶证，有效期为2002年11月14日至2008年11月14日。2004年3月车主程某某聘请其驾驶该车，但杨某并没有取得从业资格。驾驶员杨某在行经漫水桥前没有履行停车观察水情、确认安全后通过的法定义务，冒险驾车过桥。另外，驾驶员杨某驾驶车辆严重超载，这也是造成事故的主要原因。

经调查，石柱县交通局对非法成立和经营的城南车站没有采取有效措施予以取缔，对县运管所“三关一监督”（即运输市场准入关、营运车辆技术关、从业人员资格关和汽车客运站的监督）的落实缺乏监督检查，对县运输公司的安全生产工作缺乏监督管理。石柱县运管所对非法经营持续三年多的城南车站没有按规定查处，放任车辆非法营运。石柱县公安局对道路交通安全工作重视不够，下路派出所对辖区内的牛栏口桥道路交通安全隐患失察，对肇事车辆多次超载等违规行为没有采取果断措施严肃处理，也未向有关部门及时报告，放任了该车的违规行为。交警部门未妥善安排警力对道路实施监管，对道路交通的危险路段，没有督促有关部门设立警示标识和制订恶劣气候预防交通事故的工作预案。石柱县工商行政管理部门对企业法人登记和营业登记监管失职，城南车站非法从事经营活动达三年之久，工商行政管理部门对此没有做出任何处理。石柱县、乡（镇）两级党委、政府对属地道路交通安全工作监督检查不力，对牛栏口桥的安全隐患失察。

▶ 死亡教训，引以为戒

近年来，农村交通安全事故日益增多，农村交通安全越来越受到人们的重视，道路安全管理和交通安全知识宣传都得到了很大的提升。但与此同时，交通基础设施落后、车辆安全性能差、群众安全意识淡薄等问题依然存在，农村交通仍是道路交通安全管理中的薄弱点，需要投入更多的人力、物力和精力去不断完善。50人的死亡和失踪摧毁了多少个家庭？这次事故的发生敲响了农村交通安全的警钟，我们必须要从事故中总结教训，铭记这一惨痛的经历。

第一，坚决杜绝车辆超载现象，从源头上消除客车的超载空间。当前有些车辆生产厂家允许部分车型可以根据购买人的需要在一定范围内定制座位，从而为车辆超载提供了空间。针对该问题，国家有关部门要进行研究，特别要着力研究农村客运的适用车型。在发布车辆产品公告时，对相关车型的适用路况、座位数等进行必要限制。另外，有关地方和部门要加强对道路运输企业和客运站的安全监督管理，坚决取缔和淘汰非法汽车客运站和不符合安全生产条件的运输车辆，切实监督汽车客运站是否严格按照客车的载客定额发售车票和检票，督促运输企业加强对所属驾驶员的安全教育，杜绝车辆“带病”行驶、超员车辆出站和无从业资格的人员驾驶运输车辆。

第二，加强县、乡道路交通安全设施的建设工作，逐步完善急弯、陡坡、临崖、村庄、学校和交叉路口等地点的限速、警告和提示标志。对事故多发路段的防护设施进行必要的加固和完善，对一时难以从根本上消除隐患的道路和桥梁，要制订有针对性的应急措施，确保非常时期、特殊天气状况时能够快速落实到位。严格执行新建、改建和扩建公路建设项目交通安全设施与主体工程“三同时”的有关规定，从源头上消除隐患，提高道路交通本质安全水平。

第三，严格驾驶员的培训考核工作。重庆市及石柱县公安部门在驾驶员培训考试和办证工作中存在的诸多违规行为，暴露出教考不分的严重弊端，应引起各级、各部门的高度重视。坚决实行教考分离，取缔违规驾校（驾训班），严肃考风考纪，严格办证程序，杜绝违规办班和不按程序办证的现象。对驾驶员培训班的培训、考核、办证情况进行严格专项检查和清理，对检查清理出的问题认真整改，对考试不严格、程序不规范的驾驶员证要重新考核，不合格者收回原驾驶员证。

第四，强化对道路交通安全工作尤其是农村基层道路交通安全工作的监督检查和教育。确立政府主导地位，县级人民政府主导全县道路交通安全管理工作，统一领导、统一部署。基层乡镇安全管理和监督对农村交通安全十分重要，应切实加强基层安全生产工作，立足防范，深化道路交通安全专项整治，特别是要有重点地深化对客车超载严重违章行为的专项整治工作。同时，还需要切实加强道路交通安全宣传教育工作，通过形式多样、扎实有效的工作，大力开展道路交通宣传，提高全社会交通安全意识，针对性地教育广大农民群众和学生珍惜生命，提高自我保护意识，不乘超载车，自觉抵制交通违章行为。

守护交通安全，助力乡村振兴

重庆石柱“9·25”特别重大道路交通事故是由于运输公司和驾驶员非法行为及违规驾驶、大桥设计方监管失责、施工方违规操作、当地政府及相关管理部门监管缺席共同导致的一起惨烈的交通事故。事故的背后暴露出农村交通安全建设方面的难点、痛点。农村群众的交通安全知识普及程度普遍偏低，缺乏对交通管理工作的认识，对交通事故的危害性认识不足。大多数人认为只要不发生伤亡事故，一般的交通违规行为无关紧要，这种想法导致交通陋习普遍存在。

在交通不发达的农村地区，受利益诱惑的人们往往铤而走险，超载、违法驾驶的情况屡见不鲜，以上这些问题是社会主义新农村建设中必然会面临的问题，同时也是实现伟大中国梦进程中需要着重强调的部分。切实落实农村地区人民的出行安全，让人民“行得安，走得稳”，大胆迈出人生路，这需要政府各部门通力协作，在完善农村交通基础建设的同时，加强对农村交通运输的管辖和监督，强化日常安全巡逻，加大针对基层民众的安全教育，研究农村地区人民出行的需求，安排切合实际的公共运输。农村地区交通安全需要全方位的出谋划策，多方面的预防，长期性和日常化的监督与坚持，才能达到预期的效果。

手记

主航道被侵占，客船严重超载，驾驶员操作失误，66人死亡

——2004年四川省南充市“9·27”特别重大沉船事故救援和调查工作手记

- 时间：2004年9月27日
- 地点：四川省南充市蓬安县距金溪码头约1000米的金溪航电枢纽工程围堰处

一艘“川蓬安客029号”短途客船触礁翻沉，致使船上133名乘客和2名船员全部落水，69人生还，66人溺水死亡，直接经济损失720余万元。

沉船悲剧，令人痛心

2004年9月27日7时10分左右，蓬安县周口镇下河街26号附1号居民梁某驾驶“川蓬安客029号”双机客船，运载135人（核定准乘80人，超员近70%），从万和乡史家坝码头出发，开往下游金溪码头。船行至距金溪码头约1000米的金溪航电枢纽工程围堰处时，驾驶员未发现航道因施工发生变化，未探查航道情况即下行，并且操作失当，致使该船与江中龙埂碰撞，失去平衡翻沉，船上133名乘客和2名船员全部落水，69人生还，其余66人溺水死亡。在事故善后处理过程中，66名死难者共获得赔付540万元。

中秋节前，一场灾难来临

事故发生前，是中秋节前的最后一个集市。因为家家都要买东西，搭船赶场的人特别多，船头船尾都站满了人，还有的人站到了顶蓬上。快到金溪渡口时，江水

沉船区域

一下子急起来，浪头大得很，船在截流处打横，又往下冲了一段 10 多米的距离，就一下子翻侧过去，然后又倒扣过来。在船还没有完全沉入江里时，有些人情急之下抓住船上的东西，就没有掉到水里去。几乎在客船翻沉的同时，整个金溪镇都行动了起来，江面上布满了各种各样可能找到的船，落水者太多，用竹竿捞人已经来不及了，船主就把自家船上一切可以漂浮的东西抛下去，让落水者抓住自救。

▶ 紧急搜救，妥善安置

党中央、国务院高度重视此起事故，国务院领导同志责成原国家安监总局会同交通运输部等有关部门组成工作组赶赴事故现场，组织指挥事故抢救、搜救打捞落水人员和遇难者，指导善后处理工作。

蓬安县组织各级干部和公安民警、民兵应急分队共 150 多人，先后出动船只 260 多艘次沿江搜索，发动两岸 2300 多名群众协助查看。66 名遇难者遗体全部被打捞上岸，并作了妥善处理。

为最大限度降低事故造成的损失和社会影响，南充市和蓬安县抽派了近 300 名机关干部和 258 名区乡干部夜以继日地战斗在救援第一线。320 多名公安民警、武警官兵，数十名医护人员也全天候坚守救援岗位。县医院一批技术骨干带着最好的医疗器械赶往金溪镇，20 多名党员干部、教师对住院伤员实行 24 小时的“一对一”轮流陪护。轻重伤员全部脱离危险，绝大部分已康复出院。

为安抚悲痛的遇难者亲属，解决他们的实际困难，我抽调了 160 多名县、乡和村干部组成 66 个工作组，对死难者亲属开展思想疏导和帮扶工作。救援人员和当地有关部门以最快的速度妥善完成了搜救、医治、亲属安抚、遗体处理、理赔等工作，事发地社会秩序恢复稳定。

▶ 揭露沉船真相

30 日，国务院南充“9・27”事故调查组在四川省南充市成立，我担任组长，调查工作全面铺开。经过调查认定，这起沉船事故是一起责任事故，发生的原因为：金溪电站二期围堰施工进入主航道影响嘉陵江通航环境，特别是在 9 月 26 日至 27 日晨对主航道侵占严重，使水流态势发生急剧变化；作为经营企业的事故船舶严重超载，导致事故发生、死亡人数扩大；该船在未经检查、清点乘客人数以及签单发航就违规起航；驾驶员在超员情况下冒险航行，对危险程度估计不足，临危处置不当；乘客在严重超载情况下仍乘船；航道监管部门未对因施工致使通航条件恶化的航道实行封航，严重超载的船舶仍然发航；水电建设施工未严格执行“三同时”规定。

▶ 修电站成为“祸首”

“修电站是产生这起事件的根本原因”，在当地老百姓的心目中基本上形成了这样的一致结论。调查组认定中提出：“出事地点附近正在修建水电站，抬高了水位、增加了水的流速，使航道改变。以前的礁石变成了不易发现的暗礁。”问题的关键在于：电站施工方在向河中倾倒石头后，并没有及时做出航线标志，因此那些倒在嘉陵江里的石头自然成了水中“地雷”。出事的 29 号船正好就是在以前的航线之外。事实上，对于事发现场的险情，金溪电厂已经多次向政府部门打报告要求禁止航运，以免发生危险，可有关部门却迟迟没有做出停航决定。

技术设计漏项，监理审查不严，违规施工酿大祸

调查发现，承担工程设计任务的中国水电工程顾问集团公司成都勘测设计研究院在其所作《四川省嘉陵江航电枢纽左岸泄洪闸、挡水坝及船闸土建工程施工招标及合同文件》的“施工导流和水流控制”技术条款中虽然列出“施工期通航”的条目，但是没有书写施工期通航安全、限航相关技术指标和封航的技术措施，造成设计漏项。

该工程于 2004 年 8 月 1 日正式开工后，施工方忽视了工程招标和合同文件中存在的航运安全技术漏项，在其制订的《施工截流及二期围堰填筑方案》中也没有考虑关于航运安全的内容及相应技术措施。监理方于 9 月 2 日签收了该报告及方案，但是一直未做答复。调查情况表明，工程监理从未对施工方案提出过整体否定意见，只是在 9 月 22 日的周例会上要求“为了保证围堰防渗性能可靠，施工单位应对拟定高喷防渗墙防渗现场做摆喷实验”。工程的施工措施计划报送监理人审批。相关内容规定，施工方在《施工截流及二期围堰填筑方案》上报 14 天后未得到监理答复的情况下，认为工程监理已同意其施工方案，开始按照计划进行施工。之后，施工方向工程监理提交了《关于金溪航点工程施工区封航的报告》，但在等待批复和发现上行船只通过困难而没有采取任何安全措施的情况下，22 日至 26 日期间仍然按原施工计划和建设单位及监理方的进度要求继续施工。此间戗堤总共进占约 77 米，使得主航道被严重侵占，引起水流态势发生急剧变化，通航条件急剧恶化，形成了重大航运安全隐患。

“签单放行”制度是一纸空文

超载是第一原因。但是额定载客 80 人的船为什么会超载？谁在监管他们的运营？事实上，早在 2003 年初，蓬安县就出台了专门文件对安全责任进行追究。按此规定，乡上船舶管理站站长是安全事故第二责任人，第三责任人是武装部长。而为了控制船舶的超载现象，从 8 月开始，万和乡实行了“签单放行”制度，就是说必须在核定准载人数的情况下放行，而“签单放行”的大权却下放到了有船只的村

长手中，由他们具体实施。

一方面，由于农民意识的差异，许多人上船后根本不配合工作，没有人愿意下来，因此超载成了普遍现象。另一方面，地方的安全生产管理方面一直存在着“管理真空”。从关系隶属上，乡镇部门要管；由于河道属于专业问题，海事部门也在执法；同时还有水务部门也在管理。但在事实上，谁都没有去管。虽然政府部门早已发出通知，不准村民私自驾船出航，更不准营运船只超载，可执法部门的管理是紧一阵松一阵，“签单放行”只走走过场，只要交钱就可超载，执法者睁只眼闭只眼，出事是迟早的事儿。

▶ 水乡之人乘船知识一片空白

此次沉船有个奇怪的现象：生存下来的往往是体力相对较差的大龄者，而年轻人死亡却多一些。究其原因，很多年轻人既缺乏沉船的应对经验，更缺乏相关的安全防范知识。对于船上一些注意事项，连乡干部本人都不知道。应该承认，当船发生碰撞时，村民慌乱争抢救生衣，拥成一团致使船斜，更加速了该船的沉没。

▶ 未及时上报，延误时机

南充市政府在“9·27”蓬安特大沉船事故中，未及时向四川省政府报告，既没有向省政府办公厅报送文字信息，也没有电话告知情况。最后在省政府办公厅工作人员的再三催促下，南充市政府才于12时21分将事故情况报送省政府办公厅，延误了省政府办公厅向国务院办公厅报送重大信息的时间。

▶ 轻车熟路莫大意，小心驶得万年船

本次特别重大沉船事故造成了重大的生命财产损失，我们痛定思痛，在事故中得到了沉痛的教训。为强化水上安全生产管理，积极防范各类事故的发生，我总结了以下四点：

首先，要提高认识，加强对水上安全生产工作的领导。各级政府要进一步加强对水上安全生产工作的领导，着力抓好水上安全生产监督管理和综合治理工作，并建立水上安全生产工作例会制度，定期召集各相关部门，研究水上安全生产的新情况、新问题，积极探索水上安全生产的新思路、新方法，切实做好安全防范工作，坚决遏制水上重特大安全事故的发生。

其次，要落实责任，完善水上安全生产长效管理机制。一是建立水上安全生产工作长效运行机制。各地要通过建章立制、完善行政执法体制、强化监督管理等措施，努力建立“政府统一领导、部门依法监管、企业全面负责、社会监督支持”的水上安全生产工作运行机制。各级安全生产监管部门要依法履行水上安全生产综合监督管理职能。同时，应通过政府监管、法律规范、政策导向、经济制约、宣传教育等多种手段，督促水上生产企业和经营者建立水上安全生产自我约束和管理机制。二是落实水上安全生产责任制。各级政府、各有关部门的主要负责人应切实履行职责，通过层层签订水上安全生产责任书，把各项责任落实到各单位和相关人员。要按照乡镇船舶安全管理责任制的规定，切实抓好乡镇船舶管理人员和经费的落实。乡镇政府可以建立行政村和船主的船舶安全责任制，落实渡口船舶、船员、旅客定额等方面的安全管理责任，督促船舶所有人、经营者和船员严格遵守水上安全生产的有关规定，以此遏制乡镇船舶事故多发势头。三是健全水上安全生产监管制度。严格实行水上安全生产市场准入制度，组织开展企业安全评价分析，实施分类监管。认真做好水上安全生产的有关审批发证工作，做到谁审批、谁把关、谁负责。建立健全水上安全生产检查工作制度，规范执法行为，加大执法力度，改进检查和督查方式，增强针对性和有效性，不断提升水上安全生产监管水平。同时，要建立水上安全事故隐患整改制度，切实加大对重大危险源和重大隐患的监控和整改力度。

再次，要突出重点，强化水上安全生产监管工作。一是抓好水上安全生产的重点整治。各有关部门应按照“突出重点，综合治理，标本兼治，着力治本”的总体要求，集中精力抓好水上安全生产监管重点对象、重点水域、重点时段的专项整治。针对水上安全生产工作中的薄弱环节和突出问题，制订整治方案，做好整改工作。不折不扣地落实安全防范措施，消除各种安全隐患。坚决制止和严肃查处违章指挥、违章作业和违反劳动纪律的行为，尤其应防止船舶在不符合安全生产规定的情况下从事水上水下作业。同时，要加强对其他对象、时段、水域水上安全生产的日常监管，做到方案早计划、工作早布置、措施早落实、安全有保障。二是严把船舶质量检验关。船舶检验是确保水上安全生产的重要环节，是对船舶安全实施源头管理的重要内容。船舶检验机构要严格执行有关规范标准和检验程序，严格把好船舶质量检验关。同时，要加强对船舶设计、船舶修造等企业的管理。省级各有关部门按各自职责做好生产技术条件资质认可和管理工作；各级等部门对未经许可、无证经营、不具备必要生产技术条件的船厂，要依法查处和取缔；船检机构不得为无证船厂建造的船舶检验发证。三是严厉打击“三无”船舶（无船名船号、无船舶证书、无船籍港），严肃查处违章搭客和超载行为。各有关部门应加强清理整顿“三无”船舶。对“三无”船舶从事航行、生产和营运的，一旦发现要依法予以没收并强制拆解。严禁船舶超载和非客运船舶载客，各有关部门要依法履行职责，加大监管力度，严肃查处超载和违章搭客行为。

最后，各部门要合力应急，不断提高水上搜救工作水平。各级政府应进一步加强对水上搜救工作的领导，充分发挥海上搜救中心的作用，进一步完善水上搜救体系和水上搜救协调指挥机制，形成“政府统一领导、水上搜救中心具体组织协调和指挥、各有关部门和单位共同参与”的水上搜救工作局面，最大限度地调动各方面的力量，最大限度地避免或减少人员伤亡和财产损失。

▶ 加强监管，防患于未然

蓬安“9·27”特大沉船事故暴露出企业、乘客、驾驶人员安全意识淡薄，有关部门监管监察不力、安全生产法律法规执行不严等问题。在调查中了解到，地方海事和航管部门均未到施工现场进行施工安全指导和安全检查工作，也未对在航道内施工可能危及航行安全的情况提出任何警告；同时，对乡镇客运船舶监管不力，致使船只严重超载情况时有发生。各有关部门应切实负起安全管理的责任，针对本辖区水上交通安全工作实际，加强监管，举一反三，迅速行动，防患于未然；还要加强水上安全管理法规和事故警示的宣传、教育力度，提高群众对水上交通安全重要性的认识。

反思这次沉船事故，我认为做好交通安全大检查尤为重要。水上交通安全检查，重点是乡镇客渡船舶管理；交通运输，重点是对运输企业和车站的检查；地方公路，重点是对旅游线路、地方公路危险路段的防护措施和警示标识设置的检查；最后是高速公路安全检查。安全检查，生命至上；防患未然，守护平安。

手记

超载超速非法载客，操作失误，终酿惨祸

——2005年青海省玉树“1·3”特别重大道路交通事故救援和调查工作手记

▶ 时间：2005年1月3日12时许

▶ 地点：青海省玉树藏族自治州隆宝镇境内

四川省甘孜县驾驶员驾驶大货车，违法载客104人，从西藏拉萨市返回四川甘孜州，行至308省道338公里+400米连续弯道处，右转弯时侧翻于1.7米高路坎下，造成一起56人死亡、39人受伤的特别重大道路交通事故。

▶ 事故追根溯源

2004年12月30日，肇事驾驶员在拉萨市八廓街花园广场立起用藏文书写的“拉萨—甘孜”招牌，招揽乘客（货厢内乘坐费150元／人，驾驶室乘坐费400~500元／人）。12月31日21时许，驾驶员在核载8.2吨的东风牌货车（车号为藏AB0244）货厢上架设篷杆、篷布后，载乘在拉萨朝圣返乡的农牧民共100人及4.5吨随身物品，由拉萨市出发，驶往四川省甘孜州。当车辆行至西藏自治区堆龙德庆县境内，驾驶员拆除了车厢上的篷布。途经西藏当雄、那曲县，经过隶属于那曲地区公安处的那曲镇城北、城南两处检查站时，驾驶员为躲避检查，让所有乘车人员下车步行约20分钟。避过检查后，车辆经西藏安多县，于2005年1月1日晚到达青海省国道109线五道梁夜宿（其道路交通、路政、运政由西藏自治区管辖）。2日早晨又搭载4名乘客（共计104名），驶往青海省国道109线不冻泉（其道路交通、路政、运政由西藏自治区管辖），穿越可可西里无人区，于当日21时左右到达青海省玉树藏族自治州曲麻莱县城夜宿。3日7时出发，沿青海308

省道，途经治多县，欲向四川方向行驶。当车辆行至玉树县（现为县级玉树市）境内哈秀山连续下坡转弯处（308省道338公里＋400米），翻入道路北侧1.7米深凹坑内，由于事故地点海拔高、缺氧严重，通信困难，当地政府部门不能及时获取事故信息实施救援，造成当场50人死亡、32人重伤（其中6人经抢救无效死亡）、13人轻伤的特别重大道路交通事故。

4700米高海拔攻坚克难，力助救援

2005年1月3日，收到青海玉树发生重大交通事故信息以后，我于1月5号赶到现场。在西宁的时候，我们一直在讨论能不能上去，大家都觉得天气情况太差，玉树下大雪，道路没法走。但是初步了解到已有50多人死亡，发生了这么重大的事故，我必须要及时赶到现场。

经了解，肇事车辆从拉萨出发，驶往四川省甘孜州，中途经过青海省。这起重大事故发生在青海，肇事地点海拔为4700米，距离出发点拉萨市约1500公里左右，其中西藏管辖的路段有900公里左右，属青海管辖的路段有600公里左右，遇难者大多是四川人，地区涉及三个省，情况较为复杂。这些遇难者家属怎么安抚？死亡人员怎么处置？光靠当地政府，困难重重。另外，这一起交通事故，还涉及民族宗教方面问题。遇难者是在去朝圣回来的路上发生的事故，要妥善处理好，涉及方方面面的问题，所以必须组织三个省区的有关部门，加上公安、交通等国务院有关部门一起赶往现场，及时处理好这起事故，并妥善安排后面的处置工作。

去的路上遇到了很多困难，因为汽车行驶中海拔一直在上升，并且大多时间在4000米以上的高原开车，加上当时是1月份，空气很稀薄，这点使得大家身体极度不适，我们一个年轻同志上去以后就直接进医院了，团队同事在路上也一直感觉到身体难受。同时，车辆在行驶途中也遇到了很大问题。海拔升高，大气压变低，轮胎非常容易被路面石子扎破，前往事发地点的9辆车在路上总共被扎了13次，13个轮胎被扎破，所有备胎都用完了。于是我们找了附近的修车店对车子进行修理，否则再出现车辆问题就没办法走了。在后一段行程中，我们边走边注意路况，因为除轮胎问题外，路上还有很多土堆，车辆行驶过后留下扬尘，视野受阻不便于

驾驶。车队中有两个车就撞到了土堆上面，虽然没有出大的问题，但是个别同志头部受撞，对我们的整个行程也造成了影响。

1月份的玉树空气稀薄，让人深感不适。当我们到达现场之后，晚上睡觉不到五分钟就要吸一吸氧气，总是觉得胸口闷，有种想撕开它的感觉。为了缓解休息时难受的感觉，每个房间都放了氧气袋。当时我怕休息时吸氧产生依赖，而工作时又不方便吸氧，干脆休息时也不吸。但实际上并非如此，晚上休息时充分吸氧对白天工作有很大好处。这起事故发生在高原，救援和调查时间长，条件较差，我一度血压升高，直到事故处理完毕，血压才降下来。

玉树县专门成立了救助组、后勤组、善后工作组、对外联络组等，大家各司其职，救护伤员。这次事故中不少死伤人员是四川甘孜、阿坝等地群众，玉树县干部和当地僧侣将54名死者的遗体安置在附近的寺院里，并妥善保管他们的遗物。由于遇难者中有不少人是在中途搭车，不能确定具体住址，没有证明身份的相关资料，54名死难者中仅有17位可以确定身份，对其他遗体的辨认工作陆续展开，工作人员积极与甘孜、阿坝等地政府部门联络，想方设法查明死者身份。

青海省和玉树藏族自治州有关部门全力抢救伤员，认真做好善后工作，伤员均妥善安置并得到及时救治。其中有5名伤员有严重的脑颅损伤，面临着生命危险，玉树藏族自治州人民医院对他们进行重症监护和抢救。脑颅损伤患者不能颠簸挪动，否则会导致死亡，因此只能就地治疗，但玉树地区高寒缺氧，自然环境恶劣，医院设备比较落后，缺乏先进的治疗手段。4日下午，青海省卫生厅派出的医疗队已抵达玉树，他们依靠现有条件，研究制订了抢救方案。由于各方行动迅速，措施得力，群众情绪稳定，社会秩序良好。

▶ 高原严寒下的惨祸

交通事故调查主要围绕地点、路面、人员、车辆、物品和环境等几个方面开展。经过对现场的勘察，我们发现事故车辆沿车辆纵轴旋转180°，翻在道路北侧凹坑里，四轮朝天，车头朝东尾朝西，车辆南侧有大量的行李杂物和遗体；移开肇事车辆，发现车厢下扣压遗体6具，遗体及行李杂物散落。现场路段没有发现肇事车辆制动拖印，路面及路肩上只留有该车左后轮压印，印痕在路肩上的终点至车辆左后轮为 15 米。肇事车辆刹车管外表完好，排挡位为空挡，储气筒气压表读数为 0，手制动位于全制动位置，车厢左侧栏板脱落，篷杆 4 根脱落。

经过对肇事后车辆现状的检验，肇事车辆制动功能、转向功能并没有失效。经现场专业人士测算：车辆肇事时车速为 58~60 千米/小时。而事故发生段公路设计行车速度为 20 千米/小时，肇事车辆严重超速。

经过对事故发生路段的技术勘察，发现事发路段沥青混凝土路面平整密实、无坑槽，事故发生时路面无积雪、淤冰等，事故发生地弯道及前后弯道超高均符合规范要求，且路肩平整密实，检测时均达到规范及设计要求。

调查组重点针对肇事车辆驾驶员和车辆载客情况进行了详细的调查及走访。驾驶员，男，藏族，26 岁，学习驾驶证时未满 18 周岁，按规定是无法进行驾驶证申请的。经过勘察和驾驶室乘客证实，驾驶员驾驶肇事车辆从哈秀山下长坡，车辆在倾翻前，驾驶员说刹车不灵了，曾尝试换挡连续制动，但是汽车变速器未挂上挡，处于空挡滑行状态，导致汽车制动储气筒气压不足、汽车制动失效，最后翻到沟里。

另外，车辆严重超载。驾驶室违法乘载 11 人，超员 8 人，冬季穿衣物较厚，挤占整个驾驶室，严重影响了驾驶人的驾驶操作，这也是导致此次事故的一个原因。同时车厢内客货混载、严重超载。车厢内一共实载 104 人，可折算总重量约 13 吨，再加上行李重量，至少也有 17 吨。100 多人坐在货厢上，没有固定位置，在车辆行驶时，很容易引起移动，重心随时变化，尤其是在弯道上，车辆行驶产生的离心力把人群甩向一边，造成车辆抗倾覆能力的急剧衰退，是造成车辆翻覆的重要原因。加之车辆速度快，离心力更大，危害更为严重。

事故之所以造成这么多的人员伤亡，很重要的一个客观因素是事故发生在人烟稀少的偏僻公路，海拔高，空气稀薄，冬季温度极低。从事故发生到接到报告，再到组织抢救，公安部门及医疗救护单位到达现场最快需要 3 个小时，除了货车下找到的 6 具尸体，其他 46 人在车外死亡，身体没有受到严重撞伤，也没有被车辆碾压，都是因高寒缺氧，失血过多，才失去了生命。

▶ 严抓严管重教育，警钟长鸣不放松

痛定思痛，对于青海玉树这起重大交通事故，我们必须引以为鉴，从中吸取经验教训。

第一，当地交通运输主管部门并未对货车驾驶员从事的非法经营活动进行有效监管，政府有关部门甚至承认其合法性，一定程度上助长了违法行为。应针对货车驾驶员在人员密集地非法揽客行为，制订出切合本地区实际的管理办法，开展有针对性地打击黑车从事客运的专项整治活动，并有具体的操作方案，如完善车辆管理档案、掌握车辆状况和驾驶人员技术状况，发现问题及时解决，及时消除隐患，将货车载客等违章运输行为消除在萌芽状态。同时，组织客运车辆或开辟客运线路满足群众参加宗教活动和其他生产、生活的需求。

第二，该起交通事故中的肇事车辆途径西藏、青海两省的多个县市，但并无一交警和其他安全管理执法部门发现，无一行政执法人员进行制止，道路管理长期处于失控状态，致使驾驶员无所顾忌，认为货车载客是非常正常的事情，这反映出很大的交通安全管理漏洞。因此，公安交警部门要继续以“降事故、保安全、保畅通”为目标，提高公安交管部门的警力，加强交通执法活动，有针对性地加大对重点路段、重点时段路面巡查监管力度，严查货运车辆违规载客和客运车辆超员、超速行驶，并建立起地区间道路交通监管协作制度，及时纠正和查处各类违章行为。

第三，这起交通事故的肇事司机未满 18 岁便取得了机动车驾驶证，说明在发证环节出现了严重的违规操作。相关部门应严格规范证照发放工作。车辆管理部门发放行驶证、驾驶证时，应按照有关法律法规，严格办证程序，严格条件审查，严格发证标准，杜绝弄虚作假违规办证和不按程序办证的现象。对于申请材料不齐全、不符合条件的，坚决不予办理。

第四，从边远落后地区实际出发，加强对驾驶员、车主、农牧民群众的安全教育。特别是对于乘汽车参加朝拜等佛事活动的群众，应加强安全教育，应使其认识到危害的严重性，提高落后边远地区群众特别是少数民族地区群众的安全意识。要加强宣传教育工作的针对性，告诫驾驶员不违法载人，教育农牧民不坐违章车辆。针对信教群众乘坐货车、农用车或拖拉机等到寺庙朝拜的问题，各级宗教事务

管理部门要切实加强对寺庙、僧人的宣传教育管理，注意工作方法，给予寺庙、僧人一定的义务和责任，要通过寺庙、僧人对信教群众进行安全宣传，提高他们的安全意识和自我保护能力。

铭记血的教训，深刻反思

青海玉树“1·3”特大交通事故是一起偶然事故，但驾驶员的非法行为和误操作、当地政府及相关管理部门疏忽和管理不善又是这起事故的导火索。所谓“没有偶然的事故，只有可预防的伤害”，这起惨重事故的背后暴露出了少数民族地区事故防范不到位的问题和一层又一层的社会问题，更是以血的教训唤起了全社会对交通安全的共同关注。交通事故既是安全问题，也是社会问题，在少数民族地区更是涉及到宗教问题。除了增强安全意识、落实安全责任、加大少数民族地区交通安全管理投入力度之外，探索出一个既能有效防止群死群伤交通事故再度发生，又能保证信教群众安全参加宗教和其他生产、生活活动的方案至关重要。这需要依靠各级党委和政府的组织领导、各有关部门密切配合、全社会共同关注，多策并举，充分调动和运用各种有效措施，长期坚持不懈，才能取得成效。

手记

肇事逃逸，“毒气”泄漏，人祸造悲剧

——2005年京沪高速淮安段“3·29”液氯泄漏重大交通事故救援和调查工作手记

- 时间：2005年3月29日晚
- 地点：京沪高速淮安段上行线103公里+525米处

一起重大交通事故发生，导致肇事车辆槽罐内大量液氯泄漏。事故波及淮安市淮阴、涟水2个县区的3个乡镇、11个行政村。事故造成28名村民中毒死亡，350人住院治疗，270人留院观察，大量家畜（家禽）死亡，大面积农作物绝收或受损，京沪高速公路宿迁至宝应段（约110公里）关闭20小时，直接经济损失1700余万元。

事故致大量液氯泄漏

2005年3月29日，山东济宁远达石化有限公司的驾驶员兼押运员康某某和王某，受公司安排，驾驶鲁H00099号槽罐车从山东临沂沂州化工有限公司拖运40.44吨液氯到南京。当日18时40分左右，该车行驶到京沪高速公路淮安段上行线103公里＋525米处，撞断中间隔离栏并冲入对面车道，罐车与牵引车脱离后左侧翻在道路上。事发时，相向正常行驶的山东临沂籍驾驶员马某某驾驶半挂车紧急避让未成功，半挂车将侧翻的罐车顶部阀门撞脱，导致罐内液氯泄漏。

康某某、王某下车发现槽罐内的液氯正在气化外泄，害怕中毒，没有救助已经冲下道路护坡的半挂车上驾乘人员，而是立即向事故现场的逆风方向逃跑。

康、王二人离开事故现场后，迅速越过高速公路的西边护网逃至麦田内。王某于18点44分用手机打通“110”报警电话，以山东方言报称，一辆拉危险品的车子在高速公路淮阴北收费站南边15公里处翻了，是液氯。但是没有进一步讲明液氯的数量和危害性、可能造成的严重后果以及与对面车辆相撞等情况。之后，二人潜伏在麦田里观看到警车、救护车、消防车赶来抢险，但一直没有露面向警方说明情况和参与救助，二人又将事故发生情况电话报告其公司负责人及各自的家人。

康、王二人在观望约两三个小时后，逃到淮安市区住宿，次日乘车赶到远达公司在南京办事处，后经人劝说，于下午共同向南京警方投案自首。

▶ 65小时紧急救援

18时50分左右，淮安市公安局110指挥中心接到当地群众报警，称京沪高速淮安段发生一起交通事故，并发生液氯泄漏。收到紧急消息后，江苏省政府迅速成立事故应急处理指挥部，建立危险源处置组、受灾地区清查组、医疗救治组、交通疏导组、综合组以及事故原因调查组等工作小组。淮安市消防支队接警后迅速调集8个中队29量消防车150名消防员到场抢险救援，江苏省消防总队接报后，先后调集5个支队10辆消防车、990名消防员，到场救援。

考虑到氯气毒性大，比空气重，泄漏后会沿地面扩散，一旦堵漏不成功，再次泄漏可能导致大范围的人员中毒伤亡，党中央国务院领导同志高度重视，责成原国家安监总局会同交通运输部等有关部门组成工作组，立即赶赴现场指导事故抢险救援和调查工作，严防次生灾害发生，尽一切努力救治伤员。我们连夜赶赴现场，实地踏勘事故现场，事故点下风及侧下风方向有7个行政村，其中邻近的有高荡村200户约550人左右，离事故点最近住户的直线距离只有60米。事故现场没有可以利用水源，最近的取水点有三处，都是口径为150毫米的室外消火栓。

由于撞击严重，鲁H00099槽罐车的车体与槽罐分离，槽罐从上行线甩到了下行线，槽罐车的阀门已经破损，液氯不断从破损处冒出。堵漏人员穿着全密封防化服，携带堵漏木塞，在水枪掩护下迅速实施堵漏，于21时成功封堵两个泄漏孔。

堵漏的同时，开始进行稀释驱散工作。为帮助群众疏散撤离，搜救队伍开展轮换式搜救。村组干部用高音喇叭向群众通报情况，组织群众有秩序地疏散撤离。

消防人员进行堵漏和稀释驱散工作

对重点受灾区域王兴镇高荡村 7 组，组织消防员戴防毒面具，逐家逐户进行搜救，对疏散、搜救出的人员往上风向侧进行转移。同时连夜对疏散的群众进行妥善安置，组织群众投亲靠友，腾出乡镇中小学校和礼堂安置群众，并安排好受灾群众的食宿。

经过共同努力，灾情基本得到了控制，现场情况趋于稳定。但考虑到堵漏木塞在不断被腐蚀，如果不尽快将液氯储罐转移，液氯随时都有再次泄漏的危险，京沪高速也无法恢复通车。我们经过研究商议，最后确定在事故点测上风方向 300 米的高速公路桥下，构筑中和池，将泄漏槽罐放置入池中，加入氢氧化钠溶液进行中和。

消防员在现场附近的一条小沟两头筑坝，形成一个池塘；在池塘中投放烧碱，形成碱水池；并将液氯槽罐投放到碱水池中，同时调来 350 吨烧碱到达现场，进行化学处理。在吊离槽罐过程中，抢险人员多次遇险，有 10 多位消防员中毒入院。30 日早晨，事故现场东北侧的田野间突然升起一股薄雾，迎面而来的是一股刺鼻的呛味，氯气突然再次扩散，现场工作人员立即要求在场所有人员向远离事故现场的东南侧撤退。薄雾每次逼近，营救人员就向外撤出，短短半个小时内，抢险人员不得不 3 次外撤。当天 15 时左右，中和池中槽罐内液氯中和完毕。然后， 调集氢氧化钠溶液喷雾车和消防水罐车对液氯污染区进行稀释，并进行不间断监测，直至

将槽罐运离现场

毒气全部消除。

经过65个小时的艰苦奋战，危险源被成功消除，京沪高速公路淮安段也恢复正常通车。受伤群众全部送至医院救治，疏散的近万名群众也得到妥善安置，情绪稳定。由环保部门监测的数据显示，这场事故中淮安受灾乡镇的氯气浓度全部达到正常标准，受灾最严重的淮阴区王兴镇高荡村7组氯化氢指标也已达到安全范围。3日下午，3个受灾乡镇疏散的村民中95%已返家，涟水县疏散群众已全部返家。事故的善后处理也在稳步推进，村民生活趋于正常。

▶ 是车祸，更是“人祸”

针对这起重大事故，调查组围绕车辆、事故现场和驾驶人员等几个方面展开了事故调查工作。

肇事车辆在行驶中左前轮爆胎，撞毁高速公路中央护栏，与迎面而来的半挂货车相撞，导致槽罐车液氯泄漏。经对事故现场勘测，调查组发现，由于撞击严重，槽罐车的车体与槽罐分离，槽罐从上行线甩到了下行线，造成破损。调查发现，肇事车辆车况较差，存在多重安全隐患。该车辆已有半年没有经过安全部门检测。经专业人员鉴定，该车使用不符合法定安全标准的报废轮胎，存在严重的安全隐患，发生爆胎现象具有必然性。事故过程中左前轮所用的报废轮胎突然爆裂，车辆方向失控，导致了此次事故。

另外，车辆严重超载。该肇事槽罐车辆实际载有 40.44 吨液氯，而这辆槽罐车载重的额定吨位为 15 吨，超载 25.44 吨，超载 169.6% ，属于严重超载，加上使用报废轮胎，安全机件也不符合技术标准，进而导致左前轮爆胎。

事故发生后，两名肇事人员逃逸，没有及时准确地报告车上所载为何种危险品，也没有参与抢救，失去最佳疏散救援时机，导致事故后果的扩大。为此，我们重点对肇事车驾驶员、押运员的身份和资质进行了确认。此车为私人所有，而车辆又挂靠在济宁科迪化学危险品货运中心，货运中心收取挂靠费，康某某、王某分别为此起事故的车辆驾驶员、押运员，属肇事车辆车主所雇员工。押运员王某没有相应的工作资质，也没有参加相关的培训和考核，押运员操作证更是花 300 多元购买的，根本不具备押运危险化学品的资质，也不具备危险化学品运输知识和相应的应急处置能力。事故发生后驾驶员和押运员未作任何应急处置措施，逃离现场，仅途中王某用手机向当地报案，但既没有说明身份，也没有说明车上液氯已经泄漏。

另外，肇事者押运货物上路前，没有收到运输中心关于轮胎报废和车辆超载的警示，并且没有办理危化品运输车辆上路必要的通行证。车辆超载运输危险化学品从山东济宁到江苏淮安事发地点，全程数百公里，途径多个收费站和计重收费站，驾驶员和押运员二人在押运途中未受到任何盘问检查，一路畅通无阻。

事故发生地点附近住户密集，这也是造成严重事故的重要因素。事故发生地点的下风及侧下风向有 7 个行政村，其中邻近的高荡村有 200 户约 550 人左右， 离事故点最近住户的直线距离只有 60 米。事故发生后，错失了最佳抢险救援时机，没有及时疏散周边人群，使得事故点附近住户吸入大量氯气，才造成了众多人员中毒甚至死亡。

▶ 吸取教训，查缺补漏，深刻警醒

此类危险品运输途中发生的惨重交通事故警示我们，加强危险物品运输环节的安全管理已刻不容缓，我们当深刻吸取教训。这次事故在危化品运输领域暴露出的问题十分典型，我归纳梳理出六个方面，围绕这些问题提出了一些应对措施，希望能够对防范此类事故提供一些借鉴。

一是监管部门对存在重大安全隐患的车辆安全监管不到位，这是造成这起事故的根源。国家对于危险化学品运载车辆有严格要求，但这起事故中出事的超载车不仅上路了，而且还未受限制地开上高速公路。液氯这类剧毒危险品再放到超负荷、高速行驶的车体上，无疑成了移动的“定时炸弹”。若有关管理部门能按照监管要求办事，就可以堵住这辆有严重安全隐患的肇事车，免除这起事故的发生。因此，监管部门要认真执行有关规定，不能只停留于纸上，要认真核查承运人、运输车辆、从业人员的资质，严查车辆所载的危险货物是否超过核载量，从源头上消除安全隐患，把危险化学品的各个环节都管好、管牢、管死。

二是运输危险化学品没有使用专用车辆，而是一辆挂靠到公司下面的私家车，且车况极差。运输危险化学品一定要专车专用，车辆要取得相应资质，并到相关部门登记备案。不可滥用不符合安全要求的车辆，或混装别的货品。

三是危化品运输车辆未严格备案，信息未联网共享，区域协调不够，导致应急处置不及时。肇事车始发地和事发地不在一个省份，出发地山东方没有及时掌握槽罐车的资料，并及时通报给沿途的地区，以至于事故发生后，淮安当地并不知道发生泄漏的是何种化学物品。运输液氯的槽罐车还存在没有向目的地公安机关备案，或是备案信息没有实现联网共享的问题。预防、处理此类事件需要建立一个完善、正常、良好运作的区域协调机制，并加强对车辆的动态管理，对这种危险化学品运输车辆的整个行驶过程进行严密监控，沿途应急管理部门、消防救援部门、路政部门都应该掌握它的各种信息，以防万一，及早预警并发现事故，启动救援预案，组织实施救援。

四是无证生产、无证通行、假证押运，证件审查工作环节存在严重问题，安全监管流于形式，这是造成这起事故的一个重要间接原因。这起事故中运载液氯的生产和销售单位无安全生产许可证，也无证据表明肇事车辆事先办理通行证，另外押运员无证上岗，押运员操作证是通过非法渠道购买的。针对这类问题，相关部门应严格开展证照核验工作，按照法律法规，查验危化品企业安全生产许可证，无证企业不予生产经营，严格审查运、押等人员资质证件，杜绝“只审批，不监管”“只发证，不培训”的行为。

五是运输从业人员缺乏安全意识和责任心，安全素养和业务能力低，延误了最佳处置时机。驾驶人员缺乏基本的安全知识，只求赚钱，不顾安全，将危险化学品视作普通货物运输，对货物运输过程中应当采取的安全措施一无所知，在事故发生之后自行逃逸，导致错失最佳的抢险和营救时机，报警时也没有如实报告车上装的是什么危险品。运输人员的安全素质决定着危化品运输的整个过程。运输人员安全素质低，对运输的危化品性质不了解，在运输过程中将更容易出现违规操作的现象，增大安全隐患。同样，在事故发生后，运输人员不具备相应的安全知识，也就无法对事故进行有效处理。故要强化从业人员的教育培训，使之熟知法律法规、操作规程，了解载运危险货物的性质、特性、发生意外事故时的处置措施等，提高驾驶员和押运员等从业人员对危化品运输工作的重视度，从源头克服松懈、麻痹思想，做到敬畏生命、敬畏规章、敬畏职责。

六是自我防护意识不高，自救互救能力弱，加重了事故后果。液氯泄漏，扩散速度快，受风速和温度影响大，易在沟渠、低洼处沉积，能渗透普通衣物，危害人体。当地村民因缺乏自救意识和常识（应逆风或侧风逃生），贻误了最佳自救时机。为此，要加强宣传力度，普及自救常识和方法，提高群众的自我保护能力。

▶ 管控“移动炸弹”的感悟

危化品运输尤其是危化品道路运输既是一个敏感的公共安全问题，又是一个涉及产业发展的重要问题。危化品易燃、易爆、易中毒、易污染，运输中一旦肇事就可能酿成重特大事故。同时，事故施救困难重重，危化品处理回收也极为棘手。值得指出的是，绝大多数伤亡者并非司乘人员，而是肇事地段无辜的村民和路人。这类事故应当引起高度重视。

京沪高速淮安段液氯泄漏事故中，肇事司机逃逸令人痛心。作为危化品运输人员，事故后不争夺最佳抢险时机进行救援，致使数十人丧生，酿成重大惨祸。但归根结底，是安全管理方面出了问题。不是没有管理规定，而是在所有规定都具有的情况下，仍然发生严重事故。

面对严峻的危险化学品安全管理形势，希望有关部门能以负责的态度对待危险品运输问题，做好全面检查与整顿，完善法规制度，辅之以必要的资源配备，从根本上减少危化品事故的发生。对危化品运输违法违规行为“零容忍”，切实做到发现一起、打击一起、查处一起，坚守危化品运输安全底线。

安全无小事，危险品物流安全更是大事中的大事。从事故中吸取教训，总结经验，充分认识危化品运输的危险所在，并加强对设备、人员和应急救援的管理，才能有效控制、减少危化品事故的发生，不让危化品运输车辆成为“移动炸弹”，真正践行危化品物流安全！

手记

生死瞬间，疾速救援，全城出动夺回260条生命

——2011年“7·23”甬温线特别重大铁路交通事故救援和调查工作手记

▶ 时间：2011年7月23日20时30分

▶ 地点：甬温线浙江省温州市境内

由北京南站开往福州站的D301次列车与杭州站开往福州南站的D3115次列车发生动车组列车追尾事故，造成40人死亡、172人受伤，中断行车32小时35分，直接经济损失19 371.65万元。

▶ 信号异常，猛烈相撞

2011年7月23日19时30分，温州南站列控中心的保险管遭雷击熔断，采集数据不再更新，错误地控制轨道电路发码。雷击也造成5829AG轨道电路发送器与列控中心通信故障，使得从永嘉站出发驶向温州南站的D3115次列车在5829AG区段内停车。由于轨道电路发码异常，导致其三次起车受阻，停滞7分多钟后才以低于20公里/小时的速度缓慢行驶，但未能及时驶出5829闭塞分区。

因温州南站列控中心未能采集到D3115次列车在5829AG区段的占用状态信息，使温州南站列控中心管辖的5829闭塞分区及后续两个闭塞分区防护信号错误地显示绿灯，向D301次列车（北京南站开往福州站）发送无车占用码，导致D301次列车驶向D3115次列车并发生追尾。

当时，时速近100公里的D301次列车撞向时速为16公里的D3115次列车，造成D3115次列车第15、16位车辆脱轨。动车组车辆报废7辆、大破2辆、中破5辆、轻微小破15辆，事故路段接触网损坏。

列车追尾事故现场

▶ 全力以赴，抢险救援

事故发生以后，双屿下岙村村民自发投入抢险救援并报警。D3115 次列车、D301 次列车工作人员迅速组织青壮年旅客开展自救、互救。当地消防、特警、交警支队、卫生局迅速出动展开救援。

我组织 1300 多名救援人员紧急投入救援，在 20 分钟内营救出 96 人，组织疏散 200 多人。根据现场情况，成立事故现场救援指挥部，统一指挥协调现场人员搜救工作。

侦察灾情后，事故现场被分成桥下地面、竖靠车厢、高架桥面 3 个战斗段，以每节车厢为一个救援点，展开全面搜救，做到搜查一处、标记一处；层层推进，确保不漏一人。

按照救援部署要求，上海铁路局调集 1000 多人赶往事故现场；中铁二十四局调集两台 300 吨汽车吊，对桥上车体吊移施救。在搜寻出 7 具遇难者遗体后，救援人员成功救出一个被车厢行李架压着的儿童。

同时，救援人员对桥面上散落的旅客行李物品反复进行了仔细清理收集，对桥面其他方面进行了仔细搜寻清理。在确认已没有受伤人员、遇难者遗体和旅客物品后，开始组织损毁线路修复工作，对永嘉站至温州南站下行线事故地段损毁线路重新铺轨、补砟，进行线路和接触网修复。与此同时，为了保留温州南站列控系统事故发生时的现状，铁路方面制订了站间行车办法，取消了列车区间追踪运行。

25 日 4 时，温州南站至永嘉站下行线恢复供电； 5 时，温州南站至永嘉站上行线恢复供电； 9 时 31 分通车。整个救援过程中，共搜救出 260 名遇险人员。

▶ 网络舆情，声讨连连

甬温线特别重大铁路交通事故发生后，迅速成为一宗震惊国内外的重大舆情事件。从事故发生起，就一直牵动着亿万网民的心，网友们纷纷通过微博、网上论坛等形式对事故发生原因、救援措施、伤亡人数及善后、动车事故责任追查、主流媒体表现等方面提出质疑。网民对动车追尾事件的负面评论在网上占压倒性优势，舆论的狂潮冲击着铁道部的舆情应对和承受能力，全民微博拷问铁路举国体制。此事件暴露出政府当时在网络舆情应对方面的不足。

一是缺乏网络舆情预警预判机制。通过动车事件可以看出，长期以来，我国有些地区的地方政府没有认真分析网络舆情事件的发展趋势，等到网络舆情事件爆发后才去通过各种渠道了解网络民意，采取措施缓解网民的负面情绪，可也已经于事无补。政府忽视事前的判断和控制，这是地方政府处理与公民之间关系的误区之一。

二是缺乏网络舆情交流协调机制。有些政府官方网站信息公开不及时、不透明，公众咨询不便，政民缺乏有效沟通，上下级之间交流减少，很多公民的心声传达不到上级机关，损害了公民的利益，使得政府公信力随之日趋下降。网络上流言四起，事件得不到及时解决。这种无视公众需求、与网民缺乏沟通交流的做法只会使政府的公信力下降，从而为网络舆情的爆发埋下隐患。甬温这起事故，铁道部没有动态地、及时地提供事故的真相，没有持续地直面公众的质疑，网上传播的雷击论、埋车头、停止救援等一系列言论持续发酵，谣言满天飞。事发当天，铁道部没有及时召开新闻发布会，也没有在官方微博、铁道部官网等现代媒体上发布与事件相关的信息，造成了网民对铁道部的不信任，使舆情危机进一步加深。

三是缺乏网络舆情应对处理机制。地方政府当时还没有形成和建立一套高效的网络舆情收集、分析、处置制度。网民对有关此次事故的各种信息高速汇集，凝聚成许多热点话题，每一个话题背后充斥着质疑声，这些无疑都考验着铁道部交通事故处理和网络舆情危机的应急、应对能力，然而铁道部任凭舆情发展，却墨守着惜字如金的应对模式，没能及时出来澄清动车事故。此次事故中铁道部在应对民众关切方面太过迟缓。

各地政府应当正确应对网络舆情，通过建立网络舆情预警预判系统，有计划、有目的地对网络舆情进行干预，面对突如其来的舆情危机能从容应对，发出令网民信服的声音，破除谣言；通过召开新闻发布会、开通微博账号等形式及时发布消息，澄清事故发生原因，公布事故处理进展。这样既可以为事故的直接相关人提供必要的信息帮助，也可以更好地消除公众的猜忌、疑虑和担忧。政府应建立良好的舆情应对机制，把解决问题的具体措施及时准确告诉广大网民，并完善地方政府官方微博的建设。政府官方微博不但是政府部门直接面向公众的门面，而且是公众与政府部门沟通的最优渠道。政府官方媒体，在公众眼中更具公信力，更有权威，能有效加强政府与网络民意的沟通。

▶ 一方有难，八方支援

事故发生后，数千名志愿者迅速从四面八方奔赴现场，在事故现场集结参加救援。一位外来私营企业主志愿者在 110 救援车来到前，已抢救出了第一车伤员。温州萤火虫义工团当夜成立了私家车车队，当天接送重伤人员及家属达 100 多人次。温州车迷俱乐部的志愿者也自发地组织免费接送活动。爱心璀璨志愿车队在新城站、新南站接送伤员的家属，7 月 24 日当天就接送了 40 多名家属，往返于医院。温州出租车爱心服务总队招集 50 多辆出租车赶赴事故现场，并现场专门接送伤员、转移动车事故中的相关人员。

出租车司机志愿者自愿放弃生意，往返于市区车站、码头、医院等处，免费接送伤亡者家属。更多的出租车、私家车志愿者以默默无闻的方式奉献爱心，约有 500 多辆出租车、私家车集结现场，运送伤员和乘客数千车次，服务人员近万人次。

从发生事故的当晚开始，在微博和广播里发出大量伤员急需用血的呼吁后，大批志愿者涌入温州市中心血站无偿献血。当时的献血场面令人震撼，距离事故才过去几个小时，而且是凌晨时分，中心血站门口已是车队长龙。据统计共有 2900 多名志愿者在中心血站成功献血，其中机采 132 人，共计 84.975 万毫升全血，保障了此次事故伤病员的临床用血。这次的献血量是平时正常献血量的 4 倍。志愿献血者以青年为主，80 后、90 后的青年志愿者占了此次总献血人数的 66%。

很多出租车司机志愿者让参加救援的人员免费乘车。事故发生后，温州各志愿者机构和团队也迅速自发行动起来，在献血、医疗、心理、现场救援等方面开展了大量志愿服务活动。

温州市志愿者协会在 10 个医疗点设立志愿服务站，及时安排志愿者，发挥专业特长参与志愿服务工作。150 多支志愿者队伍、6000 多名志愿者有序参加各种救援行动，包括应急救援、秩序维护、义务献血、爱心车接送、爱心物资供给、寻亲服务、医疗陪护、心理干预等方面的工作。

事故发生后，由于事故现场设置警戒范围，限制媒体进入现场。因而大多现场报道中无法看到事故全貌。热心的航拍志愿者利用无人机航拍技术，首次空中拍摄了事故现场，为营救工作提供了支援，让更多的公众和媒体了解到现场的情况。其拍摄的现场画面在央视播出后，引起强烈反响。这一航拍视频使人直观事故现场的全貌，为事故救援提供了第一手图片资料，也记录了一幕幕震惊的事故现场与紧张的搜救场景。

▶ 违规操作，把关不严

经调查认定，事故主要是由列控中心设备存在严重设计缺陷、上道使用审查把关不严、雷击导致设备故障后应急处置不力等因素造成。

通号集团下属的通号设计院在列控中心设备研发中管理混乱。通号集团作为甬温线通信信号集成总承包商，履行职责不力，致使为甬温线温州南站提供的列控中心设备存在严重设计缺陷和重大安全隐患。

铁道部在列控中心设备招投标、技术审查、上道使用等方面违规操作、把关不严，致使问题设备在温州南站上道使用。

上海铁路局有关作业人员安全意识不强。在设备故障发生后，未认真履行职责，故障处置工作不得力，未能起到减轻事故损失的作用。

防微杜渐，吸取教训

为深刻吸取事故教训，进一步强化高铁技术设备和运营管理等方面的安全质量管理，促进高铁的安全健康快速发展，我提出如下建议。

第一，铁路管理部门要强化关键技术设备的全过程安全质量管理。实时监控高铁技术设备和信息系统的运行状态，防止高铁建设项目赶进度、抢工期的问题，严禁超设计随意提速；高度重视高铁技术设备研发工作，加强单位内部设计审查把关工作、测试把关工作、研发工作等；研究制定新技术、新产品、新设备、新系统的技术标准和各项规章、制度，把握高铁建设和运营中的客观规律，建立符合实际需要、针对性和可操作性强、简明适用的各级各岗位作业规范。

第二，铁路管理部门要不断适应信息化条件下高新技术、装备在高铁应用的系统性、复杂性、特殊性的要求。会同有关部门，建立完善、科学、持续、开放的高铁技术自主创新系统，集结和整合相关资源，集中力量大力开展高铁安全基础理论研究、重大安全科研项目攻关，推广先进适用技术，大力加强对高铁技术设备研发的监督管理。

第三，铁路管理部门要切实严把高铁技术设备安全准入关。会同有关部门严格规范高铁技术设备的安全准入条件和程序，加强设备使用前的全过程监管。凡涉及高铁列车运行安全的技术设备，特别是新技术、新设备、新产品、新系统，均应通过充分的检验测试和试运行考验，再正式推广使用，形成高铁安全专业检测机制、第三方检测检验与评估机制、设计质量问责纠错机制和问题产品召回机制；同时要发挥专家对高铁技术设备的技术专家把关作用。

第四，铁路管理部门要强化安全管理和职工教育培训。加强对职工的安全教育与培训，强化对关键岗位人员履职方面的管理和监督检查；重视铁路自动化、信息化过程中积累起来的各种自动控制系统、信息系统的集成和一体化，不断提高一体化水平、安全标准，不断改善安全条件，提升安全保障能力；加强高铁通信设施、设备建设和使用管理，强化通信技术措施，保障高铁通信特别是在恶劣天气条件下通信畅通。

第五，铁路管理部门要加强铁路安全生产应急管理。修订并建立健全各级各类事故应急预案，处理好事故抢险救援与停车时间的关系，切实把减少人员伤亡放在首要位置，不能过多强调缩短停车时间；经常组织各类有针对性的单项、多项和综合性应急演练；加强设备故障情况下的安全防护及冗余措施，正确处置列车运行过程中出现的非正常情况；建立健全事故预报预警和应急响应及伤员救治机制；充分利用相关雷电监测系统，认真统计分析高铁沿线历史雷击数据，有针对性地开展防雷风险评估，修订和完善提升高铁对雷电的设防标准，提高高铁的雷电防护能力，并要做好防震、防泥石流、防山体滑坡、防洪等工作。

▶ 交通安全牢记于心

这次甬温事故人员伤亡之惨重、损失之大，令人痛心。事故的调查结果，不得不引起我们的反思和重视。该事故暴露了审查不严、马虎大意、松懈管理、设计研发不严谨等问题。同时，事故应急处理机制方面的不完善，导致其后救援处置工作不力。面对每一次惨痛的事故案例，我们不仅仅要找出原因，追究责任，更要吸取背后的教训，防微杜渐，杜绝此类事故的再次发生！

一条小小的指令失误，造成了多少人妻离子散、家庭破裂！小失误也给国家、人民造成了大损失，这些都是永远无法弥补的。为什么总是在这些已经认识到的关键环节上失控？为什么总是一而再、再而三重复昨天的事故？只有长存安全意识、忧患意识，保持高度警惕，才不会在工作中出现疏漏。

随着铁路的高速发展和现代化水平的持续提升，铁路现代化管理水平日益提高。然而，由于个人思想观念的差异，在日常工作中，一些人仍然习惯依据自己的主观行为和一些过时的作业标准来指导生产。他们未能与时俱进，将个人的思想观念与现代高速铁路的发展同步更新，缺乏创新精神和主动性，未能创造性地进行管理。这种固守现状的态度，导致工作常常处于被动状态，无法有效应对高速铁路发展的新要求和挑战。

安全立足于预防，但应急处置也至关重要。我们要针对事件的复杂性、可能性作出预想，在事故救援、事故控制、事故抢险、事故处理、事故通信等各方面进行妥当安排，包括人、物、环境、道路、设备等多重因素，只有应急预案组织得当，才能有效地控制局面，减少损失。

手记

违法变道遇疲劳驾驶，36 人凌晨殒命

——2012年陕西省延安市包茂高速“8·26”特别重大道路交通事故救援和调查工作手记

▶ 时间：2012 年 8 月 26 日 2 时 31 分许

▶ 地点：包茂高速公路陕西省延安市境内

一起特别重大道路交通事故发生，一辆双层卧铺客车和一辆装有甲醇的罐车追尾并致大客车起火燃烧，造成 36 人死亡、3 人受伤，直接经济损失 3160.6 万元。

▶ 卧铺客车发生夺命悲剧

2012 年 8 月 25 日 16 时 55 分，蒙 AK1475 卧铺大客车从内蒙古自治区呼和浩特市长途汽车站出发前往陕西省西安市，出站时车辆实载 38 人。19 时，车辆在呼包高速土默特右旗萨拉齐出口匝道处搭乘一名乘客，车辆乘务员在此处下车。22 时 50 分，该车在包茂高速与榆神高速互通式立交桥处，搭载另外一名转乘乘客，此时卧铺大客车实载 39 人，其间车辆由陈某、高某某轮换驾驶。

25 日 19 时 3 分，豫 HD6962 重型半挂货车在兖州矿业陕西榆林能化有限公司装载 35.22 吨甲醇后，前往陕西省韩城市昌顺化工厂，其间车辆由闪某某、张某某换驾驶。

26 日 2 时 15 分，重型半挂货车进入安塞服务区停车休息并更换驾驶员。2 时 29 分，闪某某驾驶重型半挂货车从安塞服务区出发，违法越过出口匝道导流线驶入包茂高速公路第二车道。此时，卧铺大客车正沿包茂高速公路在第二车道由北向南行驶至安塞服务区路段。2 时 31 分许，卧铺大客车在未采取任何制动措施的情

车辆追尾后的现场画面

况下，正面追尾碰撞重型半挂货车。碰撞致使卧铺大客车前部与重型半挂货车罐体尾部铰合，大客车右侧纵梁撞击罐体后部卸料管，造成卸料管竖向球阀外壳破碎，导致大量甲醇泄漏。碰撞也造成卧铺大客车电气线路绝缘破损发生短路，产生的火花使甲醇蒸气和空气形成的爆炸性混合气体发生爆燃起火。大火迅速引燃重型半挂货车后部和卧铺大客车，并沿甲醇泄漏方向蔓延至附近高速公路路面和涵洞。

▶ 紧急救援，妥善安置

事故发生后，陕西省延安市公安交警、消防员迅速赶到事故现场进行处置，延安市、安塞县人民政府及其有关部门也迅速赶赴事故现场组织施救，卫生部门调集专家及医护人员全力救治伤员。接报后，陕西省人民政府立即启动应急救援预案，主要负责同志带领安全监管、公安、交通、卫生等部门负责同志赶赴现场指挥应急救援工作。内蒙古自治区、河南省人民政府接报后，立即组织安全监管、公安、交通等部门和相关地市负责同志赶赴现场，协助做好事故善后赔付和调查工作。

消防员赶到现场后，发现火势较为猛烈，液体甲醇从罐车不断向后面的大客车及周围下水道流淌，形成了“流淌性”火灾，这给救援工作带来一定难度。经过消防部门持续努力，在 3 时 42 分左右将现场明火扑灭。4 时 20 分，现场余火被全部扑灭。

接到事故报告后，我于26日下午赶到事故现场，指导协调地方政府做好前期处置和善后处理等工作。在现场我看到，大客车的车头在与罐车尾部撞击后已完全变形，车身在火烧之后已经荡然无存，只剩下一副“铁骨架”，可以想象事发当时火势的凶猛。现场有10余米刹车痕，空气中弥漫着浓烈的橡胶焦糊味，地上到处是玻璃渣和灰烬，路边绿化带绿树被烧焦，部分泄漏甲醇流到高速公路边正在修理的水沟。

17时45分，事故现场清理完毕，事发路段恢复通行。事故救援及善后处理工作平稳有序。

根据事故现场附近服务区加油站的一位员工介绍，事故发生时两车撞击的声音并不大，有点类似于大货车爆胎的声响。但是很快他们就看见事故现场燃起大火，附近的人们纷纷拿起灭火器前去救援，但由于火势太大而没有效果，直到消防队员赶到之后才将火势扑灭。一些现场目击者和救援人员介绍，由于事故发生后罐车上的甲醇大量泄漏，迅速流往客车引发剧烈火灾，车上旅客短时间内很难逃生。加上事发时处于凌晨时分，大多数乘客还在熟睡之中，因此延误了逃生机会，从而造成了全车人员只有3人生还。

事故善后处置过程中，我发现汽车票实名制措施还未在陕西的长途客运站全面实施，这场事故中遇难者的遗体又经过大火焚烧，这无疑给遇难人员的身份确认及善后工作带来困难。在事故中生还的3人均有不同程度受伤，其中2人在延安大学附属医院接受救治，伤员魏某某重度烧伤35%并吸入性损伤，伤员张某某特重度烧伤52%并吸入性损伤，医院对这两名伤员进行全力抢救。另一名伤员王某某初步诊断为左小腿皮肤裂伤，神志清楚，伤势较轻，需要在靖边县医院进一步观察和治疗。除此之外，当时对于全部遇难者的身份、性别、年龄等相关信息均未产生明确结果，许多家属也未联系上。

为尽快查清伤亡人员身份，并做好伤亡人员家属接待安抚工作，我与陕西延安市交通事故调查处理领导小组共同配合，加紧推进事故调查和善后工作。截至9月4日，除1名遇难者身份未确认外，其余35名遇难者的亲属全部进行了DNA血清抽样鉴定，并完成对比确认，26名遇难者家属签署了赔偿协议。

疲劳驾驶引追尾

为查清造成这起事故的主要原因，调查组对事故发生路段、事故车辆、事故驾驶人等展开深入调查工作。

事故发生路段位于包茂高速公路陕西省延安市境内 484 公里处，南北走向，双向四车道，设计时速 80 公里/小时。事故发生地点位于包头（北）至西安（南）方向一侧，经过对道路行车道宽度、纵断面宽度等道路参数的测量，确定该路段上视线良好。事故路段的技术指标、交通安全设施的设置情况均符合国家和行业相关标准规范。事故发生时天气能见度较好。

事故车辆的行驶证、运营资质、保险等齐全且都在有效期内，车辆制动性能无异常。其中，卧铺大客车运营线路符合规定；卧铺大客车和重型半挂牵引车符合出厂时的国家标准要求，但罐式半挂车出厂时实际整备质量与相关参数信息不一致。另外，大客车在呼和浩特市没有违章记录，但延安高速交警支队的官方网站显示，2011 年 1 月 11 日至 2012 年 5 月 30 日，该客车在延安境内有 7 条违章记录，基本都是在包茂高速延安段 600 多公里处被发现。违章记录显示，这辆车多次在高速公路“超速不足 50%”。

之后，调查组重点对事故车辆驾驶人进行了调查，没有发现驾驶人酒后驾驶、吸毒后驾驶的迹象。其中，陈某、高某某、闪某某的驾驶资格和从业资格证件齐全有效；张某的从业资格证件齐全，但张某因连续两年以上未提交《机动车驾驶人身体条件证明》，驾驶证处于注销可恢复状态，不具备机动车驾驶资格。大客车从出发地到发生事故地驾驶员行驶了 9 个多小时，虽然途中驾驶员存在互换驾驶，但从事故发生时间分析，仍不排除疲劳驾驶和车速过快的嫌疑，因为大货车在服务区休息后出发，刚上高速路，就发生客车追尾事故。经过我们的综合分析，可以认定卧铺大客车驾驶人陈某遇重型半挂货车从匝道驶入高速公路时，本应能够采取安全措施避免事故发生，但因疲劳驾驶而对前方道路交通状况观察不周，临危采取措施不当，导致了卧铺大客车追尾碰撞重型半挂货车，这是事故的主要原因。重型半挂货车驾驶人闪某某从匝道违法驶入高速公路，在高速公路上违法低速行驶，是导致卧铺大客车追尾碰撞重型半挂货车的次要原因。

另外，门窗封闭、车内可燃物多也是导致伤亡惨重的重要原因。两辆车追尾，客车前部经过猛烈碰撞后严重变形，乘客无法自行从前门疏散，卧铺客车窗户都是封闭式的，也没有应急通道，致使乘客疏散困难。两车相撞后造成可燃液体甲醇大量泄漏，流淌的大量甲醇液体将整个客车包围，并迅速燃烧，加上两层卧铺车内有大量被褥及乘客行李等可燃物，致使火势在车厢内迅速蔓延，并产生高温。再者，事发时间为凌晨2时30分许，客车中大部分乘客正处于熟睡中，遇到事故之后产生恐慌情绪，致使乘客未能第一时间进行自救，这也是造成这起事故死亡人数众多的原因之一。为深层挖掘造成这起特大事故的原因，我们还对本市的长途客车站司机进行了调查询问，发现长途客运存在休息制度落实难的问题。一位长途客车司机说："休息制度大家都知道，但执行起来有困难。我们每天往返的时间都是有规定的，如果半路停车休息，可能不能按时回去，而且一般坐长途车的乘客都着急，半路停车休息，乘客也不愿意呀。"我们了解到车站所有长途客车都装有全球定位系统（GPS），车站的监控平台会通过GPS对客车进行全程监控，每当发现凌晨2时后还有客车在行驶时，工作人员会及时通知驾驶员休息。但一位工作人员介绍，目前全国所有的客运企业在落实"凌晨必须停车休息"的规定时，都有很大困难，因为如果司机在凌晨2时左右没找到休息的地方，在找到下一个休息点前，就只能一直在高速路上行驶，所以会出现疲劳驾驶，进而导致事故发生。

▶ 严查严管抓落实，防违控违除隐患

危险物品驾驶员违法行驶，客车司机疲劳驾驶，两者共同酿成了这起灾祸，此起事故再次给社会敲响警钟，凸显出制度被虚置的可怕性。如果罐车司机能严格遵守危险品车辆运输制度，客车司机能严格执行休息制度，这起悲剧本可避免。针对事故中暴露出的问题，为进一步细化工作措施，有效防范类似事故再次发生，我谈几点自己的看法。

一是全面排查整治长途客车隐患，加强长途卧铺客车安全管理。此次事故，双层卧铺客车只有一个门可逃生，窗户基本都被封死，一旦发生车祸或火灾，很难逃生。如果车门有两处且都能及时打开，车窗全部都能打开，悲剧不会如此惨烈。所

以要重点排查车辆的安全性能，应急出口是否通畅，车辆是否存在非法改装的问题，还要着重检查营运驾驶员资格和交通违法记录，防止驾驶员疲劳驾驶。发现存在安全隐患的，要立即责令整改；整改不合格的，一律不得上路运营。

二是完善并严格落实长途客车运行制度，提高危化品车辆技术标准。严格执行长途客运车辆凌晨 2 时至 5 时停止运行制度；严格落实驾驶员停车换人、落地休息制度，确保驾驶员按照规定时间休息，避免疲劳驾驶；严格控制 1000 公里以上的跨省长途客运班线和夜间运行时间，对于 1000 公里以上的客运班线，抓紧建立落实中途休息制度，凡没有建立中途休息不能实现驾驶员落地休息或接驳运输的线路，予以停运。完善罐式危险化学品运输车辆的技术标准，提高危险化学品运输车辆后下部防护装置的强度，优化车辆罐体阀门等装置的连接方式，提升罐式危险化学品运输车辆的被动安全性。

三是强化路面巡查力度，加强公路运输安全监督管理。针对高速公路重点交通违法行为进行专项研判，提前优化警力部署，提升工作成效；因地制宜，在高速公路服务区等处设立临时执勤点，加强交通流量集中路段的巡逻，重点查处危险化学品运输车辆超速行驶、疲劳驾驶、违法停车等交通违法行为，以及无证运输，未经批准进入危险化学品运输车辆限制通行区域，不按规定的通行时间、路线、速度行驶等违法行为；对检查出的非法运输危险化学品的驾驶员，依法从严处理；利用危险化学品运输车辆动态监控系统，加强对危险化学品运输车辆的管理。

四是加强对驾驶员的交通安全法治教育，提高道路运输行业从业人员安全教育水平。此起事故中，罐车驾驶员违法变道、客车驾驶员疲劳驾驶，均是存在麻痹侥幸心理、缺乏交通安全意识的表现。相关部门要引导树立法治观念和交通安全意识，按照相关要求督促道路运输企业建立驾驶人安全教育、培训及考核制度，定期对客运驾驶人开展法律法规、技能训练、应急处置等教育培训，并对客运驾驶人教育与培训的效果进行考核。危险化学品道路运输企业还应当针对危险化学品的性质，强化驾驶人员和押运人员的应急演练，确保驾驶人员、押运人员在事故发生后及时采取相应的警示措施和安全措施，并按规定及时向当地公安机关报告。督促运输企业建立驾驶员档案，定期进行考核，及时了解掌握驾驶员状况，严禁不具备相应资质的人员驾驶机动车辆。

▶ 警钟长鸣铭于心，遵规守纪践于行

我国道路交通行业飞速发展，出行体量大，安全形势严峻。交通事故给我们国家和人民群众的生命财产造成了巨大损失，而疲劳驾驶是导致交通事故的主要原因之一，造成了众多人员的死亡和伤残，给无数家庭带来巨大伤痛。陕西省延安市包茂高速发生的这起交通事故，更是上演了“夺命客车”的惨剧，事故惨烈程度发人深省。为何由疲劳驾驶引发的事故频繁发生？设立的制度又落实到了何处？悲惨事故再次用鲜血敲响制度警钟。但制度都是总结过去经验教训的产物，如果制度一边建立一边虚置，那么悲剧将会不断重演。

当然，要避免交通事故的发生，除去制度约束外，驾驶员自身也当做好自我约束，时刻提醒自己切莫因为一时大意而给自己和他人带来一生痛苦，明确自己的责任，认清违法行驶、疲劳驾驶的危害性，增强驾驶危机感，克服侥幸心理，抵制疲劳驾驶，严格按章操作，确保行车安全。总之，道路交通安全防范工作是一项长期的工程，任重道远，从根本上减少违法和不安全行车行为，才可维护交通行车的平安、畅通！

手记

车祸猛于虎，非法经营，车辆坠崖，35人旅途丧生

——2015年陕西省咸阳市“5·15”特别重大道路交通事故救援和调查工作手记

▶ 时间：2015年5月15日15时27分

▶ 地点：陕西省咸阳市淳化县境内

一起特别重大道路交通事故发生，造成35人死亡、11人受伤，直接经济损失2300余万元。

▶ 车辆失控，35人殒命

2015年5月14日，受雇于依诺相伴生活馆的事故车辆，拉客前往淳化县。7时20分左右，事故车辆由陕西省体育场出发。9时许，4辆大客车到达仲山森林公园，依诺相伴生活馆随后组织客户前往景区游览。14日下午至15日上午为自由活动。15日15时许，4辆大客车从仲山森林公园出发返回西安，由王某驾驶的陕B23938号大客车排在最后一辆。15时27分，当该车行驶至淳卜路1公里450米下坡左转弯处时，车辆失控由道路右侧冲出路面，越过路外侧绿化台并向右侧翻滑下落差32米的山崖，车头右前侧撞击地面，头下尾上、右侧车身后部斜靠在崖壁上，造成35人死亡、11人受伤。

▶ 紧急救援，全力以赴，做好善后工作

接到事故报告后，淳化县公安交警、消防等部门人员立即行动，于15时35分赶到现场，迅速组织人员施救，并对大客车泄漏燃油进行排放、掩埋、围护，同时架设水枪、干粉灭火器，防止燃爆引发次生事故，对事故车辆采取支顶措施并设置

坠崖的事故车辆

观察哨，防止土崖进一步垮塌和事故车辆下滑，保护伤员和救援人员的安全。陕西省、咸阳市及淳化县党委、政府迅速启动应急预案，有关领导亲临一线组织开展事故救援和前期勘察工作。当地党委、政府成立了“一对一”工作组，认真做好事故伤亡人员家属接待及安抚、遇难者身份确认和赔偿等工作，保持了社会稳定。省、市两级卫生部门和 3 所伤员收治医院均成立了医疗领导小组和救治专家组，对每位伤者制订专门救治方案，确保其得到妥善治疗。17 时 5 分，现场救援工作基本结束。

▶ 成立调查组，查明大巴坠崖原因

事故发生后，党中央、国务院高度重视，指示有关地方和部门负责同志迅速赶赴事故现场指挥抢险救援工作。5 月 16 日，经国务院批准，由国务院有关部门和陕西省政府负责人参加的事故调查组成立，并邀请最高人民检察院派员参加。我任组长并主持召开事故调查组全体会议，传达了中央领导同志的重要批示指示要求，就进一步做好伤员救治、善后处置、教训吸取、信息发布、事故调查等各项工作进行了全面部署，提出了明确要求。

事故调查组通过现场勘验、调查取证、检测鉴定和专家论证，认定此次特别重大道路交通事故是一起生产安全责任事故。

第一，大客车制动不足，车座与车身连接强度差加重事故伤亡。事故直接原因是陕 B23938 号大客车制动系统技术状况严重不良，王某驾驶此大客车行经下陡坡、连续急弯路段时，车速过快，行至发生事故的急弯路段时达到 59 公里/小时，在离心力作用下出现侧滑，失控冲出路面翻坠至崖下。客车坠崖后车头猛烈撞击地面，冲击力造成乘客向前翻倒，由于客车座椅与车身连接强度不足，事故发生时 70%的座椅发生脱落，砸压车内乘客，进一步加重了事故伤亡后果。

第二，机动车安全技术性能检验工作管理混乱。鹏瑞公司在申请机动车检验资质时提供的授权签字人学历、职称造假，编造虚假材料骗取资质；公司对发动机等必检项目未提出查验要求，普遍存在漏检、少检现象；公司安排不具备大客车驾驶资质的引车员进行检验；事故大客车制动系统复检时，检验人员与车主、非法中介人员合谋弄虚作假，导致严重不符合安全技术标准的事故大客车获得检验合格证明。

第三，无照经营，非法组织旅游活动。依诺相伴生活馆长期无照经营，安全制度不健全，在不具备旅游经营业务相关资质的情况下，租赁不具备运营资质的大客车，擅自组织客户开展收费旅游活动。

第四，机动车检验机构监督检查不到位。铜川市质量技术监督局对检验机构监督检查规定、标准不熟悉；在鹏瑞公司资质申请时未按照要求对申请备案材料审核；未按照要求加大对检验机构检验过程的监督检查力度；对鹏瑞公司检测项目漏检、少检问题失察；未发现鹏瑞公司引车员不具备从事大客车引车相应资质的问题；未将对检测机构加强监督管理的有关文件转发至鹏瑞公司所在地的铜川市质量技术监督局王益分局。

第五，车辆查验职责不到位。铜川市交警支队车管所对查验员培训教育不到位，对查验员工作监督管理不到位，查验员未按照要求对检验合格证明进行审核，部分查验员资质过期；对检测机构现场抽查、巡回检查不到位，未发现检验机构检测项目漏检、少检问题。铜川市交警支队对车管所培训教育不到位、监督管理不到位的问题失察。

第六，未及时查处非法经营行为。西安市工商局新城区分局西一路工商所未按照陕西省工商局的统一要求，集中开展查处取缔无照经营综合治理专项行动，未能及时发现依诺相伴生活馆的非法无照经营行为。西安市工商局新城分局对西一路工商所市场监管工作督促检查不到位，对西一路工商所未全面排查无照经营行为的问题失察。

第七，旅游市场安全监管不到位。西安市新城区旅游局对于利用旅游手段开展商品促销的非法违规问题认识不到位，未能提前采取有效措施及时发现依诺相伴生活馆的非法旅游经营活动。西安市旅游市场稽查队对新城区旅游局的日常工作督促指导不力，组织开展旅游市场“打非治违”工作不力。

第八，查处非法营运大客车工作职责不到位。西安市交通运输管理处稽查支队对各区县运管机构运政稽查队伍的指导协调和监督检查不到位，未有效督促解决城六区运政稽查队伍在查处非法客运车辆方面执行落实困难的问题，对非法营运的大客车查处不力。西安市交通运输管理处组织开展全市道路运输市场“打非治违”工作不力，对稽查支队和各区县运管机构督促指导不到位。

第九，交通运输执法行为不规范。西安市临潼区运管站未有效建立“查处分离”的执法工作制度，对下属稽查三队执法人员随意降低处罚标准、执法文书填写不规范等问题失察。站领导发现工作人员对事故车辆的行政处罚存在问题后，指使有关人员伪造执法文书。西安市临潼区交通运输局对下属运管站业务指导不到位，未采取有效措施解决执法工作中存在的不到位、不严格、不规范等问题。

咸阳市交通运输局违反公路工程质量管理相关规定，对淳卜路改建工程验收及质量监督工作履职不到位。

咸阳市交通运输局违规组织淳卜路改建工程验收工作，在设计文件中安全防护设施等工程项目未建设的情况下，出具《淳化县城关至卜家公路改建工程竣工验收鉴定书》。咸阳市交通工程质量监督站对淳卜路改建工程质量监督不到位，未发现建设施工违反设计文件、安全防护设施缺失的问题。

第十，未按设计文件设置安全防护设施。咸阳市淳化县交通运输局作为2007年淳卜路改建工程的建设单位，在项目招投标时未将已批复设计文件中的安全防护设施等项目工程纳入招标范围，也未通过规定程序进行设计变更，在包括安全防护设施等工程项目未按设计施工的情况下申请项目整体竣工验收，造成淳卜路安全防护设施缺失，安全防护能力不足。

淳化县交通运输局运输管理所未落实自2014年以来上级多次部署的打击非法营运行动的要求，打击非法营运行为不力，没有发现并查处包括事故大客车在内的非法营运大客车在淳化县境内非法运营的问题。

以此为鉴，加强监管

为深刻吸取事故教训，进一步加强道路交通安全监管等安全生产工作，坚决防范和有效遏制重特大事故，我提出六点建议。

一是加强农村、山区道路客车通行安全管控。加强对客运班车、旅游包车安全监管和道路通行管控，特别要针对农村、山区道路状况制定严格的交通管理制度规定，严格限制客运班车、旅游包车在没有完成重大隐患治理的农村、山区等重点路段通行。要进一步强化对旅游包车运行线路的安全评估，对途经农村、山区等事故高发线路的，要安排适当的车型和有驾驶经验的驾驶员，严禁车辆夜间在达不到安全通行条件的三级以下山区公路通行。不适宜大中型旅游包车通行的路段，要通过多种途径进行公布，并提前在路面设置警示标识和安全设施。要加大对旅游客运线路、易发生道路交通事故路段以及旅游车辆通行密集路段的巡逻管控力度，严查各类交通非法违规行为。

二是严厉打击客车非法改装、非法营运等行为。加强车辆生产、销售、营运准入等环节的监管，深入机动车生产、改装、维修企业和销售、交易市场等，严查机动车加长、加宽、加高以及私自加装货厢和座椅等非法改装行为，坚决杜绝非法生产和改装车辆出厂上路。对在用的非法生产、改装的车辆，要强制予以整改；对非法拼装的车辆，要强制拆解。要对客运班车、旅游包车市场开展一次全面清理整顿，坚决打击车辆、驾驶员无资质非法营运行为。对“营转非”（营运性转非营运性）客运车辆，技术状况达不到要求的，要禁止上路行驶；达到报废年限的，要一律强制报废；从事非法营运的，要依法依规从严处罚。

三是全面开展驾驶员安全宣誓和“安全带—生命带”专项行动。提高认识，狠抓源头管理，将提升驾驶员安全意识和素质作为进一步强化道路客运安全工作的有力抓手，全面深入开展客车驾驶员发车前向乘客的“面对面”安全宣誓活动，承诺在驾驶过程中做到“五不两确保”：不超速、不超员、不疲劳驾驶、不接打手机、不关闭动态监控系统，确保戴好安全带、确保乘客生命安全。要深入开展“安全带—生命带”专项行动，严格落实客车登记、检验、出站检查等环节，推动客车安全带安装“全覆盖”。对未按标准要求安装安全带的，一律不予登记、检验；对驾驶员未进行安全宣誓、旅客未佩戴安全带的，一律不准出站。

四是实施公路安全生命防护工程。加强组织领导和责任落实，制订措施，严格执行相关技术标准要求，落实工程建设资金，按计划有序组织实施。相关部门要加强沟通协调，加大对全国现有公路安全隐患的排查整治力度，全面完成急弯陡坡、临水临崖等重点路段约 6.5 万公里农村、山区公路的安全隐患治理，着力提高农村、山区公路安全防护水平。

五是严肃事故查处，强化警示教育。以对生命安全高度负责的精神，认真查处每一起道路交通事故，依法依规严肃处理。对存在客车非法改装、非法营运等违法违规行为的，要进行责任倒查，严肃追究有关营运公司、车辆改装企业和管理部门的责任。要严格执行事故查处挂牌督办制度，对较大道路交通事故调查处理落实情况，上一级政府部门要进行挂牌督办，对性质恶劣、影响严重的典型事故，要实行提级调查，确保查处及时、追责到位、公开公正。加大对事故整改措施落实情况的督促检查，抓住典型事故案例广泛开展警示教育，真正用事故教训推动工作，严防类似事故重复发生。

六是加强机动车安全技术检验工作。采取有效措施，切实加强机动车安全技术检验工作，严把车辆安全技术性能源头关。质量技术监督部门要对辖区机动车检验机构及检验技术人员进行全面集中排查，公司检验资质过期或者技术负责人、质量负责人、报告授权签字人、引车员等不具备条件的，要坚决予以关闭清理，不得继续开展检验工作；加强对机动车检验机构执行国家机动车安全技术检验标准情况的日常监督检查，督促检验机构和检验人员严格按照流程开展工作，提升机动车检验机构的规范化操作；加大对监管执法人员的培训考核，强化责任意识、提升监管能力，坚决扭转重许可、轻监管甚至不监管的突出问题。通过网络监控、巡回检查、档案复核等方式，严查机动车安全技术检验机构为检验不合格机动车出具检验合格证明、擅自减少检验项目或者降低检验标准等出具虚假检验结果的违法问题。质量技术监督、公安部门要采取联网监察、明察暗访等手段开展联合监督检查，形成工作合力，切实提高监管工作成效。

▶ 重预防，抓治本，完善安全监管机制

陕西咸阳“5・15”特别重大道路交通事故是陕西省自2012年“8・26”特别重大道路交通事故之后，在不到3年时间内，又一次发生的特别重大交通事故，令人痛心，发人深省。这起事故暴露出企业非法从事旅游经营活动、客车非法营运、车辆安全技术不符合规定、驾驶人安全意识薄弱和应急操作不当、道路安全防护设施不足等诸多问题。

要进一步强化底线思维和“红线”意识，牢固树立以人为本、生命至上、安全发展的理念，始终保持清醒头脑，重预防、抓治本，举一反三，深刻汲取事故教训，采取断然强力措施，有效防范、坚决遏制重特大交通事故发生。要深入开展“营转非”客车专项排查整治，全面开展“安全带—生命带”安装佩戴活动，推动实施大客车驾驶员安全宣誓活动，大力推进公路安全“生命防护工程”，进一步完善安全监管机制，促进全国安全生产形势持续稳定好转。

手记

突遇极端恶劣天气，操作不当，致客轮翻沉，442 人不幸遇难

——2015 年“东方之星”号客轮翻沉事件救援和调查工作手记

- 时间：2015 年 6 月 1 日 21 时 32 分
- 地点：湖北省荆州市监利县长江大马洲水道 44 号过河标水域处

重庆东方轮船公司所属“东方之星”号旅游客船在由南京驶往重庆途中，突遇龙卷风翻沉，造成 442 人死亡。

客轮翻沉事发经过

2015 年 5 月 28 日，满载着游客和工作人员的“东方之星”号客轮从南京市启航，向重庆市驶去。如果不出意外，客轮在经过 10 天的航行之后，将会在 6 月 7 日抵达终点站重庆码头。

然而在 6 月 1 日 21 时 30 分，湖北监利长江中游水域出现小尺度强对流天气。经过此水域的船舶纷纷择地抛锚避风，“东方之星”号客轮却仍高速航行。当“东方之星”号客轮行驶到湖北省监利县长江大马洲水道时，突遇下击暴流极端恶劣天气，瞬时极大风速达 32~38 米 / 秒（风力 12~13 级），受强风暴雨影响，船舶持续后退，处于失控状态，船艏向右下风偏转，风舷角和风压倾斜力矩逐步增大，紧接着，船舶突然向右倾斜并开始进水。21 时 31 分，船舶主机熄火，迅速向右横倾。在 1 分钟内船舶发生剧烈倾覆，30 分钟内浸没在江水之下。由于事发突然，船上的乘客和工作人员来不及防备，客轮上的 454 名乘客全部落水。最终经过多方救援，只有 12 人被成功救起，其余 442 人不幸全部遇难。

“东方之星”号客轮翻沉具有三个特点。一是灾难瞬时发生。此次“东方之星”号客轮突遇龙卷风，客轮 1 分钟内倾覆，倒扣在水面上。二是救援难度高。“东方之星”客轮翻沉后，主管部门接报，立即赶赴现场开展搜救，然而由于沉船已位于水面之下，现场救援十分困难。三是人员伤亡大。此次沉船事故客轮载客 454 人，遇难 442 人，整船超过 97% 的乘客和工作人员在事故中失去了生命。

▶ 把救人作为第一要务

客轮翻沉事件发生后，根据党中央、国务院领导同志重要指示批示精神，经国务院批准，国务院“东方之星”号客轮翻沉事件调查组成立。相关负责同志立即赶往事故现场，以对人民生命安全高度负责的态度，调集一切可以动员的力量，采取一切可以采取的措施，不惜一切代价，全力救人。

一是调集当时最先进的搜救船舶、切割机、供氧设备，抽调专家和潜水员等专业人员，集中搜救力量。按照“救人第一、方案科学、组织有序、作业安全”的原则，继续组织潜水员进行水下逐层逐舱搜救，确保不留死角。

二是采取空中巡航、水面搜救、水下搜救、进舱搜救和全流域搜救相结合的方式， 在事发地及下游水域开展全方位、立体式、拉网式搜寻。沿岸、航道、公路、飞机都为搜救力量开绿灯，确保畅通无阻，建立起水陆空综合搜救大平台，做好救援现场水陆交通管控，为搜救创造一切条件。

三是调配医疗专家和资源做好伤员救治。北京、武汉、长沙等地 130 多名重症救治、呼吸科、心血管、急救等方面的医疗专家和心理干预专家，迅速赶往事故现场，组成 10 个专家组配合地方医院开展救援，全力减少因伤死亡、因伤致残，使伤员早日康复。

四是中航工业、中国石化、中国移动、中国联通等中央企业，全力提供通信、燃油、饮水、直升机等保障。

五是稳妥细致做好遇难者家属安抚和善后处理等工作，研究做好相关抚恤、赔偿、救济等工作。

六是为降低救援现场的水位，长江防办三次进行调度，将三峡水库的下泄流量从每秒 17 200 立方米减少至 7000 立方米。

在事件应急救援和处置工作中，各方反应及时，救援有序，措施得力。

事故具体搜救方案

一是水下搜救。200 多名潜水员组成 3 个班次，采取分层、分次的方法逐一对船体进行搜寻，不留任何死角。由于水下环境复杂多变，搜救人员对已经搜索过的船体房间等部位系上红绳留作标记。

二是沿岸搜寻遇险人员。采取“游艇 + 人员 + 直升机”的方式进行搜寻，范围至事发地下游 220 千米处的武汉新滩。

三是现场水上救援。在船底打孔施救和船体切割救援方面，救援人员吊起船体，在船体上划定 3 处切割区域，在经过仔细测量和探测后，对船体切割多个孔洞，并持水枪向长江中排水；在通道比较集中的部位打孔，实施救援，打孔位置划定在空气舱、污水井、手控舱等区域；同时，利用气焊在船体底部切割出 1 平方米左右的长方形探孔，进行最后的生命探测。在打捞沉船时，救援人员将船吊起一部分，防止船体下滑，按照国际惯例和专业的做法，在再无人员生还可能的情况下，实施沉船扶正和起浮作业。各方专家经过充分研究论证，决定尽快对“东方之星”号客轮进行整体扶正起浮，对所有舱室进行全方位排查，有助于全面搜寻失踪人员、最大限度保护逝者尊严。

打捞沉船

四是舱内搜救。从“东方之星”号客轮扶正并整体打捞出水开始，救援任务已经由以水下搜救为主，转为船体扶正和舱内搜救同步展开。

科学调查，历时 6 个月

突发的沉船事件，让我彻夜难眠，反思在天气异常恶劣的情况下，有关部门为何让“东方之星”夜间航行？是否发布了暴雨预警？突遇龙卷风，船长为何没有发出求救信号？是机器故障还是人为操作失误？“东方之星”是否做齐备足了应急预案？

此次事件调查历时 6 个月，调查组坚持“科学严谨、依法依规、实事求是、注重实效”的原则，克服各种异常困难，连续作战，紧紧围绕“风、船、人”三个关键要素，不断加强调查力量，完善调查工作方案，深入开展谈话问询和勘查取证，运用科学手段分析论证，坚持不放过每一个疑点和细节，坚持用事实、数据和证据说话，先后调阅了船舶、企业和有关单位的大量原始资料，收集汇总各类证据资料 1607 份、711 万字；对生还旅客、船长、船员及同水域相邻船舶有关人员和目击者进行了逐一调查取证，形成 50 余万字的询问笔录；组织专家对船舶进行了全面细致勘查，并委托专门机构对物证进行解读鉴定，进行了反复分析论证。

针对“风”的问题，调查组成立了气象情况调查组，对气象情况开展全面调查取证，对事发风灾区附近 360 平方公里范围内的 14 个重点区域进行了多轮实地勘查和空中航拍，先后 7 次组织上百名国内外专家一起进行专题研究。

针对“船”的问题，调查组成立了船舶情况调查组，对客轮的稳性进行复校，以及对历次设计、审图、建造（改建）、检验合法性进行了调查；委托第三方机构对船舶建造和历次改建以及事发前实载状态的稳性进行了认真复校核算；组织船舶研究单位和船级社进行了船模水池试验及计算分析。

针对“人”的问题，调查组成立了适航适任情况调查组，对船舶适航以及船员适任情况进行了调查取证工作，委托专业机构进行了多次风洞和水池模拟等试验，最大程度还原了事发时气象、船舶行驶和船员操作过程，并得出了相关结论。

调查认定，“东方之星”客轮翻沉事件是一起由突发罕见的强对流天气（飑线伴有下击暴流）带来的强风暴雨袭击导致的特别重大灾难性事件。导致事故的原因有以下几点。

大风时急转船体操作不当。该船在出事前的 21 点 20 分至 21 点 31 分，曾有一个掉头的动作。船长可能未很好地掌握在大风浪、急径流的恶劣天气和水文环境下掉头的安全操作要领，使船舶在大舵角急转时产生的船舶离心力、大风对巨大的船舶上层建筑的推压力、船舶与航道正横时受到的汛期径流冲击力，三者叠加，使船舶倾覆力矩远大于恢复力矩。这是本次事故的主要原因。

船长对长江中游水域初夏小尺度恶劣天气特点、风向和风力突变以及其相互关系了解不足，对如何适时地在大风来临前驶往其上风面择地抛锚或掉头心中无数。本航次 411 名旅客都集中在第二层以上客舱居住，最底层客舱绝大多数为空舱，导致船舶重心提高，初稳性高度（GM 值）下降。船长又要求对双层底压舱水舱压满水以提高 GM 值，在应对大风浪时，对船舶动稳性和本船 GM 偏小的局面未做到心中有数，最后导致船舶在掉头中倾覆沉没。

船长未牢牢树立安全第一的原则。船长作为船舶安全第一责任人，未正确处理安全与运行的关系，未认真执行内河客船船舶安全管理制度，在小尺度灾害性天气来临之际，其他船舶纷纷择地锚泊，而“东方之星”号客轮仍继续高速航行赶赴目的港荆州港，也是事故原因之一。

船长未及时通过船舶自动识别系统（AIS）掌握船舶信息。船长可能未通过 AIS 了解到上水和下水船舶在小尺度恶劣天气来临前风力仍较小时择地锚位的警示信息，从而无法及时提醒船舶在大风来临之前驶往锚地。

船舶运输企业管理责任未落实。包括船舶应急部署在内的安全管理体系运行存在 “两张皮”现象，这也是事故发生的客观原因。

“东方之星”号客轮被指改造后不利逃生。尽管“东方之星”号客轮运营 21 年未发生重大事故，但回溯其建造、改造环节，仍存在造改船资质存疑、忽视安全性等一系列问题。该船变更结构，加长船体，导致重心偏高，增加了倾覆危险。同时，改造后开向外侧船舷的舱门封闭，不利于逃生。

此外，制度不全，监管不利。调查组在对事件从严、延伸调查中，也检查出相关企业、行业管理部门，地方党委、政府及有关部门在日常管理和监督检查中存在以下主要问题。

第一，重庆东方轮船公司管理制度不健全，执行不到位。公司违规擅自对“东方之星”号客轮的压载舱、调载舱进行变更，未向万州区船舶检验机构申请检验；安全培训考核工作弄虚作假，对客船船员在恶劣天气情况下应对操作培训缺失，对船长、大副等高级船员的培训不实，新聘转岗人员的考核流于形式；日常安全检查不认真，对船舶机舱门等相关设施未按规定设置风雨密关闭装置、床铺未固定等问题排查治理不到位；船舶日常维护保养管理工作混乱；未建立船舶监控管理制度、配备专职的监控人员，监控平台形同虚设，对所属客轮未有效实施动态跟踪监控，未能及时发现“东方之星”号客轮翻沉。

第二，重庆市有关管理部门及地方党委、政府监督管理不到位。重庆市港口航务管理局（重庆市船舶检验局）、万州区港口航务管理局（万州船舶检验局）未严格按照要求进行船舶检验，未发现重庆东方轮船公司违规擅自对船舶压载舱和调载舱进行变更、机舱门等相关设施未按规定设置风雨密关闭装置、床铺未固定等问题；对船舶检验机构日常管理不规范，对验船师管理不到位；对公司水路运输许可证初审把关不严，对公司存在的安全生产管理制度不健全、执行不到位、船员培训考核不落实等问题监督检查不力。万州区交通委对万州区港口航务管理局安全监督管理工作指导和监督不到位；万州区国资委未认真落实“一岗双责”，对公司未严格开展安全监督检查，对公司存在的培训考核弄虚作假、安全管理制度不健全等问题督促检查不到位。万州区委区政府对万州区交通委等相关部门的安全生产督促检查不到位，对辖区水上交通安全工作指导不力。

第三，交通运输部长江航务管理局和长江海事局及下属海事机构对长江干线航运安全监管执法不到位。长江航务管理局未有效落实航运行政主管部门职责，办理水路运输许可证工作制度不健全，对审查发放水路运输证照把关不严；长江海事局、重庆海事局、万州海事处对重庆东方轮船公司安全管理体系审核把关不严，未认真履行对航运企业日常安全监管职责，日常检查中未发现企业和船舶存在的安全隐患和管理漏洞等问题。岳阳海事局未严格落实交通运输部、长江海事局对客轮跟踪监控的要求，未建立跟踪监控制度，值班监控人员未认真履行职责，对辖区内“东方之星”号客轮实施跟踪监控不力，未及时掌握客轮动态和发现客轮翻沉。

▶ 吸取教训，防患未然

“东方之星”号客轮属于典型的浅吃水内河客轮。倾覆事故在航运这一行里并不太常见。根据航迹图显示，客轮在翻船前 10 分钟左右有突然大幅度转向，即便天气恶劣，但船方突然转向，操作存在很大问题。另外，翻沉速度太快，甚至连求救信号都没发出去。

为避免此类水上交通事故的发生，加强长江等内河航运安全工作，我总结出以下七条建议。

第一，严格执行恶劣天气条件下长江旅游客船禁限航措施。交通运输部门要及时发布并严格实施相关规定，遇到以下情况，船舶不得开航或要采取其他有效避险措施：气象部门预报或船舶发现出发港有 7 级以上（含 7 级）或超过船舶抗风等级的大风，船舶必须采取有效避、抗风措施，船舶不得开航；气象部门预报船舶途经水域有 7 级以上（含 7 级）大风或超过船舶抗风等级的大风，船舶必须采取提前停航等避风措施；船舶出发港能见度不足 1000 米时，船舶禁止进出港口；船舶航行途中下行能见度不足 1500 米或上行能见度不足 1000 米时，船舶必须尽快择地抛锚停航。

第二，提高船舶检验技术规范要求，完善船舶设计、建造和改造的质量控制体制机制。研究完善内河船舶检验技术规范，提高内河客船抗风能力等安全性能，对涉及船舶稳性和尺度的改建、改造应当严格控制和审批；研究提高船舶检测检验机构准入门槛，建立健全船舶设计能力评估和规范机制，完善船舶建造企业生产条件规范体系，推进企业船舶设计、建造能力水平的动态评估制度，进一步提高船舶设计、建造企业规范化水平。

第三，加强长江航运恶劣天气风险预警能力建设。针对中小尺度强对流天气强度大、突发性强、致灾重等特点，加大科研投入，加强监测预警方法研究，提高监测预警能力；适应长江航运安全保障需求，加强长江沿岸天气雷达、自动气象观测站网建设，并加强船舶自动气象探测系统建设，提高恶劣天气预测预警能力；完善气象部门与海事部门信息快速共享机制，强化短时临近预警信息的快速发布，健全长江水上交通安全广播电台、手机短信等多种接收方式，确保海事监管机构和航行船舶及时准确获取灾害性天气预报预警信息；制定有关气象灾害防御的法律法规，提高全社会防御气象灾害的能力。

第四，加强内河航运安全信息化动态监管和应急救援能力建设。交通运输部门要进一步健全完善水上交通动态监控相关措施，大力推进船舶自动识别系统（AIS）、船舶交通管理系统（VTS）等水上交通管理动态监控系统建设和应用，充分发挥信息技术在提高安全防范和应急反应能力方面的重要作用；建立重点客运船舶动态监控系统，合理安排值班人员，加强重点船舶、重点水道、极端天气值班值守。地方政府和交通运输部门要进一步加强长江应急救援体系建设，加大投入，增设长江搜救站点，强化救援队伍建设，配备结构合理、性能高效的救援装备，提高应急反应能力，做到及时发现、快速反应、科学施救、保障有力。

第五，开展长江航运安全专项整治行动。交通运输部门要进一步严格航运尤其是客运市场准入，加强客船运输经营人资质动态跟踪管理，严格经营资质年度考核和不定期资质现场抽查，强化对水运经营人和客船进入市场后的监管；加快内河老旧客船升级换代，优化客船运力结构，提高客船安全性；加强长江等内河航行安全管理，严禁旅游客船在恶劣天气条件下航行，加大现场监督执法力度，及时发现并纠正船舶违法违章行为。

第六，落实企业主体责任，全面加强长江旅游客运公司安全管理。长江旅游客运公司要按照《安全生产法》和水上交通管理的法律法规及规章制度，严格实施公司安全管理体系，健全企业安全生产责任体系，全面落实企业主体责任；建立健全本公司船舶限航、停航、抛锚及预警的制度规定；加强企业员工尤其是船员的培训考核，针对不同船舶、不同航线、不同险情，定期组织针对性船岸应急演练，不断提高船舶和岸上应急反应能力；对公司所属旅游客船进行 24 小时不间断监控，加强船舶驾驶台资源管理，强化船舶航行动态管理，确保及时发现和解决船舶航行中存在的问题。

第七，加大内河船员安全技能培训力度，提高安全操作能力和应对突发事件的能力。交通运输部门与有关部门统筹规划航海院校和培训机构的培训教育工作，完善内河船员职业培训教育和船员考试基础设施建设，提高客运船舶船员考核培训标准。教育、人力资源社会保障部门要在船员教育培训和社会保障等方面出台优惠政策，提升内河船员职业吸引力，提高内河船员特别是船长等高级船员整体素质和业务能力。

▶ 强化水上安全，堵塞管理漏洞

近年来，水上旅游沉船事故频发，2000 年 6 月 22 日四川合江县“榕建号”客船翻沉，221 人仅生还 91 人；2004 年 9 月 27 日四川省南充市“川蓬安客 029 号”短途客船沉船，66 人溺水死亡；2015 年 1 月 15 日，安徽省蚌埠市“皖神州 67”轮在长江福姜沙北水道试航过程中翻扣沉没，造成 22 人遇难。血淋淋的教训面前，我们不得不去思考水上安全管理和公共安全问题。

事实上，长江“东方之星”沉船事故的发生表明水上管理存在漏洞和“死角”，要以此为契机，强化水上安全管理，建立制度，堵塞漏洞，严格操作，加强培训，把水上安全工作抓紧抓好。一方面，各级政府要加大安全宣传，让“自救攻略”入脑入心。水上交通部门、海事机构和安全监管部门要进一步落实安全监督管理责任，强化监管力度，对船舶运行严格把关，将安全隐患、问题消灭在萌芽状态；另一方面，船运企业要强化安全培训，明确工作责任，施行职、责、权的统一，时刻绷紧安全弦，提升自身管理能力和应急处置能力。

防止沉船事故的再次发生，必须要树立起对生命的敬畏，这是每个人的责任，也是政府的重要职责。各级部门要深刻反思事故原因，以问题为导向，查漏补缺，积极应对，强化救援力量，一旦发生事故，做到快速、高效、有力，及时有效解救生命于危难之中。

手记

司机驾驶夺命客车，35 条生命戛然而止

——2016 年湖南郴州“6·26”特别重大道路交通事故救援和调查工作手记

- 时间：2016 年 6 月 26 日 10 时 20 分许
- 地点：湖南省郴州市宜凤高速公路宜章段

一起客车碰撞燃烧起火的特别重大道路交通事故突发，造成 35 人死亡、13 人受伤，直接经济损失 2290 余万元。

游玩的起点却成生命的终点

2016 年 6 月 26 日约 5 时 54 分，湖南省衡阳市骏达旅游客运有限公司（以下简称骏达公司）驾驶员刘某某驾驶大客车从家中出发，按照骏达公司的包车派单计划，准备搭载乘客前往湖南省郴州市莽山景区开展漂流活动。他先在衡阳市区接到 2 名乘客，然后进入耒阳市区，在市区神农广场接到其他全部乘客，客车一共载 57 人。8 时左右，车辆从耒阳市神农广场出发，前往目的地。

10 时 19 分，当车辆行驶至湖南省郴州市宜凤高速公路宜章段 33 公里 856 米处时失控，先后与道路中央护栏发生一次刮擦和三次碰撞。当客车发生刮擦时刘某某却未采取任何措施，车辆与道路中央的水泥混凝土墙式护栏刮擦后继续前行。客车第一次碰撞发生在 33 公里 905 米处。车辆发生碰撞前，车身左侧先刮撞道路中央的可移动式活动护栏，损坏长度约 5 米，损坏部分被撞至对向快车道，车身左前部侵入中央分隔带。之后，车身左前部与连接活动护栏的混凝土护栏端头发生碰撞，造成车辆左前角被混凝土护栏割裂，左前轮爆胎，左前轮向后移位、右前轮向前移位，左油箱受左前轮挤压变形破损开始少量漏油。此时刘某某有所反应，开始

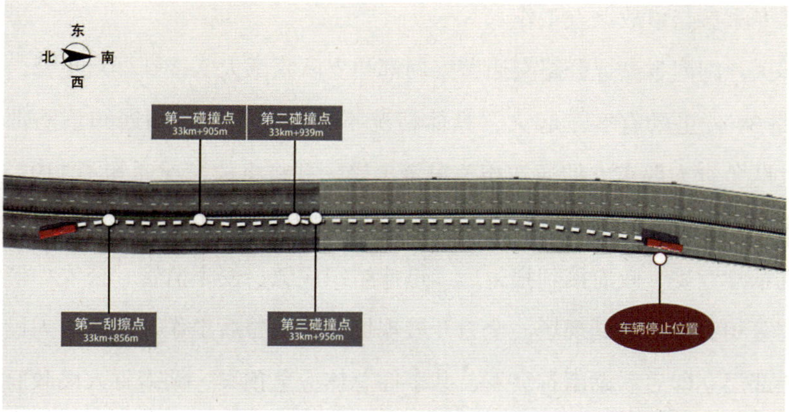

事故车辆碰撞点示意图

向右打方向，但无法有效控制车辆，车辆继续紧靠中央护栏沿道路向前行驶。

前行30多米后，车身左前部与道路中央可移动的混凝土护墩碰撞，左油箱因碰撞挤压破裂开始大量漏油。发生碰撞后又前行一段距离，车身左前部再次与道路中央的混凝土护墩碰撞。此次碰撞后，车辆冲上东溪大桥桥面继续向前行驶。在东溪大桥行驶过程中，司机采取了制动措施，车辆逐渐减速并向右前方变线，在车辆右前角接近东溪大桥路侧混凝土护栏时停止，并于10时20分左右起火燃烧，由于车上人员未能及时疏散逃生，35乘客当场毙命。

▶ 连夜奔赴现场组织救援

事故发生后，党中央、国务院高度重视并作出重要批示，要求全力救治伤员，减少因伤死亡，查明事故原因，严肃追究责任，并强调正值暑期，旅游人数增多，较大交通事故多发，要深刻汲取事故教训，严格落实安全生产各项措施，全面排查隐患，坚决遏制重特大事故发生。经国务院批准，国务院湖南郴州宜凤高速“6·26”特别重大道路交通事故调查组成立，我被任命为调查组组长，会同公安部、监察部、交通运输部、全国总工会、工业和信息化部以及湖南省人民政府有关负责同志连夜赶赴事故现场，指导事故救援和善后处理工作，全面负责事故调查工作。同时，我们还邀请最高人民检察院派员参加，并聘请了车辆技术、公路工程、消防火灾等方面专家参与事故调查工作。

事故发生不久，湖南省高速公路交通警察局郴州支队宜章大队接到群众报警，称宜凤高速公路 34 公里处有客车起火，具体情况不详，接警后立即通知消防部门，之后按照大队负责人要求立即通知相关民警出警，并将事故情况通知了 119、120、 高速公路路政及宜章县应急办等相关联动部门和单位。

郴州市和宜章县党委、政府接到报告后，迅速组织应急、安全监管、公安、消防、医疗、民政等相关部门赶到现场，全力开展现场救援及善后工作。湖南省人民政府及相关职能部门立即启动湖南省突发公共事件总体应急预案，湖南省人民政府以及郴州市、宜章县有关负责同志先后到达事故现场，指导事故救援处置。

当时，一辆公路养护车和一辆运钞车路过事故路段，马上赶来救援，公路养护车和运钞车上人员将事故车辆右后部倒数第一和第二块车窗玻璃打破，先后有 7 人被救出生还。民警赶到现场，立即对道路实行了双向交通管制，公安交警部门陆续向现场增派了 50 余名警力，全力开展救援、警戒和分流示警等工作。11 时 07 分，现场明火被扑灭，交通管制车辆开始单向放行。

湖南省、郴州市卫生部门紧急抽调烧伤科专家组成医疗专家组，对事故中伤员进行全力救治。郴州市、衡阳市成立了 35 个善后工作组和 13 个救治受伤人员工作组，做好遇难人员家属接待安抚和伤员救治工作。

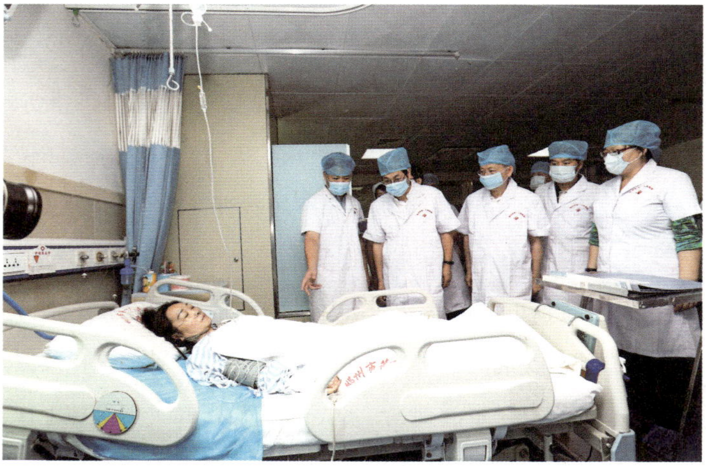

医院探望伤员

▶ 受阻的车门，小小的窗户成为唯一逃生口

据一些幸存者回忆，大巴起火后，司机是第一个逃生的人，而在他跳车前，他没有及时打开这辆大巴车唯一的车门。乘客们各自座位上的车窗也无法打开，当火势开始蔓延到整个车厢时，位于车头司机座位旁边的窗户，就成了全车几十个乘客唯一的逃生口。

据幸存者描述，当时车门无法打开，司机和导游迅速从唯一能打开的那扇窗户跳下，不管乘客死活。车内一片混乱，哭声和叫喊声此起彼伏，随后人们互相推搡。从如此狭窄的玻璃窗逃生，众人挤作一团，随着火势的加剧，情况愈发危急。大约 9 人成功跳窗逃生，但随后火势变得猛烈，剩余的人无法逃脱。

另一名幸存者向我们透露，他在车厢后部未能找到安全锤，于是尝试用手机砸窗，结果手机损坏，车窗却未破。随后有人用灭火器砸窗，但砸窗的位置距离桥面高达十几米至二十几米，跳下等同于自杀，逃生无望，唯一的逃生通道便是那扇小窗。现场绝望情绪蔓延，所幸有外人赶来救援，他们从外部打开了玻璃。然而，火势过于猛烈，救援人员无法靠近，车内的人未能获救，现场的惨叫声令人心碎。

令人扼腕叹息的是，当时他们寻找救命的安全锤，就在驾驶员座位下侧的储物箱内，全车几十条性命就这样没了。

▶ 紧闭的双眼如何操控失控车辆?

经调查、检测，司机血液检测乙醇呈阴性，尿液检测吗啡、氯胺酮、甲基苯胺呈阴性，排除驾驶人因酒驾和毒驾导致驾驶行为失控的因素。并且我们得知，事故车辆转向系统和制动系统在事发前已进行检测，没有发生机械故障，符合机动车安全运行的相关标准要求，因此排除因故障导致车辆失控的因素。但之后的调查中发现，司机疲劳驾驶是导致车辆刮擦碰撞的主要原因。驾驶员疲劳驾驶造成车辆失控，与道路中央护栏发生碰撞，导致车辆油箱破损、柴油泄漏，右前轮向外侧倾倒，轮毂上的螺栓螺母与地面持续摩擦产生高温。车辆停止后，路面上的柴油遇到

因摩擦产生高温的右前轮后起火。车辆右前角紧挨路侧护栏，车门无法有效展开，车上乘客不能及时疏散，安全锤未按规定放置在车厢内，乘客无法击碎车窗逃生，最终造成重大人员伤亡。

驾驶员休息时间不满足安全驾驶要求。事发前，司机连续三天长时间驾驶车辆，还陪同游客到景区游玩，但晚上睡觉的时间均在凌晨零点以后，身体没有得到充分休息，并且累计行驶超过 1000 多公里，睡眠严重不足，加之此前已连续多日未充分休息，最终因过度疲劳影响安全驾驶，酿成惨剧。

调查还发现，司机的精神状态符合疲劳驾驶的情形。我们经过向多名生还乘客询问证实，当天在耒阳市神农广场乘车等候时发现他正趴在方向盘上睡觉，直到发车时才睡醒，驾驶过程中存在打哈欠等精神不振的情况，甚至在途中有乘客提出要去高速公路服务区休息后，他将收费站出口匝道误以为是服务区入口而走错路。他自己也交代，其驾驶车辆进入宜凤高速公路后，由于车流量较少，开始精神不集中，有采取左右大幅观看、缓解颈部疲劳等动作，但眼睛不知什么时候眯在一起，发生碰撞后才醒过来。

现场痕迹也符合疲劳驾驶造成事故的形态。根据现场勘查情况判断，该车最初与中央护栏刮擦后的一段时间内，司机未采取任何安全措施，导致车辆继续前行几十米与中央护栏发生严重碰撞，显示司机处于疲劳无意识状态。

▶ 失控客车摩擦升温，泄漏柴油起火爆燃

经调查认定，事故车辆右前轮轮毂与地面摩擦产生高温，引燃了车辆油箱内泄漏流淌到地面上的柴油，是造成车辆起火燃烧的主要原因。一是起火部位与事故后车辆右前轮位置吻合。从事故车辆驾驶员刘某某及生还乘客询问笔录证实，最初大客车车厢内无明火，仅有少量烟，起火位置位于车辆前部。根据现场痕迹勘查，大客车烧毁情况呈现出前重后轻、右重左轻的特征。经综合分析，认定车辆的起火部位在车头下方地面处，该部位与大客车碰撞后发生移位的右前轮位置吻合。二是右前轮轮毂与地面摩擦产生了高温。事故车辆因碰撞导致前桥发生移位偏转后，右前

燃烧后的事故车辆

轮轮毂面斜向着车辆前进方向，右前轮在车辆惯性推移作用下向外倾斜，导致轮毂上凸出的紧固螺栓头部与地面接触刮撞，在车辆高速行驶且车轮不停转动的双重作用下持续摩擦产生高温。三是摩擦产生的高温满足点燃柴油的条件。实验表明，右前轮轮毂螺栓螺母摩擦面温度可达400℃以上，柴油自燃点为221℃，当时摩擦面的温度远远高于自燃点温度，因此造成客车起火燃烧。

被错放的“救命”锤

调查发现，乘客之所以无法及时逃生，主要是因为车门被阻挡无法打开，安全锤被错放，没有破窗工具，打不开逃生口，最终导致人员伤亡惨重。

车门受路侧护栏阻挡。当时事故车辆车门技术状况良好，在事故中已经启动并处于外摆状态，正常打开时最大外摆距离为35厘米。但是由于车辆最终停止时右前角紧挨路侧混凝土护栏，车门在外摆6厘米后即被护栏顶住，展开受阻，致使车门无法有效打开。

安全锤放置不符合规定，影响乘客破窗逃生。工作人员对事故车辆内遗留物进行清理时，共发现5把安全锤，其中有4把被放置在驾驶人座位下侧储物箱内，放置位置不符合《机动车运行安全技术条件》（GB7258-2004）的相关规定，影响破窗逃生，延误逃生、自救时机。

▶ 多次违规，终酿惨剧

骏达公司违规安排事故车辆发车运营，未按有关规定开展企业日常安全生产管理工作。

事故车辆未开展安全检验。事故车辆在事发前三天一直在外地行驶，25 日晚上返回后，车辆没有按规定进行回场安全例检，骏达公司仍违规安排事故车辆第二天发班；骏达公司未按规范要求定期检查车内安全和应急设施，致使事故车辆的安全锤未按规定位置放置，安全隐患没有得到及时整改。

车辆动态监控管理落实不到位。骏达公司仅配备 1 名监控人员，还兼职公司董事长司机，此外还要处理包车客运标志牌办理和部分文职工作；动态监控人员未正确履行职责，没有及时报修事故车辆动态监控装置不能定位的故障；骏达公司在事故车辆卫星定位装置出现故障的情况下，仍然违规安排车辆发班。

非法打印旅游包车客运标志牌。骏达公司未经交通运输部门审核，自行非法打印了事故车辆当天的市际旅游包车客运标志牌。

公司未采取有效措施防止驾驶人疲劳驾驶。骏达公司未考虑事故客车驾驶员连续三天驾驶且没有得到充分休息的情况，仍安排其于事发当天发班。

应急管理各项规定要求均未落实。骏达公司应急处置制度不健全，相关规定在日常生产经营中均未得到有效落实；应急预案操作性不强，也没有组织开展应急救援演练。

▶ 长期违法违规经营

相关旅行社长期违法违规从事旅游经营活动，违法出借旅行社业务经营许可证。风光旅行社默许了与公司无劳务关系的人员以风光旅行社名义从事除招徕旅客以外的旅行社业务经营活动。

旅游委托书面合同未按要求签订。交通旅行社、衡阳国旅、湖南旅游、亲和力旅行社 4 家旅行社未与风光旅行社签订书面委托合同，仅通过口头约定方式将此次旅游接待业务委托给了不具备相应资质的个人。

旅行社服务网点违规开展旅游经营业务。衡阳国旅耒阳服务网点非法从事招徕、咨询以外的旅游经营活动，湖南旅游耒阳市营业部、亲和力旅行社耒阳市人民路服务网点在尚未完成服务网点备案登记手续的情况下违规经营。

旅行社未按规定与游客签订旅游合同。衡阳国旅、湖南旅游、亲和力旅行社在组织和安排旅游活动中未与游客签订旅游合同。

▶ 监管部门忽视安全管理

交通运输部门在旅游包车客运标志牌发放和对运输企业日常安全检查等工作中未按规定履行职责。

衡阳市道路运输管理处违规将旅游包车客运标志牌由雁峰管理所跨区集中发放，造成重大安全隐患；未按规定督促指导相关科室和所辖管理所依法履行道路运输安全监管职责，对客货运输科未依法管理旅游包车客运标志牌发放工作失察；对雁峰管理所违规将空白旅游包车客运标志牌直接发放给客运企业的问题失察；对蒸湘管理所监管客运企业安全生产工作流于形式、企业重大安全隐患长期未能及时整改的问题失察。

衡阳市交通运输局未按规定监督和指导衡阳市道路运输管理处对道路客运企业的监管职责，对衡阳市道路运输管理处监管客运企业安全生产工作流于形式、不按规定履职造成重大安全隐患的问题失察。

公安交管部门未按规定履行对旅游包车等重点车辆和驾驶人的监督检查职责。耒阳市公安局交通警察大队对旅游大客车的执法检查和路面执法管控，存在薄弱环节，未发现事故车辆在辖区内违规停放上客和超员载客的问题。

衡阳市公安局交通警察支队蒸湘区大队未按规定每月向辖区内交通运输主管部门、运输企业通报机动车驾驶人的道路交通违法行为、记分和交通事故等情况。

衡阳市公安局交通警察支队对道路交通违法处罚部门在处罚过程中未认真核对驾驶证准驾车型和违法车辆车型的问题失察；对蒸湘区大队未定期向运管部门和客运企业通报驾驶人道路交通违法行为、记分等情况失察；未有效督促和指导耒阳市公安局交通警察大队加强路面执法管控工作。

旅游行业监管部门未按规定对旅行社进行监督检查。耒阳市交通运输和旅游局未按有关法律和规定要求，履行旅游市场监督检查职责，对监督检查中发现相关旅行社服务网点没有备案登记的问题，未及时督促整改；未发现相关旅行社服务网点不按规定签订旅游合同、违法委托旅游接待业务、非法从事旅游经营等问题。

衡阳市旅游外侨民宗局未按规定履行旅游市场监管和执法检查职责，对辖区内旅行社及服务网点违法违规开展旅游业务、旅游市场非法经营等问题失察；未有效督促指导耒阳市旅游监管部门履行旅游市场监管职责。

衡阳市人民政府没有牢固树立安全发展理念，对安全生产工作重视程度不够，未按法律规定加强对安全生产工作的领导，未有效督促交通运输、公安交管、旅游行业监管部门依法履行安全生产监督管理职责。

▶ 层层把关，消除隐患；遏制风险，杜绝事故

为认真汲取事故教训，加强道路客运管理，有效防范和坚决遏制重特大交通事故的发生，我提出一些思考。

第一，加强对营运客车驾驶员的教育培训。总结大客车驾驶员职业教育的试点经验，适时在全国范围内推广，通过系统全面的职业教育培训，从源头上解决大客车驾驶员整体素质不高、安全意识薄弱等问题。此外，各地区、各有关部门和单位要进一步加强对营运客车驾驶员的人员培训和日常教育培训，完善驾驶员驾驶证和从业资格证审验教育培训，加大对道路交通安全法律法规、安全行车常识、典型事故案例等内容的学习；督促运输企业制订完善应急预案，明确客运车辆驾驶员的应急处置职责和程序，切实开展应急演练，有效提升突发紧急情况下的应急处置能力和水平。

第二，提升营运客车安全技术性能。各地区要针对此次事故中暴露出的大客车安全隐患问题，全面开展排查整治工作，为单门全封闭车窗的大中型客车更换符合标准的安全锤，鼓励在客车两侧的应急窗加装破窗器或外推式车窗，并为所有大型客车配发安全告知光盘或安全须知卡，告知乘客车上安全设施的使用方法和应急逃生知识；对营运客车的内饰材料阻燃性、应急逃生、防侧翻等方面的性能，提出更

高、更严格的技术要求；积极开展疲劳驾驶告警、自动紧急制动、车道偏离告警等智能主动安全技术在大中型客车上的应用研究。

第三，推动道路旅客运输企业提升安全管理工作水平。各级交通运输部门要严格道路旅客运输市场准入管理，鼓励道路客运企业实行规模化、公司化经营，对新设立的企业要严格审核安全管理制度和安全生产条件，强化道路运输企业安全主体责任；建立道路客运企业安全生产诚信体系，开展企业安全生产诚信评价，将诚信评价结果与企业运力发展、服务质量招投标、扩大经营范围和规模审批、评比表彰等方面挂钩，不断完善安全管理的激励约束机制；建立以安全为导向的市场退出机制，对发现存在违规运营和安全隐患的运输企业和驾驶员要及时处理；对存在重大安全隐患或不具备安全生产条件的运输企业，要责令其停业整顿；经停业整顿后仍不具备安全生产条件的，报请当地政府批准后，依法吊销其相关证照，予以关闭。

第四，完善包车客运安全监管措施。各级交通运输部门要严格落实旅游包车客运标志牌管理制度，在继续巩固省际旅游包车网上全程申请、审核、打印功能的基础上，进一步推动市际及以下等级旅游包车全面使用包车客运管理信息系统，完善包车合同等资料的网上审核功能，从根本上避免违规发放空白包车牌证的情况发生。交通运输部门要逐步为执法人员配齐包车客运标志牌识别设备，加大对旅游景区、旅客集散地等区域监督检查力度，严查没有合法包车标志牌、超范围经营的包车客车；公安部门要严把“出城、出站、上高速、过境”四关，重点检查车辆安全锤、安全带等安全设施配备使用情况、车辆安全技术状况，严查超速、超员、疲劳驾驶等交通违法行为。

第五，推进重点营运车辆动态监控联网联控工作。各级交通运输部门建立健全对道路运输企业的考核评价办法和细则，规范道路运输车辆动态监控的组织机构和人员配备、违规行为的闭环处理、监控数据的统计分析、终端设备和平台的维护等工作内容和要求，提高系统的应用水平；建立动态监控系统运营服务商服务质量评价及监督制度，对于产品质量存在问题以及技术服务不到位、维护能力不足、无法满足动态监控需要的运营服务商，要坚决清退出市场。

第六，加大针对重点营运车辆及其驾驶人的安全监管合力。公安交管部门认真履行针对重点营运车辆的安全监管职责，进一步明确违法信息抄告、年检年审提醒、安全宣传教育等工作的具体标准要求，加大对相关岗位执法人员的业务知识培训，制订完善相应的绩效考核办法，有效加强对长途客车、旅游包车以及校车、危险化学品运输车等重点营运车辆及其驾驶人的日常安全监管；制订重点营运车辆非现场交通违法行为处罚的工作流程和规范，严厉整治借证清分的违规行为，真正发挥交通违法记分对重点营运车辆驾驶人的督促约束作用。

第七，加大旅游安全执法和教育培训工作力度。各级旅游部门要在跨部门联合执法的基础上，建立跨区域执法联动机制，针对旅游旺季导游持证上岗、旅行社日常安全管理以及旅游包车资质审核和协议签署等重点薄弱环节，加大对旅行社企业和导游的监督检查力度，规范旅游市场经营行为，确保旅客安全；加强对机构和个人利用网络社交平台从事非法旅游经营活动的监管；加强各相关部门的协调联动，搭建部门信息共享渠道，建立违法旅行社、机构以及个人的“黑名单”制度，完善社会信用体系建设；开展旅游安全宣传，加大对旅游企业和从业人员的培训教育力度，将企业安全培训情况纳入日常监督检查重点，有效强化旅游企业安全生产主体责任。

▶ 疲劳驾驶何时休？

此次的湖南“6·26”特大交通事故，让国人很揪心，35 条鲜活的生命被生生夺去，多少个家庭就这么支离破碎。司机连续工作、疲劳驾驶最终导致惨剧发生，这起悲剧将背后的安全监管弊病暴露无疑。在高速公路各类交通违法行为中，疲劳驾驶现象是一个十分普遍而且难以解决的问题，尤其是客运交通极易造成群起群伤的后果。营运车辆驾驶员疲劳驾驶的问题更应该受到高度重视，积极采取有效措施，利用人防、技防等手段加强营运车辆疲劳驾驶行为监管。

早在 2011 年，交通部为了防止大客车司机疲劳驾驶，就规定长途客车司机在凌晨 2 点到 5 点必须停车休息，同时要求客运企业调整班次安排。然而，尽管多次强调，违规行驶的大客车仍屡禁不止。疲劳驾驶的危害显而易见，但由此引发的事故却屡屡发生。深层次原因之一是社会尚未形成反对疲劳驾驶的共识。强制休息会延长运营时间，影响成本，许多人对此持反对态度，却忽视了不强制休息带来的潜在风险。

最关键的是，运营单位的监管力度不足。虽然一些单位配备了检测系统，但往往是“监而不全、监而不控”，仅通过统计驾驶时间来判断是否疲劳驾驶，无法做到精准、快速、有效地预防检测。

预防疲劳驾驶，需要综合运用源头管理、社会联动、家庭动员、个人身心调节、制度约束以及交通管理部门的路面监控等多种手段。交警的路面执法是遏制疲劳驾驶的关键，我们相信，只要认真发现、判断并妥善处理疲劳驾驶问题，就能为安全驾驶提供保障，从而有效遏制这一“马路杀手”。

手记

非法运营缺监管，客车爆胎致群死群伤

——2019 年长深高速公路江苏无锡段“9·28”特别重大道路交通事故救援和调查工作手记

- 时间：2019 年 9 月 28 日 7 时许
- 地点：长深高速公路江苏无锡段

一起大客车碰撞重型半挂汽车的特别重大道路交通事故发生，造成 36 人死亡、36 人受伤，直接经济损失 7100 余万元。

客车爆胎，迎面撞上重型半挂车

2019 年 9 月 28 日 5 时 8 分，驾驶人李某某驾驶河南国立旅游汽车客运有限公司（以下简称国立公司）号牌为豫 A5072V 大型普通客车，核载 69 人、实载 71 人（含 4 名免票儿童，未超员），从浙江省绍兴市柯桥区杨汛桥镇发车，驶往安徽省阜阳市临泉县，行驶途中未上下客，于 6 时 42 分经过长深高速父子岭收费站驶入江苏省境内。7 时 0 分 40 秒，当该车行驶至长深高速江苏省无锡市宜兴市境内 2154 公里 616 米处时（车速约 127 公里/小时），左前轮爆胎，车辆失控，两次碰撞中央隔离护栏，越过中央隔离带冲入对向车道，与对向安某某正常驾驶的徐州三联运输有限公司重型半挂汽车（载 2 名驾驶员）相撞，两车前部严重变形，造成 36 人死亡、36 人受伤，另有 1 名儿童未受伤。

全力以赴，救治受伤人员

事故发生后，按照党中央、国务院要求，应急管理部、公安部、交通运输部、

事故救援现场

全国总工会等单位有关负责同志迅速率领工作组赶赴现场，指导事故应急救援、伤员救治、事故调查和善后处置等工作。

江苏省、无锡市在事故发生后也第一时间启动应急响应机制，省政府成立事故现场应急救援指挥部，省委、省政府相关负责同志带领省直有关部门及高速公路管理企业主要负责人赶到事故现场，指导事故救援处置等各项工作。无锡市及宜兴市公安、交通运输、应急管理、卫生健康部门及宜兴市 120 急救中心、蓝天救援队等单位人员赶到现场开展事故处置和救援。

7 时 40 分起，公安交警及交通运输部门实施交通分流，并及时发布交通管制信息。事故现场共投入 80 余辆抢险救援车辆，350 余名抢险救援人员。经过 8 个多小时的搜救，伤员全部被送往医院救治，道路恢复通车。

国家卫生健康委员会和江苏省、无锡市抽调 20 名医疗专家、460 名医护人员，对受伤人员开展“一对一”医疗救治，为每位伤员制定专门救治方案，确保伤员得到妥善治疗，救治过程中无一人死亡。无锡市、宜兴市政府抽调 385 名工作人员成立善后工作小组，按照“一对一”原则认真做好事故伤亡人员家属接待及安抚工作、遇难者身份确认和赔偿等工作，保持了社会稳定。

车祸背后问题多多

9 月 29 日，国务院批准成立了以应急管理部为组长单位，公安部、交通运输部、全国总工会以及江苏省、河南省人民政府为成员单位的国务院长深高速江苏无锡“9·28”特别重大道路交通事故调查组，同时聘请有关专家参与事故调查工作。

我带领相关专家第一时间深入事故现场进行现场踏勘和物证搜集工作。事故现场非常惨烈，两车前部都发生严重变形，大客车左前轮胎破裂，车上乘客多被挤压而死，道路中央的隔离护栏受到严重撞击并发生断裂。事发路段的监控视频显示事故发生的整个过程：大客车在高速行驶过程中左前轮轮胎发生爆破，车辆失控撞向中央隔离护栏，冲入对向车道，与对向正常行驶的大货车相撞。

调查组对车辆驾驶人驾驶状态、乘客乘车状态、车辆载重情况及事故道路情况进行了调查取证、分析梳理和专家论证。经过现场调查、检测鉴定，排除了人为故意以及大客车驾驶人身体疾病、酒驾、毒驾等因素导致大客车失控碰撞的嫌疑。事发时很多人都在睡梦当中，加上大客车上大部分乘客未系安全带，在事故发生时脱离座椅，被挤压或甩出车外，加重了事故伤亡后果，这是造成群死群伤的重要原因。

大客车核载69人，实载71人，其中有4名免票儿童，不属于超载，但经过现场测算大客车行李舱的实际载重（1816千克）远高于大客车行李舱的核载重量（550千克）。车辆重载被认定为客车轮胎爆破的原因之一。

事故路段位于江苏省无锡市宜兴市境内，东西走向，双向六车道，设计速度120公里/小时。事故道路为沥青混凝土路面，中央分隔带和路侧均采用波形梁护栏。经专业鉴定机构对事故发生路段中央及路侧护栏进行抽检，个别护栏的波形梁板厚度、立柱定尺长度、力学性能不符合标准规范，数值上存在细微差距。我们另外查阅了此道路的道路设计、交竣工验收文件，检测报告，核查标准规范。通过现场测量和检测试验，判定事故路段的纵坡坡度、坡长、竖曲线半径、路面结构强度指数、路面平整度、路面性能抗滑指数等相关技术参数，以及道路交通标志标线的完整性、可视性等均符合当时设计和建设相关标准规范要求。高速公路护栏的力学性能不达标，被认定为客车冲入对向车道的原因之一。

经专业机构检验检测和专家对车辆情况及事发道路情况的综合分析，排除了轮胎爆破是由碰撞碾压路面异物所致的可能性，认为轮胎爆胎与轮胎气压过高、车辆高速行驶、车辆重载引起轮胎气密层与内衬层脱层有关。

之后，调查组对事故车辆驾驶人从业资质情况和事故车辆运输经营许可情况进行查验。收集到的关于大客车和大货车的 4 位驾驶人证件资料显示，4 位驾驶人的驾驶证状态均为正常状态，4 人均取得了道路运输从业资格证且证件均在有效期内。

大货车的行驶证登记情况正常，取得了道路运输证且证件在有效期内，其所属企业徐州三联运输有限公司获得了道路运输经营许可证，证件也处在有效期内。大客车为通过二手车商购得，登记在国立公司名下，该大客车未取得道路运输证，使用伪造的包车客运标志牌，自 2019 年 6 月至事发时往返于安徽省阜阳市临泉县和浙江省绍兴市柯桥区，非法从事道路客运经营活动。其所属企业国立公司，未申请道路运输经营许可，企业法定代表人对挂靠车辆挂而不管，未建立安全生产管理相关规章制度，企业安全投入、安全管理人员配备、驾驶员安全培训、车辆维修保养、动态监控等日常安全管理关键环节严重缺失。该公司名下还登记有大型客车 68 辆，均没有取得道路运输证，车辆均由各车主个人出资购买并登记在国立公司名下，非法从事道路客运经营活动。

调查还发现，该公司在非法从事道路客运经营活动中，其所属车辆使用了伪造的道路运输经营许可证、道路运输证、包车客运标志牌，其中部分包车客运标志牌是直接在郑州市金龙服务站外的打印店直接打印的。

为此，调查组对这家公司的大客车登记情况、运营情况展开深入调查和取证，发现有关部门对大客车登记查验业务管理松懈，对查处的企业整治打击不力。在事故大客车登记查验过程中，未严格按照有关规定对两项必须查验项目进行查验，在机动车查验记录表缺少两项认定意见的情况下，缺项审核通过；在办理机动车转入业务时，未要求申请人补办机动车登记证书并签注；未严格按照规定对机动车查验工作进行全过程记录。调查获取的有关资料显示，这家企业多次因违法违规被处罚，处罚的原因包括未取得道路运输经营许可擅自从事道路客运经营，以及行驶线路两端均不在车籍所在地。但对查获的未取得道路客运经营资质的企业和车辆的处置，有关部门仅“以罚代管”，未责令其停止经营、消除违法状态。

另外，事故大客车 2019 年 8 月份至事发前 18 次在 G220 国道张新镇路口违规停放未受到有关部门查处；对群众投诉举报大客车“违停”问题，相应负责部门没有有效处置并及时抄告交通运输部门，多部门安全管理、安全教育、安全检查流于形式。各部门不作为、监督管理及查处不力是造成事故的重要原因。

▶ 非法营运问题需立行立改、严抓严打

这次事故中，政府部门及企业存在的问题逐一暴露，这些问题共同导致了这起特别重大交通事故的发生。我们要深刻吸取教训，抓住防范重特大交通事故的关键问题，采取针对性措施，坚决避免同类事故反复发生。

一是针对非法营运乱象突出、执法检查不力、管理不严、失管漏管严重等问题，加强道路客运市场管理和安全监管，加大非法营运行为整治力度。交通运输部门要严查非法从事道路客运经营行为，清理整顿客运市场“挂而不管”乱象，对发现未取得道路运输经营许可而擅自从事道路客运经营的企业，依法责令停止经营、顶格处罚，纳入“黑名单”管理，构成犯罪的，移交相关部门依法追究刑事责任；对发现名下有大量使用性质为营运类车辆、非法营运问题突出、存在重大安全隐患的企业，要提请地方人民政府依法关闭取缔，坚决打击“黑公司”。还要不断完善部门间道路交通安全监管协同联动机制，明确部门职责分工，构建道路交通安全全链条监管体系。充分运用大数据、物联网、人工智能等现代信息技术建立针对非法营运车辆的实时比对核查系统，实现自动报警、精准查处。

二是针对大客车登记查验过程松懈、对重点企业和重点车辆登记查验业务监督管理不力等问题，加强道路客运企业及车辆的源头治理，健全公安部门和交通运输部门车辆登记和营运准入联动机制，对机动车行驶证使用性质和道路运输经营资质信息进行核查，从源头上遏制无客运经营资质企业所属车辆登记为营运性质的现象。公安部门要严格办理车辆登记查验，对大客车申请登记为营运性质的，将相关登记信息及时抄告交通运输部门，严防大客车非法开展道路客运经营活动。对已达到报废标准的，商务部门监督报废，公安部门注销注册登记；未达到报废标准的，交通运输部门要进行核查比对，对未取得道路运输经营许可、擅自从事道路运输经营的依法进行处罚。

三是针对车辆维护保养不足、安全性能隐患暴露的问题，督促客运企业履行安全生产主体责任，配齐安全管理人员，加强车辆日常维护保养，提高车辆技术状况，落实24小时动态监控要求。建议市场监管部门加强市场流通环节的关键零部件质量抽查，确保影响运行安全的制动、转向、轮胎等关键零部件总成产品质量符合标准要求。

四是针对客车座椅抗冲击能力不足、早期高速公路护栏等安全防护设施防护能力失效等问题，建议市场监管、交通运输等有关部门完善大客车座椅强度试验标准，提高客车座椅及其固定件结构强度，提高客车座椅抗冲击能力。有关单位要加强对早期建设的高速公路护栏等安全防护设施的检查检测，及时发现问题，结合公路安全运营状况和改扩建工程，参照新的标准规范指南等逐步更新改造。

五是针对安全宣传教育不深入、安全带使用规定未落实的问题，要深刻吸取事故教训，将江苏无锡“9·28”特别重大交通事故及本地的典型事故案例向运输企业和社会广泛通报。利用好中央媒体和地方媒体、传统媒体和新媒体强大的宣传功能和快捷的传播速度，适时积极开展教育宣传。在客运场所设置安全警示语、悬挂横幅，或利用大屏幕，对系安全带与不系安全带时发生道路交通事故的对比案例进行循环播放，起到时刻提醒出行群众的作用，使“安全带就是生命带”的安全理念深入大众内心。

▶ 预防交通事故，安全教育要先行

事故中的死者大多数都是被挤压而死，大多是没有系安全带所致，事发时脱离座椅，被挤压或甩出车外，伤亡程度让人痛心。这类因未使用或未正确使用安全带被甩离座位或甩出车外造成致命伤害的事故，在交通事故案例中比比皆是，这个问题值得有关部门和社会各界人士深刻反思。

尽管近年来相关部门在道路安全教育方面做出了积极贡献，并取得了一定成效，但屡屡发生的事故也暴露出安全教育中存在的问题，例如交通安全宣传方式过于单一和刻板，未能深入人心，以及交通安全的临时性活动与长期安全需求之间的不匹配。因此，未来的交通安全教育工作应聚焦于宣传的重点，明确教育主题，并在宣传方式上进行创新，采用多样化的手段将安全意识植入人心，确保教育工作取得实效，避免形式主义。

为了全面提升社会对交通安全的认识，我们必须将道路安全教育和宣传作为常态化工作，这是确保道路交通安全的根本策略。只有当人们具备了扎实的交通安全知识并拥有高度的安全意识，才能改变行为习惯，从而确保交通的安全性。这项任务需要交通管理部门持续不懈的努力，同时也需要政府各部门的协同合作以及全社会的广泛参与。

手记

超速行驶，槽罐车惊天一爆，20人死亡、175 人受伤

——2020 年沈海高速温岭段“6·13”液化石油气运输槽罐车重大爆炸事故救援和调查工作手记

▶ 时间：2020 年 6 月 13 日 16 时 41 分

▶ 地点：沈海高速公路温岭段温州方向温岭西出口匝道

一辆运输液化石油气的槽罐车发生爆炸，随后，车尾部和槽罐冲向附近厂房，引起二次爆炸。事故造成 20 人死亡、175 人入院治疗（其中 24 人重伤），爆炸现场周边建筑物受到不同程度的损坏，直接经济损失 9477.815 万元。

▶ 槽罐车交通事故引发惊天一爆

2020 年 6 月 13 日 5 时 51 分，浙CM9535 / 浙CF138 挂槽罐车从温州昌泰电力燃气有限公司梅屿储备站出发驶往宁波，11 时 45 分到达宁波百地年液化石油气有限公司，充装 25.36 吨液化石油气后于 13 时 02 分出发返回温州。16 时 40 分 54 秒该车驶入沈海高速公路温州方向温岭西出口匝道，41 分 16 秒半挂车后部开始向右倾斜，41 分 18 秒车体完全向右侧翻，碰擦匝道外侧旋转式防撞护栏并向前滑行，41 分 19 秒罐体与匝道跨线桥混凝土护栏端头发生碰撞，罐体破裂、解体，牵引车和半挂车分离，其中罐体残片及半挂车呈不同方向飞出，罐体中的液化石油气迅速泄出、汽化、扩散并蔓延。扩散至沈海高速公路温州往宁波方向跨线立交桥下的液化石油气首先发生爆燃，火势向西蔓延，43 分 6 秒发生大面积剧烈爆炸，巨大的冲击波导致周边民房及厂房倒塌，造成重大人员伤亡和财产损失，附近车辆、道路不同程度损坏，事故现场触目惊心，十分惨烈。

徒手扒救，小心救援

民房的废墟中，被困人员的脚悬在空中，一块水泥板正压在其身上。由于被困人员处于房屋边缘，救援人员无处借力抬出水泥板。他们指挥着挖掘机缓缓靠近，利用挖掘机挖斗的升力，将厚重的水泥板抬高，在云梯上的消防人员一跃而下，在缝隙中扒开一层又一层的碎石，最终成功救出被困村民，送往医院。

在民房的西南角，汇集着更多的救援人员。怕伤到被困人员，他们不敢用挖掘机搜救，用铁锹挖、用手扒，一点一点搜索。被困人员被压在一道连着钢筋结构的水泥墙下，10 多名救援人员硬生生用双手将水泥墙抬起，一旁的医护人员立即接班，成功救出被困人员。

二次爆炸造成严重伤亡

这起事故主要有三个特点：一是爆炸威力巨大，槽罐车发生爆炸的大溪镇良山村，靠近高速公路的一整排房屋严重受损，迎爆炸震波面的门窗玻璃全部破碎，几乎成为空壳；二是财产损失严重，200 余间民房受损，一厂房倒塌，多辆小汽车被损坏，爆炸现场一片狼藉；三是伤亡严重，事故当天造成 12 人死亡、178 人受伤。

这起事故之所以造成如此大的伤亡，与槽罐车发生二次爆炸有重大关系。槽罐车上20吨化学品的瞬间爆炸，当液化石油气第一次爆炸后，会快速在空气中形成蒸气云，再次发生爆炸时就相当于蒸气云爆炸，其威力就相当于一颗云爆弹。

▶ 救援难度之大，非同寻常

装满液化石油气的槽罐车发生火灾，引起爆炸，不仅造成了巨大伤亡，也给“与生命赛跑”的消防救援工作带来巨大挑战。

事故发生后，温岭市应急管理局立即启动应急联动预案，组织相关应急联动部门及抢险救援专家、队伍迅速赶赴现场，全力做好现场灭火、伤员救治、现场勘查、交通疏导和秩序维护等工作。

应急管理部持续调度指导事故处置工作，部党委派我带领有关人员赶赴现场指导救援和处置工作。按照国务院领导同志指示要求，我紧急调集7支重型地震搜救队、3支轻型地震搜救队、4个灭火救援队驰援温岭，组织危化、建筑等领域专家赶赴现场指导救援。此次事故救援过程中，共集结了100辆消防车、547名指战员、 6条搜救犬参与救援，在全体参战指战员36小时的坚守下，24名被困人员被全部救出。此次爆炸事故救援之所以耗费36小时，是因为爆炸波及范围大、救援难度大、发生次生灾害的风险大。利用搜救犬搜索、无人机侦查、大数据分析等手段，制订科学高效的救援方案，开辟多种救援通道，是此次成功救援的关键。

同时，我们成立医疗救治工作专班，组织630多名医疗专家和医护人员参与伤员救治。在做好“分类检伤，集中救治”同时，根据伤势评估，分两批将22名危重症伤员及时送到医院救治。台州、 温岭两级政府迅速成立家属接待工作专班，对遇难、重伤人员家属落实专人对接，对房屋受损群众做好临时安置，全力保障群众基本生活。3天内，遇难人员家属全部签订了赔偿协议并得到了赔付。该起事故善后处理平稳有序，未引发次生性社会治理问题。

▶ 追根溯源，认定事故原因

调查组通过深入调查和综合分析，认定事故的直接原因是，驾驶员驾驶车辆从限速 60 千米/小时路段行驶至限速 30 千米/小时的弯道路段时，未及时采取减速措施导致车辆发生侧翻，罐体前封头与跨线桥混凝土护栏端头猛烈撞击，形成破口，在冲击力和罐内压力的作用下快速撕裂、解体，罐体内液化石油气迅速泄出、汽化、扩散，遇过往机动车产生的火花爆燃，最后发生蒸气云爆炸。

调查发现，在罐体上有两处裂口，通过对事故现场进行勘查取样、检测鉴定，排除因车辆故障可能导致侧翻的因素，排除因罐体材料实际性能不满足要求可能导致罐体撕裂、解体的因素；通过对驾驶人员调查取证、司法鉴定，排除无证驾驶、酒驾、毒驾等因素。事故调查组组织专家对事故路段进行研究，研究的焦点是旋转式防撞护栏与跨线桥混凝土护栏的搭接情况，专家对二者未进行搭接施工对事故的影响进行了论证，认定此次事故的间接原因是旋转式防撞护栏未按设计施工，不符合相关技术标准要求。

调查还认定，瑞安市瑞阳危险品运输有限公司（以下简称瑞阳运输公司）及主要负责人无视国家有关危化品运输的法律法规，未落实 GPS 动态监管、安全教育管理、电子路单如实上传等安全生产主体责任，存在车辆挂靠经营等违规行为，是事故发生的主要原因。GPS 监管平台运营服务商违规帮助瑞阳运输公司逃避 GPS 监管、电子路单上传主体责任，行业协会未如实开展安全生产标准化建设等级评定，事故匝道提升改造工程业主、施工、监理单位在防撞护栏施工过程中未履行各自职责，是事故发生的重要原因。

槽罐车第一次翻车爆炸后 107 秒发生第二次爆炸，几乎没有时间进行扑救，又发生在高速公路匝道口，紧邻人口密集的社区、企业，围观群众无法及时逃离现场，造成群死群伤，也是事故损失严重的重要原因。另外，这也暴露出对所在地周边群众安全宣传不到位，公众安全风险意识不足等情况。

涉事槽罐车归属瑞安市瑞阳危险品运输有限公司，自 2016 年至事故发生时，该公司因未按照规定的周期和频次进行车辆综合性能检测和技术等级评定等原因，受到过 10 次行政处罚。这说明了有关行政机关还是起到了一定的监管作用，但是没有责令其限期改正，彻底消除隐患，行政机关可能也存在某些失职。

▶ 警钟长鸣，防患未然

近年来危险化学品运输车道路事故频发，而一旦发生事故就是危险性、破坏性极强的事件，对社会造成极大的影响。温岭槽罐车爆炸事故，再一次给危险化学品运输行业敲响了警钟，整顿危险化学品运输行业秩序，加强危险化学品运输安全管理已经刻不容缓。

沈海高速温岭段“6·13”液化石油气运输槽罐车爆炸事故是一起液化石油气运输槽车超速行经高速匝道引起侧翻、碰撞、泄出，进而引发爆炸的重大安全生产责任事故。此次槽罐车爆炸事故，是近20年来破坏力最强的一起运输中的液化石油气槽罐车爆炸事故。 虽然这起事故已过去，可那残垣断壁、灰飞烟灭的现场，依然封存在我的记忆中。这次事故的惨重代价再次告诫我们，抓好危化品的运输安全，绝无捷径可走，必须要通过加强监管、源头治理、科技手段和强化应急处置等方面工作，有效避免液化石油气公路运输事故的发生。

第一，明晰政府部门监管责任，强化安全监管措施。根据国家法规、标准的要求，公安、交通、应急、环保以及市场监管等部门要明确监管职责，强化协同联动，切实加强监管力度，确保各项管理措施落到实处。对不符合经营资质和安全生产条件的危运企业及车辆，交通部门应坚决不予许可；对不再具备安全生产条件的危运企业，依法予以取缔；对不符合机动车国家安全技术标准或者未按规定安装、使用具有行驶记录功能的卫星定位装置的危运车辆，公安部门应坚决不予办理注册登记。市场监管部门应严禁无资质企业生产、销售危运车辆，加强危运车辆安全技术检验和综合性能检测，加强对检验检测机构的资质认定管理；对危运车辆达不到技术等级要求、车辆罐体不符合质量检验要求的，坚决不予年审，严禁拼装或报废的危运车辆上路行驶。

第二，强化企业主体责任落实，严格源头准入。运输企业应健全内部各项责任制度，严格执行充装和发货查验、核准、记录制度，企业应对运输车辆行车路径和轨迹、卫星定位以及从业人员进行管理，从源头杜绝违法运输行为，降低安全风险。装运危险化学品的车辆及装卸工具的性能应符合相关法律规定，按规定定期接受相关部门的年度检测，并安装具有行驶记录功能的卫星定位装置。

液化石油气运输单位必须按规定配备符合要求的专业技术人员，汽车罐车的管理人员和操作人员必须持证上岗并定期进行安全培训，使操作人员具备必要的安全知识和技能， 掌握物料的化学性质、危害特性和罐体安全要求。装卸和运输液化气体过程中，司机和押运人员要检查传动部件、安全设施（安全、液位计、温度计等）、紧急切断装置、阀门、接头外观质量、密封性、牢固性等是否符合安全要求。

第三，充分发挥科技与信息化手段，提高监管效率。加强危险货物道路运输车辆的动态实时监控，做好车辆运行轨迹、超速、疲劳驾驶等违法违规行为的在线监控和预警，减少车辆自燃、车辆故障及司机疲劳驾驶所引起的交通事故；推进危险货物道路运输电子运单管理，实现信息联网共享，通过地理信息系统（GIS）、大数据、车路协同、智能风险监测预警等技术应用，提升行业系统性、区域性风险防范能力。

第四，有效提高危化品运输事故现场处置能力。加强危险化学品应急救援队伍建设，培养具有危险化学品专业知识的指挥和救援人员，能够对现场情况进行准确判断和处置，合理布局危化品应急处置站，设立施救物资、装备、器材等储备点，加强针对性槽罐车泄漏所必需的装备配备，完善应急堵漏设施的配置，提高现场处置能力。危险化学品道路运输过程中的安全问题需要政府、运输企业及社会公众形成合力，通过新闻媒体、网络等形式开展宣传工作，让社会公众了解危险化学品道路运输安全工作的重要性和应急避险知识，提高公众的安全意识。

▶ 液化石油气运输事故应急处置方法

液化石油气运输槽罐车在运输过程中一旦发生事故，应急救援人员到达现场的首要任务是根据现场情况对事故做出评估，对车辆、罐体和安全附件等受损情况进行科学判断，并迅速确定安全距离，以便进行人员疏散、建立指挥部、开展抢险救援、防止二次事故等。针对对液化石油气槽罐车事故状态的不同评估结果，应采取不同的应急处置措施。

若槽罐车发生事故，经判断罐体及联接管路、阀门、安全附件、法兰连接基本保持完好、未造成泄漏的，可利用平板车托运或牵引车牵引将事故罐车安全转移。

若罐体、管线、安全附件等由于事故导致破损，进而引发液化石油气泄漏时，应尽快对罐体进行喷淋冷却，防止罐内压力升高，同时用喷雾稀释空气中液化石油气浓度，降低现场可燃混合气体的浓度，达到抑制爆炸的目的。液化石油气发生泄露后，应根据地理环境、风向确定危险区范围，划定警戒区，严格管控明火、电火花等点火源。

当液化石油气罐车行驶中因撞击、侧翻等交通事故，导致阀门箱内气、液相阀门或管线损坏破裂，应立即关闭紧急切断阀阻止泄漏。若液压式紧急切断阀无法正常关闭，可采用无火花工具，通过破拆管路或构件的方法应急泄压，达到关阀断料的目的。当液化石油气从管口、喷嘴或破损处高速喷出时易产生静电，因此，在稀释抑爆的过程中应及时将罐体尾部及阀箱内的接地线接入大地。

根据罐车发生泄漏部位的不同，利用不同方式进行堵漏。若漏口压力较大且不规则，可利用外封式堵漏袋或强磁堵漏工具堵漏；若泄漏发生在罐体下半部，堵漏不易实施，可以考虑向罐体内注水水封、再进行堵漏的措施；若泄露口压力过大，也可采取边倒液边注水的方法配合堵漏。

当事故罐车罐体未泄漏或已经成功堵漏，但现场不具备起吊转运条件时，可采用倒罐运输方式进行应急处置。另外，如果罐体泄漏无法完全封堵，也可先采用倒罐的方法控制泄漏量，再配合其他应急措施进行现场处置。应经过科学的论证和评估，合理选择倒罐方式，在安全的操作环境下组织实施，采取必要的防静电、防泄漏措施，避免倒罐过程中发生二次事故。

当液化石油气罐车发生泄漏、经初步处置泄漏量减小，或者罐车未发生泄漏，又不具备倒罐、吊装转运条件时，可通过阀门引流管接出临时火炬，至安全区域排放点燃，以消耗事故罐内液化石油气组分，达到排险的目的。如果现场气体扩散已经达到一定范围，点燃很可能造成爆燃或爆炸，产生巨大冲击波，危及救援力量及周围群众安全，则不能采取引流控烧措施。

若罐体因事故、火灾等原因导致泄漏点过多，不具备倒罐和转运的条件，可采取放空排险措施。放空排险应在远离居民区、无火源的安全区域进行，放空时利用水幕或水雾进行保护。

当液化石油气槽罐车发生事故导致火灾时，若罐体完好、未发生泄漏，应迅速扑灭明火并持续喷水降温，检测罐内压力、温度等指标，采取吊装转运等方式将罐车拖运至安全地点进行处置。若发生液化石油气泄漏形成喷射火，应对现场火灾情况进行监测判断，对火焰根部及其周围进行高密度射水，以实施稀释冷却；同时对罐体进行喷水降温，利用水汽化吸收大量的热能，在降低着火点温度的同时稀释液化气的浓度，避免罐体温度升高导致罐内压力升高而发生爆炸或罐体的破裂。此外，迅速查找泄漏点，采取措施进行堵漏，灭火堵漏过程中要进行实时气体浓度监测，避开一切可能导致爆炸的点火源。

▶ 对危化品泄漏事故有效封堵的思考

我国有近 3000 种危化品已列入危化品目录，这些危化品在发展生产、改善环境和工业再生产中发挥着不可替代的作用。但因其固有的危险性，一旦发生泄漏爆炸事故，具有危害性高、突发性强、处置难度高等特点，会造成人员中毒、伤亡、环境污染和财产损失等后果，因此救援时需要科学评估分析事故风险，制订相应的应急救援对策。根据多年参与事故救援和调查的经验，我认为，首先需要进行封堵，能直接快速切断危化品泄漏源，避免这些后果的发生。以下三点更是决定着封堵泄漏介质的时效性和有效性：一要熟识泄漏危化品理化性能，避免误选会与泄漏危化品发生物理和化学反应的应急救援器材；二要了解危化品包装物或容器的结构和破坏缺陷，在实施救援前，要了解容器、管道、气瓶泄漏的位置以及槽罐车泄漏的具体位置等，这是正确选择应急救援器材的基础；三要掌握科学的应急救援方法，会使用先进的应急救援器材、科学缜密的策略及精锐尖端的设备，能在最短的时间内控制、减少甚至消除危化品泄漏、流失和扩散，提升应急救援工作的效率和成功率。

▶ 提高安全意识，时刻绷紧安全弦

此次事故起因于运输车辆的碰撞和翻车，随后罐体损坏导致液化石油气泄漏，并引发了次生爆炸，其后果比初次事故更为严重。事故提醒我们，由于运输介质本身的危险性，现场的任何小失误或失控都可能触发灾难性的次生事件。因此，在发生燃气泄漏等紧急情况时，必须迅速、合理、正确地采取应急措施，以避免引发更多的次生事故。

在危险品运输车辆的运营过程中，每个环节都必须将安全放在首位。通过风险预防和隐患排查，提前采取措施，才能有效预防重大事故的发生。温岭事故再次为危险品运输行业敲响了警钟，提醒我们必须持续提升安全意识，加强车辆维护，并严格执行安全管理规定。只有时刻保持高度的安全警觉，才能防止温岭事故的悲剧重演。

手记

第三篇　工贸事故

- 小隐患给事故留下可乘之机，9 人遭受无妄之灾
- 监管失责，30 吨、1500℃钢水瞬间吞噬 32 条生命
- 祸起炉端，煤气泄漏致惨案
- 施工单位违规操作，企业瞒报，煤气泄漏致 21 人死亡
- 暗藏居民区的“大炸弹”，家庭作坊爆炸夺 13 条人命
- 除尘设备形同虚设，铝粉尘引发爆炸，近百人丧命

小隐患给事故留下可乘之机，9人遭受无妄之灾

——2005年北京首钢总公司动力厂“10·26”煤气泄漏事故救援和调查工作手记

- 时间：2005年10月26日
- 地点：北京首钢新钢有限责任公司动力厂

综合管网92号支架处转炉煤气排水器发生煤气泄漏，事故造成9人中毒死亡。

煤气泄漏致灾祸

2005年10月26日15时30分左右，北京首钢园林绿化服务中心机械工程队清扫班3名职工在完成打扫任务后途经综合管网92号支架处，来到位于该处的转炉煤气管道排水器北侧围挡与宣传墙壁之间的夹道内停留。此后，北京首钢冶金工程建设有限公司在焦化厂进行电气检修，北京兴隆工贸公司的6名雇工下班途中在该排水器南侧的消防通道上休息。此时，排水器水封已被冲破、煤气开始大量泄漏，由于当日气压较低，煤气扩散缓慢，形成大量煤气聚集，造成上述9人煤气中毒。

15时40分左右，首钢总公司设备维检中心陈立勇从精品棒材车间高压值班室骑自行车返回办公室，途中看到马路上躺着两个人，其中一个人嘴角有白沫，同时闻到一股异味，感到情况异常，然后憋住呼吸立即冲了过去，向正在厂房东侧2号门巡视的保安中队队长和队员进行了报告。中队长等人立即赶到事故地点，看到92号支架下方的煤气排水器附近倒卧多人，且处于昏迷状态。根据出事地点靠近煤气排水器的实际情况，中队长怀疑是煤气中毒，当即向厂保卫科和生产计划科报告，生产计划科安全专员立即向首钢总公司安全处煤气防护站报告，并通知本厂四作业区作业长等人立即赶到现场抢救中毒人员。煤气防护站有关人员迅速赶到事故

现场，切断气源并投入抢救工作。16 时左右，伤者送达医院。据急救医生称，人送到时均已昏迷，其中两人已没有生命体征，其他七人瞳孔也已散大。10 月 26 日 17 时，石景山区医院宣布 9 名中毒人员已经死亡。

▶ 紧急抢救仍无力回天

事故发生后，北京首钢总公司立即启动了事故应急预案。总公司领导立即赶赴事故现场和医院，组织事故处理和中毒人员抢救工作。事故引起北京市委、市政府高度重视，我同市政府主管领导和市原安监局、卫生局、石景山区等领导立即赶赴现场，组织抢救和处置。

在事发现场附近，有两道警戒线，数辆警车、环保监察车和燃气抢修车停在四周，现场数十人中，除负责维护现场秩序人员外，其余均在三三两两地指着泄漏点商谈着。

事发现场，工字形钢架起上下两层数根管道，每隔 50 米左右有垂直的管道，由 3 米多高的方形围挡圈起，煤气泄漏点在其中一个围挡里面。每一个围挡上均贴有危险警示标志，上面写着“燃气区域、禁止停留、当心中毒”。参与事故处理的工人说，漏气点旁有白墙的车间是炼钢车间，是今年刚刚建好的。围挡旁边的消防通道上，有一辆手推三轮车和两辆歪倒的自行车，三轮车上有两个扫帚耷拉在车斗内。 旁边参与事故处理的工人说，这些自行车和三轮车都是死者留下的。

9 名中毒者被送往石景山医院，17 时，该医院急诊大门拉上了警戒线，门口停了五六辆警车。急诊大厅里挤满了等候参加抢救的护士。 医生则排成 3 队， 等在急诊室的门口。不时有几个医生从急诊的抢救室出来，喊着 “换人换人”， 另一队的医生立即补进去。据一位参加救治的护士说，她们在里面负责加药，医生负责心脏的起搏，医院 20 个科室的约 150 名医护人员都在急诊室等候换班。

石景山医院参与急救的有关人员说，病人初步诊断为一氧化碳中毒。参与救治的心内科李大夫称，中毒者下午送到医院时已没自主呼吸，属于死亡状态，但大夫考虑到是否有奇迹出现，还是给这些中毒者实施抢救。但由于中毒者送至医院时已经意识丧失，呼吸、心跳都已消失，心电图呈直线，虽经两个半小时的抢救，仍无任何生命体征，最终没有能够挽回。

▶ 前期违规操作埋祸根

由于北京市和首钢领导处置事故及时科学，事态扩大得以避免。为尽快查明事故原因，我同有关单位负责同志立即参与到事故调查工作中。

大量煤气泄漏是造成多人中毒死亡的直接原因。事故源于转炉煤气泄漏，管道本身没有问题，这些转炉煤气在炼铁厂的炼铁焦炉中产生，并通过管道输送到动力厂，经回收处理后做动力使用。据一位在首钢工作了近 30 年的工人介绍，厂内的高压煤气管道最高可以达到 10MPa，瞬间喷出的高浓度煤气可达十几米远，人吸入后会立刻瘫倒，几分钟便可致命。另据资料显示，转炉煤气无色无味，易燃易爆，毒性极大，其一氧化碳含量高达 60%~70%，密度与空气接近，一旦发生泄漏不易散发。首钢一位退休专家介绍，这种煤气是由煤焦炉炼出，纯度非常高，吸一口就会昏倒。他说，泄漏可能是因为管道本身的沙眼或管道焊接缝隙，加上 26 日的气压低，不利于有害气体的通风稀释也是事故原因之一。

为查明煤气泄漏的具体原因，调查组勘测了事故现场，查阅了相关资料，对首钢职工进行了询问调查，结合 3 次现场模拟试验，综合判定泄漏原因为员工的违章操作。10 月 18 日，首钢动力厂燃气车间管道班煤气输送工国某某，在清扫 92 号支架处的煤气排水器过程中，违反动力厂《管道班技术操作规程》关于“排水器下部兰盘上好，泄水截门关闭，将排水器灌满水”的规定，在未将排水器灌满水的情况下即投入运行，形成安全隐患。由于排水器内没有灌满水，从 10 月 18 日至 10 月 26 日，排水器内的水由于转炉煤气管道压力波动而被陆续排出，在 26 日 12 时 33 分左右，转炉煤气工作压力突然上升到 1430 毫米水柱，排水器的水封被冲破，排水器中余下水量的水封有效高度低于管网压力波动值。至 14 时 57 分左右，排水器彻底失去了封住煤气的能力，导致煤气大量泄漏。

根据首钢动力厂《管道班设备使用维护规程》中的规定，在组织清扫煤气排水器工作时应当有专业人员协助，在完成清扫后应对煤气排水情况进行认真检查。于是我们对动力厂协助工进行调查询问，发现两名协助工均为未经岗位业务培训的外用工，对煤气输送工国晓斌的操作缺少严格的监控，同时没有按照规定，在清扫后对煤气排水情况进行认真检查。另外，动力厂燃气车间《管道班设备使用维护规程》明确规定，“每班对煤气排水、压风泄水、蒸汽乏汽进行认真检查”。但该排水器自10月18日清扫后至事发时的24个班次，动力厂燃气车间管道班没对排水器按规程进行认真检查，而且在岗位交接班记录中弄虚作假，没有反映煤气排水器的真实情况，致使长时间没有发现该排水器存在的安全隐患，最终导致事故发生。

据了解，在2002年1月编制动力厂《管道班技术操作规程》工作中，企业未能将煤气排水器灌水操作的具体操作程序编入规程，导致动力厂《管道班技术操作规程》可操作性差，且在日常管理工作中，首钢动力厂燃气车间相关负责人不履行岗位职责，不认真检查动力厂规程执行情况，对班组及管理人员监督检查不力，致使《管道班技术操作规程》《管道班设备使用维护规程》未能落实。

另外，首钢总公司有关专业管理部门工作不到位。首钢总公司动力、电力、氧气三厂的技术操作规程，从2002年划归设备部统一进行管理之后，总公司设备部对制度的执行情况并没有认真组织检查，未及时发现和纠正动力厂技术操作规程执行中存在的问题。首钢总公司设备部门对煤气排水器这种危险性较高的管道附属设施没有进行有效的管理，首钢总公司安全处缺少对动力厂的日常安全监督管理指导，这也是造成事故的重要原因。

▶ 汲取教训除隐患

经调查分析发现，首钢总公司在管理上存在诸多问题，针对这些问题，我谈一下自己的思考。

一是强化对职工的岗位培训，提高从业人员安全素质。事故中煤气输送工违章作业形成安全隐患而导致灾祸，反映出从业人员安全素质有待提高。这一问题在各类生产企业都较为普遍，企业要引起重视，强化对职工的岗位技能培训，并进行严格考试，劳动工资部制订相应的考核办法，将考试成绩与考核挂钩；对特种作业人员，要按照国家规定组织开展有针对性的教育培训工作，强化高危、要害岗位作业人员的培训教育，考试合格后才能上岗作业；制订措施鼓励岗位操作人员开展各种比赛，使从业人员熟练掌握本岗位的安全操作规程，提高安全操作技能水平。

二是完善规章制度，加强日常安全管理及隐患排查。此次事故中操作规程不完善使操作工无据可循形成隐患；动力厂燃气车间管道班相应操作规程不落实，致使隐患存在数日未发现。规章制度和操作规程是从业人员工作的准则和行动的指南，必须保证从业人员了解和掌握。企业应强化日常对规章制度执行情况的检查，一级一级查，逐级落实，对发现的问题严格整改，确保各项规章制度得到全面落实，对制度的现状及存在的问题做到心中有数；在清查中可以采取普检、抽检和互检的方法，确保清查工作不留死角，对存在的问题及时修订完善。另外，应把安全隐患排查治理工作制度化，加强对安全事故隐患整改工作的管理力度，督促落实隐患整改相关责任，对查出的安全隐患明确整改内容、整改时间及责任人，并进行跟踪管理，把事故隐患消除在萌芽状态。

三是加强职工安全教育。北京首钢园林绿化服务中心机械工程队清扫班，未按规定组织开展班组日常的安全教育和安全生产活动，造成职工安全意识淡薄，冒险进入挂有安全警示标志的危险区域。安全是一种意识、一种习惯、一种文化，安全更是一种责任，是对工作一丝不苟的态度，必须广泛地渗透到每个人的心中。企业应加强职工安全教育，经常组织开展班组的日常安全教育和安全生产活动，认真组织职工学习三规一制，提高职工的业务素质和安全生产意识。

四是加强外用工安全管理。用工企业要严格审查作业人员资质，杜绝违规使用外用工。针对外协人员，单独建立外协队伍安全教育、培训台帐，制订与安全教育相关的培训计划，定期开展安全知识教育、培训工作；加强对外协用工安全保障措施的落实，保障防护设施的完善和防护用品的发放使用，依法为外协工办理社会保险和高危行业安全生产责任保险。政府相关部门要加强对企业外协用工安全生产教育培训、现场作业、劳动防护、标准落实情况的监督检查。

五是强化突发事件的应急预案，提高应急处理能力。生产经营单位要制订应急预案，建立健全应急演练工作制度，结合自身生产工艺特点，突出加强重点岗位、重点部位、重要装置现场处置方案的编制和优化工作，强化事故初发期的妥善处置，有效防止事故升级；广泛开展不同层级、形式多样的应急演练，提高应急意识，掌握处置要点；对本单位制订的应急演练预案中存在的问题，要及时修订完善，保证应急预案行之有效，提高单位安全生产的整体素质和风险抵抗能力。

深刻反思保安全

作业人员违章操作、麻痹大意，安全监管形式主义、走过场，多重不安全因素为事故发生开了绿灯。首钢公司各级领导、部门负责人等对安全工作不重视，进而对职工的操作疏于监管，放任操作规程不落实，最终导致职工出现违章操作行为，诱发事故。事故发生前不做安全事，事故后才知安全的重要性，所以说安全意识淡薄就是最大的安全隐患。

各行业的安全建设工作必须从树立安全意识抓起，牢固树立“安全第一”的理念。企业的领导干部得当好安全工作领头羊，理清安全和效益的关系，充分认识到安全是效益的保障，安全工作没有尽头，亦没有捷径可走。一时的走过场，放任安全于不顾，即刻会给事故发生以可乘之机，最终造成巨大的灾难和经济损失。只有安全意识深入人心，各项安全制度才能得到有效执行，安全生产才能成为日常工作的一部分，从而有效预防重大事故的发生，避免小事故的出现。

人的不安全因素比物的不安全隐患更危险，更难治理。各企业领导和广大职工都当在事故中找影子，在汲取事故教训的同时深刻反思，做到自问、自查、自改，一丝不苟对待安全生产。

手记

监管失责，30 吨、1500℃钢水瞬间吞噬 32 条生命

——2007 年辽宁省铁岭市清河特殊钢公司“4·18”特别重大钢水包倾覆事故救援和调查工作手记

- 时间：2007 年 4 月 18 日 7 时 53 分
- 地点：辽宁省铁岭市清河特殊钢有限公司

钢水包倾覆特别重大事故发生，造成 32 人死亡、6 人重伤，直接经济损失 866.2 万元。

钢水失控，瞬间殒命

2007 年 4 月 18 日 7 时 53 分，清河特殊钢公司炼钢车间内两个班组，正在违章建造的工具间里开班前会议。此时，起重机司机正将钢水包从真空炉吊至浇注台车上方，高度约 5.5 米。起重机突然失控，钢水包迅速下坠，电动机和传动系统发出异常声响。司机将操纵手柄打回零位，制动器开始抱闸，但钢水包惯性较大，制动力矩严重不足，失控的钢水包下坠至距离地面约 2 米处时，与浇注台车的框架梁发生碰撞。碰撞后，近 30 吨重、约 1500℃的钢水包倒向车间交接班室，钢水涌入室内，致使 32 名职工当场死亡，另有 6 名炉前作业人员受伤，其中 2 人重伤。

救援善后，妥善安置

在我到达之前，清河区救护车、公安干警、消防大队迅速到达事故现场开展救援工作，同时辽宁省、铁岭市、清河区三级党委、政府主要领导同志立即赶赴现场组织抢救。

我到达事故现场后，立即成立事故调查指挥部，组织人员清理现场，对伤亡人员逐一登记，并对死亡人员及家属进行了 DNA 鉴定。一小时后，现场清理完毕，被救的 6 名工人已送至武警辽宁总队医院进行救治。

在搜救和现场处置取得阶段性进展的同时，善后工作随即全面启动。当地政府明确表示，此次事故的赔偿要依照相关规定，同时充分考虑遇难职工的实际情况，要区别于一般煤矿事故的赔偿标准。善后处理力求彰显人性化，资金筹措方式通过政府、企业和社会救助三种渠道来解决。

铁岭市清河区 32 个部门与清河特钢 8 名干部组成 8 个安抚小组，对 32 名遇难者家属和 6 名受伤员工采取一对一包扶，包扶人员已全部深入遇难者家中，昼夜陪护，对其家属做思想安抚工作，对每户先行发放 1 万元救助金。经过多方商定，对遇难者的赔偿金额在 30 万元左右。

▶ 逝者惨不忍睹，伤者痛不欲生

昔日力争年产量达 12 万吨的钢厂，如今却成为几十户家庭的悲伤之地。这些逝去的生命，大多是家庭的支柱和希望。几名遇难者家属一次次要求进厂，想再见上亲人一面，但都被警察拦截。现场惨不忍睹，他们的亲人已经面目全非，我们不敢也不忍心让家人去辨认，只能等 DNA 鉴定确认身份。死去的职工最后都熔化在冷却的钢水里，凝固成一个 70 平方米左右的大铁块。

我去看望幸存的职工，他们大部分头部被烧伤，有的眼睛只剩下一道细缝，鼻子烧没了；还有的胳膊大面积烧伤，烧出几个不小的黑窟窿；更严重的，全身烧伤面积达 60%，为深二度、三度烧烫伤，面颈部、后背、四肢深度烫伤，眼睛睁不开，双手变黑变形，缠着厚厚纱布的胳膊不断有血水渗出。

医护人员说，这些伤者病情相对平稳，但仍处于 48 小时抗休克治疗期，不排除病情出现变化，之后都将接受植皮手术，根据病情，有些伤者还将进行多次手术。

▶ 无视安全底线，生命何以为安？

在钢厂的高危作业区内，在严格执行安全程序和设计要求的前提下，这种“超低概率事件”本可以避免。是谁如此漠视生命的价值，置安全生产于不顾？

经认定，这次事故找不到任何可以作为借口的客观原因，如果吊车设备质量可靠、操作正常，如果会议室不设在钢包附近，惨剧是完全可避免的。事故发生的根本原因就是安全生产管理严重不到位。

讽刺的是，这家企业看起来一直“重视”安全生产，平时还要求安全培训和考试，不合格的要重考，每次上岗前都进行安全教育和提示。然而，钢包坠落的“超低概率事件”还是发生了，这让我们不禁怀疑，钢厂对安全生产的“重视”是否只是走过场。

钢铁冶金企业本身就是高危行业，上千度的钢水在铸成钢锭过程中，极易出现各种事故。如此高危险度的生产，要确保万无一失，应该有着极高的设备要求和严格的安全程序，钢丝绳、吊钩、钢水包承重件都需要定期检测。此起事故发生的直接原因是多方面的。

第一，电气控制系统故障及设计缺陷，导致钢水包失控下坠。经调查发现，控

事故发生后的现场照片

制钢水包的起重机电气控制系统在运行过程中，由于下降接触器控制回路的一个联锁常闭辅助触点锈蚀断开，上升、下降接触器均失电，电动机电源被切断，失去电磁转矩，而制动器接触器仍在闭合状态，制动器不抱闸。起升控制屏的线路存在制动器接触器线圈有自保回路的重大缺陷，当上升接触器或者下降接触器接通后，制动器接触器闭合并自保，不再受接触器的控制，制动器仍维持打开状态，不能自动抱闸。

第二，钢水包在自身重力作用下，以失控状态快速下坠。当主令控制器回零后，由于两台制动器的制动衬垫磨损严重，制动轮表面均有不同程度的磨损，并有明显沟痕，事故单位未对其进行及时更换和调整，致使制动力矩严重不足，未能有效阻止钢水包继续失控下坠。

第三，班前会地点选择错误，导致重大人员伤亡。班前会地点原本是由立柱和真空炉平台构成的开放空间。2006 年 11 月，公司在各立柱间砌起砖墙，形成房间，用作临时堆放杂物的工具间。该工具间离铸锭坑仅 7 米，长期处于高温钢水危险范围之内，没有提供人员紧急撤离的通道和出口，北面窗户又被墙外的多个铁柜挡住。

2007 年春节前后，各工段逐渐将此工具间作为班前会地点。钢水包倾覆后，正在工具间开班前会的人员未能及时撤离，导致重大人员伤亡。

这起事故暴露出的管理问题是多方面的。从监管部门到企业，从上到下如此漠视安全生产，次次逾越红线，事故发生是必然。

清河特殊钢有限公司的炼钢车间无正规工艺设计，日常检查、维护不到位。公司未按要求选用冶金铸造专用起重机，违规在真空炉平台下方修建工具间，起重机安全管理混乱，起重机司机无特种作业人员操作证，车间作业现场混乱，制订的应急预案操作性不强，没有组织预案的培训和演练。

铁岭开原市起重机器修造厂超许可范围生产。核定资质为制造 20 吨通用桥式起重机，不具备生产 80 吨的资质。修造厂又违规与清河特殊钢有限公司签订制造合同，间接提高事故发生的概率。铁岭市特种设备监督检验所未按规定进行检验，便出具监督、验收检验合格报告。铁岭市特种设备监督检验所在没有核实开原市起重机器修造厂是否有相应生产资质的情况下，便向该厂出具起重机监督检验合格的报告，如此草率地做出不负责任的决定，也是事故发生的诱因之一。

辽宁省石油化工规划设计院未严格按照安全现状评价导则及《炼钢安全规程》进行安全评价。在发生事故的起重机等特种设备技术资料不全的情况下，出具档案齐全的单项结论；在该公司冶炼生产线及辅助设施存在重大安全隐患的情况下，仍然出具了安全现状基本符合国家有关规范、标准和规定要求的结论，这又是事故发生诱因之一。

铁岭市质量技术监督局清河分局未认真履行特种设备监察职责，安全监管不力。铁岭市质量技术监督局清河分局负责特种设备安全监察工作，但执法人员无特种设备安全监察员证，违反了《特种设备安全监察条例》的有关规定，不能有效地对特种设备安全实施监察。清河分局张相监管分局和向阳监管分局先后四次对该公司特种设备的安全进行巡察，均未发现起重机存在重大安全隐患问题。

清河区安全监管局监管不力。清河区安全生产监督管理局在对清河特殊钢有限公司进行安全监督检查过程中，虽先后四次下达《整改指令书》，但三次未出具《整改情况复查意见书》，也未采取任何行政处罚措施；在对该公司多次实施安全检查中，均未发现冶炼车间用于班前会的工具间存在重大安全隐患问题；对该公司未按照《安全生产法》的要求设置专门的安全管理机构和配备专职安全管理人员、管理制度不健全、现场管理混乱、职工培训不到位等问题监管不力。

当地政府对安全生产工作重视不够，对存在的问题失察。区、市政府有关领导对安全生产工作重视不够，对分管职能部门履行职责情况监管不力，对存在的问题失察。协管质量技术监督部门的领导对质量技术监督工作重视不够，指导不到位。

▶ 灭顶之灾，何以避免？

我们不仅要从本次事故中吸取教训，更要为相关行业的经营生产提供应急措施，避免此类事故的发生。生命至上，安全至上，相关行业需要从此次事故中借鉴几点经验。

一是特种作业人员必须经专门培训后持证上岗作业。全国各冶金企业要深刻吸取此次事故教训，认真贯彻落实安全生产法律法规，加强职工安全教育培训工作。

二是各省安全监管部门要加强对冶金企业的安全监管，特别是要加强对重点危险区域内人员密集场所的安全监督检查，跟踪督促企业及时整改重大事故隐患。质监部门要认真履行职责，严格落实监督检查，从源头上把住冶金起重机等特种设备的准入关，对没有正规设计和不按设计制造、安装、检验的特种设备一律不得投入使用，防范重特大事故的发生。

三是第三方机构必须对安全评价和检测检验结果负责。安全评价机构和特种设备监督检验机构要针对此次事故暴露出的问题， 加强自律，提高评价人员和检验人员的责任心，规范安全评价和检测检验工作，深入现场，严格查验各种技术资料，并对安全评价和检测检验结果负责。

四是全国冶金企业务必认真吸取事故教训，提高对安全生产的认识。严格按照国家法律法规和标准，以及产业政策的有关规定，把好建设项目的审批关；加强对安全生产工作的管理，采取有效防范措施，杜绝事故发生。

惨痛的事故教训再次警示我们，必须要进一步加强和规范冶金企业的特种设备的设计、制造、安装、使用和检测检验工作，确保特种设备安全可靠运行。

加强对起重机等关键设备、设施的日常维护与保养，健全维护保养制度，完善维护保养记录，防止设备、设施带病运行。针对冶金生产工艺链长，高温高压、有毒有害因素多的特点，认真开展危险辨识工作，对重大危险源进行登记建档、加强监控。

新建、改建和扩建工程项目要符合国家相关产业政策，建设项目要委托有资质的设计单位进行正规设计，切实把好工艺设计和设备选型关，进一步提高企业本质安全程度；建立健全安全生产责任制和安全治理制度，加强安全治理机构建设和职员培训，加强作业现场的安全治理。

做好职工安全教育培训，对于事故防范也至关重要。切实加强新进厂工人、转岗工人、关键岗位和危险岗位人员的安全意识、安全常识和安全技能培训，提高企业负责人、管理人员的安全管理能力，认真组织应急救援方面的培训和演练，提高广大职工防范事故的能力。

▶ 居安思危，思则有备，有备无患

由于企业安全生产意识淡薄、工艺设计不规范、特种设备违规操作，加之当地政府监管不力，安全监管机构职责不明确，导致事故频发，此类事件屡见不鲜。一旦事故发生，往往情况严重，生命转瞬即逝，救援时间极为有限，援助成功的机会也极为渺茫。

事故为何频发？问题根源究竟在哪里？深入分析可见，监管模糊、管理松懈以及普遍存在的侥幸心理是主要原因。

历史的教训历历在目，然而悲剧仍旧不断上演。我们不能仅仅止步于吸取教训，而不进行深刻反思和实际行动，必须要加强源头管理，提升监管机构履职效能，增强现场安全管理的严格性；通过技术革新，提高企业本质安全水平，及时更换和检修问题设备；强化员工安全培训和考核制度；并针对突发事故制订可行的应急预案。安全生产，必须时刻保持高度警觉，不容有失。

手记

祸起炉端，煤气泄漏致惨案

——2008年河北省遵化市港陆钢铁有限公司“12·24”重大煤气泄漏事故救援和调查工作手记

- 时间：2008年12月24日9时许
- 地点：河北省遵化市港陆钢铁有限公司

2号高炉重力除尘器泄爆板发生崩裂，致使煤气大量泄漏。事故共造成17人死亡、27人受伤。

毒气扩散，十七条生命悄然逝去

2002年5月，河北省遵化市港陆钢铁有限责任公司（以下简称港陆公司）2号高炉建设工程项目建成投产。投产时2号高炉原有效容积191立方米，2005年经企业自行改造，扩为233立方米。高炉项目中，重力除尘器的制造、安装由阜新工业设备安装公司（以下简称阜新公司）承接。

2008年12月24日零点后，2号高炉炉况变差，出现滑尺现象。3时，高炉开始加入质量较差覆有冰雪的落地矿，炉况进一步恶化。6时30分以后，局部气流产生，出现频繁滑尺。7时至7时20分，虽减风处理，但局部气流和频繁滑尺仍未得到有效控制。7时30分，乙班（夜班）和丙班（白班）交接班时，乙班工长向丙班工长交待了炉况，但丙班仍未采取有效措施。8时30分，高炉形成管道行程，发生严重崩料，料线超过3米，顶温达到400℃以上，炉顶超压（正常工作压力为60～65 kPa，布袋除尘器煤气入口压力显示为120 kPa，工长未看到炉顶压力的具体数值），导致重力除尘器上锥体安装的泄爆板爆裂，大量煤气泄出。重力除尘器位于出铁场北侧，大量煤气飘向高炉作业区。当时，正值炉前出渣出铁，水蒸气弥漫，炉台噪音大，烟尘多，炉台现场人员未发觉煤气泄漏。

8时45分，丙班工长发现操作室内一氧化碳报警仪报警，8、9号风口附近有人倒地，于是打电话向调度室汇报有人煤气中毒，随即进行休风操作，并给热风炉警示信号，之后佩戴空气呼吸器救人，发现风口冒火，以为风口灌渣，便进行回风操作，致使煤气持续泄出，至9时30分完全休风时，多人已煤气中毒。

▶ 争分夺秒抢救中毒人员

事故发生后，国务院领导同志高度重视并作出重要批示，要求原安监总局督促各地在岁末年初要特别加强安全生产工作，促进安全发展。接到指派后，我率有关司局负责人立即赶赴现场，指导事故调查处理工作。

河北省安监局接报后，有关负责人迅速赶赴现场，了解事故原因，协助指导事故抢险救援及调查处理工作。唐山市及遵化市主要负责人迅速赶赴现场，指挥救治伤员和事故处理，并调集市内各大医院一流的技术专家和先进医疗设备，全力抢救受伤人员。同时，港陆公司全面停产整顿。事故发生时，当班工人共44名，其中2名操作工人当场死亡，15名重症伤员经抢救无效死亡，其余27名中毒人员脱离危险。

▶ 查明原因，严肃追责

首先，我们对装置进行了调查，发现2号高炉丙班工长杨某某违反规定，隐患排查治理不认真。事故发生前，炉顶温度波动已经较大，多次出现滑尺现象，但仍在进行生产，没有及时减风以消除局部气流和频繁滑尺，致使高炉炉况逐步恶化，形成管道行程，发生大崩料，使顶压大幅上升，重力除尘器泄爆板爆裂。之后又处置不当，致使煤气持续泄出。另外，港陆公司聘请的工程负责人赵某某要求阜新公司在2号高炉重力除尘器上增设泄爆板，但按规定，此位置不应设置泄爆板。另外，泄爆板开口朝向了炉台作业区域，且高度较低，与炉台距离较近，爆裂后煤气十分容易扩散到炉台作业区域。

港陆公司对增设泄爆板可能导致的后果认识不足，在炉顶顶压异常升高时，需对泄爆板进行现场检查维护，但公司并未制订相关规程制度，致使泄爆板爆裂后，工作人员未能及时发现并采取有效措施。据了解，2号高炉自2002年投产以来，炼铁厂主要负责人已更换四次，有关技术资料的管理混乱，相关人员流动性较大，技术工作交接不严密，泄爆板日常维护保养不到位。

然后，我们对放散阀工作状态进行了调查。当高炉顶压超过设计工作压力时，高炉本体及除尘器顶部放散阀本该冲开泄压，但因配重过大未被冲开。

另外，调查发现唐山港陆钢铁有限公司2号高炉在建设过程中，未经设计院设计，而是采用了一套其他单位用过的图纸。

▶ 吸取教训，狠抓落实

当前安全生产形势异常严峻，必须引起高度警觉，切实把钢铁冶金企业的安全监管工作提上日程，按照应急管理部的总体工作要求和部署，坚决遏制重大生产安全事故上升的势头。对于这起事故，我们必须引以为鉴。

一是认真落实安全生产主体责任。要采取多种形式，督促各类企业按照《安全生产法》等法律法规的规定，建立健全安全生产责任制，制定和完善安全生产管理制度、岗位操作规程和技术规程；强化安全教育，特别是农民工等外来务工人员的安全教育培训，开展典型案例事故分析讨论，深刻吸取事故教训，切实增强职工的安全意识，逐步减少和消除“三违”行为；加大安全生产投入，配备与工作相适应的安全管理人员，对不依法履行安全生产责任、不及时采取措施消除隐患的相关责任单位和人员，予以严肃处理和责任追究。

二是加强安全生产监督检查。各级安全监管部门要将钢铁冶金企业安全生产工作列入监督检查的重点内容，督促企业做好重要设备设施停产检修，生产与基建技改同时作业时段的安全组织管理、措施落实和复产检查验收工作。组织专业技术人员，对工艺落后、设备陈旧的冶金企业进行拉网式检查，确保检查不走过场、不留死角。对查出的隐患，要责任到人，挂牌督办，限期整改。严格查处违法违规行为，严肃查处“三违”现象。对管理不到位、有案不查、重大隐患治理不力的，要追究相关人员责任。

三是完善应急救援预案，提高事故防控能力。钢铁冶金企业危险、有害因素多，属于风险性较大行业，要制订完善重点部位和关键工艺环节的应急救援预案，并定期组织演练，配足防护面具，提高各类事故处置能力；加强应急队伍、救援物资和装备建设，进一步完善应急救援体制和机制，建立小企业与大企业、专业力量与社会力量相结合的联动机制，充分发挥专家作用，提高应急救援能力和水平，做到科学施救；做好危险源辨识工作，加强对煤气管网、煤气柜、制氧等危险源（点）的监控，特别是对在用时间长、即将报废的重要设备、关键设施，要加强检修维护工作。

冶金安全，时刻记心间

冶金煤气是钢铁企业的重要风险点，事故可导致重大伤亡和财产损失。企业必须加强煤气管理，分析泄漏原因，采取控制措施，防止火灾、爆炸和中毒，确保安全。

钢铁行业科技进步迅速，对生产环境要求提高。企业应注重安全管理，特别是气体防护。事故教训深刻，揭示了工艺、监控和救援的不足，需引以为戒，避免重蹈覆辙。安全生产对企业发展至关重要，需技术、政府和员工共同努力。

我国钢铁冶金安全管理系统尚有不少问题，需全面加强管理和监督。随着社会和工业技术的发展，生产安全性也应不断提升。

手记

施工单位违规操作，企业瞒报，煤气泄漏致21人死亡

——2010年河北邯郸市武安市普阳钢铁有限公司"1·4"煤气泄漏事故救援和调查工作手记

- 时间：2010年1月4日
- 地点：河北省武安市普阳钢铁有限公司（以下简称普阳公司）南坪炼钢分厂

2号转炉与1号转炉的煤气管道完成了连接后，未采取可靠的煤气切断措施，使转炉气柜煤气泄漏到2号转炉系统中，造成正在2号转炉进行砌炉作业的人员中毒。此次重大煤气中毒事故造成21人死亡、9人受伤，直接经济损失980万元。

人为失误导致煤气泄漏

普阳公司南坪炼钢分厂运行中的1号转炉煤气回收系统与在建的2号转炉煤气回收系统共用一个煤气柜，与2号转炉连通的水封逆止阀、三通阀、电动蝶阀、电动插板阀仍处于安装调试状态。3日上午，1号转炉停产，为使2号转炉煤气回收系统与现系统实现工程连通，3日10时30分左右，承建施工单位南京三叶公用安装公司（以下简称三叶公司）将3#风机和2#风机煤气入柜总管间起隔断作用的盲板切割出约500 mm × 500 mm的方孔，造成2人中毒死亡，施工人员随即停工。事故现场处置后，当班维修工封焊3#风机入柜煤气管道上的人孔（未对盲板上切开的方孔进行焊补）；当班风机房操作工给3#风机管道U型水封进行注水，见溢流口流出水后，关闭上水阀门。3日13时左右1号转炉重新开炉生产。4日上午，2号转炉同时进行砌炉作业。4日10时50分，应炉内砌砖人员要求，炉外工人到

提升机小平台取炉砖尺寸，突然晕倒，小平台上一起工作的 2 名人员去拉但未拉动，并感到头晕，意识到可能是煤气中毒，马上呼救。炼钢分厂当班调度得知工人中毒后，通知普阳公司副总经理并立即组织救援；同时，从各分厂向事故现场调集防毒面具组织自救。

▶ “意外”的事故

就在 2009 年 12 月底，普阳公司参与了中央电视台《长歌行》栏目。作为节目赞助商之一，普阳公司南坪钢厂成为节目摄制景点之一。节目效果达到了双赢——既借机宣传了普阳公司，又邀请歌唱演员与工人同乐，公司从上至下干劲十足地迎接新年。

万没想到，欢乐的气氛幻灭于这样一场惨剧。出事之后，南坪钢厂异常寂静，与厂外依旧忙碌行驶的重型运输车、周围厂房的轰鸣声形成鲜明对比。

当时还未投入生产的 2 号转炉需要砌炉，郭志杰是站在炉边往炉内递砖的工人。事发时，郭志杰发现对面砌砖的工人突然倒在了地上，6 年合金工工作经验让他敏锐地意识到这可能是煤气泄漏。郭憋住一口气，想扶起倒地的砌砖工，拉了两下难以拉动之后，迅速往外跑，拿起对讲机大声呼救：“煤气泄漏，快救人！”由于其反应灵敏和判断准确，郭志杰成为距离事故发生地最近的 1 名生还者。事发时内直径 4 米、高 7 米的新转炉内有 16 名砌炉工，他们离泄漏源最近，处于相对狭小空间中的他们，全部难逃厄运。

▶ 人命关天，企业竟不报、迟报，甚至瞒报

从 7 人到 21 人，武安“1·4”煤气泄漏事故死亡人数完成 3 倍“跳转”，用时仅仅 3 天。事发后，企业并未按有关规定报告，而是自行实施抢救，虽然在第一时间关停了毒气源头，架起了大功率的风机吹散毒气，但依然伤亡惨重。4 日 14 时左右，现场抢救结束。20 时 20 分，原武安市安监局接到原邯郸市安监局转来的举报后，立即派人赶赴现场核查。22 时 20 分左右，企业承认煤气泄漏造成 10 余

人中毒。为进一步核查伤亡情况，武安市连夜组织公安、安监等部门和阳邑镇人员，分四路到市内医院核查中毒人员情况，同时进一步向普阳公司有关人员调查讯问。5日8时40分，企业承认事故共造成16人煤气中毒，其中7人送医院经抢救无效死亡，9人在医院紧急救治。

针对企业在这起事故中存在的不报、迟报及瞒报死亡人数问题，邯郸市政府立即成立了事故调查组，并把核实伤亡人数及有无瞒报作为调查组工作重点，及时控制了相关人员，迅速开展工作。时任河北省委书记批示“要严肃调查处理”后，调查组立即增派人力，按照“四不放过”原则，对这起事故进行严查重处。调查组全力开展调查核实工作，动用刑侦等手段，加大对普阳公司关键人员的审讯力度；广泛调查了解，搜集证据，核对伤亡情况；向社会公布了事故调查组举报电话和死亡人员名单，公开接受群众监督和举报；对企业外包施工队伍人员名单逐一核对，杜绝错漏。8日凌晨，核实此次煤气泄漏事故导致21死9伤。

▶ 成立督导组，严查企业瞒报行为

鉴于事故瞒报的恶劣性质，原国家安全监管总局党组成立了督导组，任我为督导组长。8日18时，我率工作组到武安市指导事故调查工作。中心任务就是贯彻落实好国务院领导同志的重要批示精神，督促事故调查组加大工作力度，加快工作进度，彻底查清瞒报事故情况，按照“四不放过”的原则和“依法依规、实事求是、注重实效”的要求，指导开展好事故调查工作。督导组的重点工作主要有核清事故伤亡情况，包括该企业近年来瞒报的其他多起事故；核查事故单位非法建设情况；核准事故性质和原因；核实事故瞒报经过和主体，严格把好责任追究关。

▶ 罪魁祸首——煤气来源分析

这起事故的罪魁祸首是煤气，事故调查的首要任务是要搞清煤气的泄漏点、泄漏经过和泄漏量。调查发现，4日7时57分，2#风机回收完1号转炉最后一炉煤气后，三通阀一直处于放散位，故判定泄漏的煤气不是直接来自1号转炉，而是转炉煤气柜。

调查还发现，3# 风机煤气管道 U 型水封排水阀门封闭不严，水封失效，从 3 日 13 时注水完毕至 4 日 10 时 20 分左右，经过约 21 小时的持续漏水，U 型水封内水位下降，水位差小于 27.5 厘米（煤气柜柜内压力为 2.75 kPa），失去阻断煤气的作用。在 2 号转炉回收系统不具备使用条件的情况下，割除煤气管道中的盲板，煤气柜内（事故时 1 号转炉未回收）煤气通过盲板上新切割的 500 mm × 500 mm 的方孔击穿 U 型水封，约 10 时 50 分，煤气从 3# 风机入口人孔和 2 号转炉斜烟道口等多个部位逸出。

4 日 9 时 55 分，转炉煤气柜关闭外供管道阀门，没有用户用气，煤气柜柜容减少量即为煤气泄漏量。从转炉煤气柜柜容历史数据分析，从 4 日 10 时 20 分至 11 时 33 分，煤气减少量为 10569 立方米，经计算从 2 号转炉烟道至煤气柜入口 U 型水封，所有煤气管道及设备总容积约为 2000 立方米，故泄漏到大气中的煤气量约 8569 立方米，分别从 3# 风机入口人孔、重力脱水器等多个设备未关严人孔和 2 号转炉斜烟道逸出。

▶ 无视安全规程的惨重代价

经调查认定，涉事企业违反项目建设有关规定开工建设，施工单位和企业未按相关安全管理规定施工，投运管理不到位，故该起事故为重大生产安全责任事故，也是被严重瞒报的事故。

调查还发现，普阳公司违章作业，违规建设，违反《工业金属管道工程施工及验收规范》和《建设工程质量管理条例》的规定，在工程交接验收前，未对建设项目进行检查，没有确认工程质量是否符合施工图和国标规定；在未对项目进行验收的情况下，同意三叶公司将 3# 风机煤气管道与主管道隔断的盲板割通，将未经验收的水封投入使用；未按《建设工程项目管理规范》实施管理，与项目施工单位责权不明，项目的实施过程处于未完全受控状态。安全生产规章制度不健全，落实不到位，培训不完善，技术和操作人员安全技能低，业务知识差，指挥系统有较大的随意性。在煤气管道连通中，口头下达指令，人员机械执行操作指令，在 U 型水封补水后，未对煤气回收系统中存在的危险、有害因素进行分析和确认。

普阳公司南坪炼钢分厂120吨转炉炼钢项目符合国家钢铁产业发展政策规定的准入标准，但不具备项目立项的前置条件，企业未经申报、立项违规建设。

三叶公司未按设计要求施工，违规作业。3#风机煤气管道施工完毕后，三叶公司违反《工业企业煤气安全规程》有关规定，没有对U型水封的管道、阀门、排水器等设备进行试验和检查，没有向普阳公司提交竣工说明书、竣工图以及验收申请，没有确认水封是否达到设计要求，没按图纸要求安装补水管路和逆止阀。未按《建设工程项目管理规范》实施管理，与项目建设单位责权不明，项目的实施过程未完全处于受控状态。

阳邑镇政府未认真落实国家有关安全生产法律法规，对普阳公司安全生产工作监管不力，没有及时发现普阳钢铁公司“1·4”事故瞒报。

此外，政府部门对普阳公司安全生产监管不力，履职不到位。武安市国土资源部门对普阳公司南坪钢厂违法占地行为制止不力；环保部门对普阳公司未经环评建设的项目，虽然下达了停止生产、罚款、补办相关环评手续等处理决定，但对企业逾期未停产的行为，未按照有关规定向人民法院申请强制执行；发展和改革部门对普阳公司未经立项建设的项目，未按照国家发改委《企业投资项目核准暂行办法》（第19号令）的规定，会同有关部门予以制止，对企业投资项目监管不力；工业促进部门对“三定”方案的职责履行不到位；安全生产监督管理部门对普阳公司安全生产监管不力，对普阳钢铁公司“1·4”事故瞒报没有及时发现。

▶ 安全重于泰山，科学预防事故

生命高于一切，安全生产事故中的伤亡数字让人痛心，而伤亡名单背后的瞒报尤其让人痛恨。迁安联钢鑫达钢铁有限公司“6·5”中毒事故、山西襄汾县强盛铁合金厂“9·18”煤气中毒事故、江西新余钢铁公司“12·6”中毒事故、新兴铸管股份有限公司煤气爆炸事故、唐山国丰钢铁有限公司高炉炉顶爆炸事故、淮安金鑫球团矿业有限公司“7·20”煤气泄漏爆炸事故……一桩桩，一件件，就发生在老百姓身边，实在令人痛心疾首。钢铁厂如何预防煤气事故发生？值得我们深思，我总结了三个方面。

首先是预防煤气中毒。到煤气区工作的人员应戴防毒面具。设备大中修时，必须切断一切煤气来源。工作人员进入原煤气区域时，必须要先有该工作区域中煤气含量合格的报告。工作人员工作时，该地区要有强力通风设施。一个工作地点，要有两个以上的人员作业，一个工作，一个负责监护。

其次是预防煤气着火。要避免煤气在燃烧器之外与空气混合，减少煤气和空气混合的空间，实现对混合气体的控制。建立煤气区空气中煤气含量检测制度，发现有煤气含量超标情况，要及时找出煤气泄漏点并尽快堵漏，同时要严禁在本区域动火。严格控制煤气区的动火作业；必须动火时，要有必要的安全措施和明确监护责任。煤气系统着火时要尽快将其扑灭，避免外延。管径在100毫米以下的管道着火时，要立即切断煤气源，进行灭火；管径大于100毫米的管道着火时，要逐步降低煤气压力，并通入大量蒸汽灭火。煤气压力不得小于50~100 Pa，同时禁止突然关闭煤气阀门，以防管道回火爆炸。

最后是预防煤气爆炸。煤气系统或与煤气系统相连接的设备在煤气停供时，要不时向系统中通蒸汽或氮气来冲淡煤气浓度，同时要控制该系统的温度，使其低于煤气的着火点温度；最好是及时切断煤气通道（如高炉长期休风时，要堵风门或卸掉吹管）。在必要的煤气排放点或可能继续产生煤气的地方（如高炉长期休风，炉顶人孔打开后，炉顶会有煤气），要点燃煤气并保证火焰不能熄灭。要控制好煤气和空气混合可燃气体的空间，不许超出燃烧器；要及时点火，转入正常工作状态。在所有煤气区，动火之前要对空气中煤气进行检测，工作区要有不间断的通风。出现煤气泄漏，要及时堵漏，最大限度地减少可燃混合煤气产生量。同时禁止周边有明火。减少混合气体和空间就可以缩小煤气爆炸的威力，也就可以减少损失。煤气系统在停供煤气并用蒸汽清扫后，应使设备处于正压状态；禁止设备和管道在封闭状态停蒸汽。

▶ 保持警惕之心，杜绝麻痹和侥幸

煤气中毒严重威胁钢铁企业安全，近年多起事故暴露出安全责任不落实、设备缺失、措施不到位、安全程序形式化、应急处置不当等问题。企业必须根除侥幸心理，严格执行规章，正确使用防护用品，建立预防意识。

熟悉危险源是防范关键，员工需提升危险识别能力。钢铁厂安全设备必须完备，特别是煤气检测报警器，以实时监测煤气浓度，及时发现泄漏，迅速采取措施，防止事故。

安全源于警惕，事故出于麻痹，麻痹和侥幸是事故的温床。只有持续保持警惕，才能确保安全，避免悲剧。

手记

暗藏居民区的“大炸弹”，家庭作坊爆炸夺13条人命

——2012年温州瓯海“8·5”铝粉尘爆炸重大事故救援和调查工作手记

- 时间：2012年8月5日16时40分左右
- 地点：温州市瓯海区郭溪街道郭南村郭溪街一幢4间半二层房屋

铝粉尘爆炸导致房屋坍塌并燃烧，事故共造成13人死亡、15人受伤（其中6人重伤）。

小小粉尘酿大灾祸

该加工车间专门为锁具企业进行把手抛光。8月5日下午，1名员工请假外出，另1名员工在宿舍休息，车间内有14人在作业，加工场负责人和其妻子2人因外出不在现场。16时40分左右，一声剧烈爆炸之后，加工场及与之相连的2间民房（共计4间半二层民房）整体倒塌，并起火燃烧。爆炸冲击波致使加工场周边民房严重受损，东面相邻的民房外墙被炸开2个各约4平方米的大洞；北侧3间民房的门窗被震塌，并起火燃烧；与215号相邻的3间民房，门窗玻璃被震碎。14名作业人员和楼上正在休息的1名员工，以及西侧2间出租房内7人，共计22人被埋压，部分受伤人员自行逃离现场。冲击波及高温还导致西侧出租房外面4名人员受伤，215号民房内1名小孩受伤，1名老人被烧死。

争分夺秒，600余人助救援

事故发生后，国务院领导高度关注，作出重要批示，要求全力搜救和抢救人

员，做好善后工作，并尽快查明事故原因，防止此类事故再次发生。我和省、市、区相关领导，市、区公安、安监、卫生等部门负责人相继赶赴现场，组织指挥抢险救援、善后处理和事故调查工作。

温州市消防支队指挥中心于16时50分接到报警，立即调派两个公安消防中队 7辆消防车56名消防员和另外2个专职队3辆水罐车23名消防员，共计10车79人赶赴现场救援。之后，又根据事故现场情况，增派了4辆消防车32名消防员赶赴现场增援。

事故现场，发生爆燃的厂房墙体已全部被炸开，只剩下满是裂痕的部分承重墙，加工厂已成废墟，不少工人被埋。大量的碎石、砖块、水泥板，给救援工作带来很大难度。

由于房屋整体倒塌，被埋压人员较多，且情况不明，温州市消防支队随即启动了温州市重大灾害事故应急处置预案，市、区两级公安机关也分别启动了应急预案，迅速调集治安、特警、刑侦、交警以及周边派出所共300余名警力及挖掘机等工程设备参加抢险救援。

消防队员、公安武警、医务人员等上百名施救人员迅速开展搜救工作， 并利用生命探测仪反复探测搜寻被埋被困人员，利用挖掘机清理坍塌现场。难点在于，既要反复确认有无生还人员，又要保护搜救人员和被埋被困人员的安全。“由于人都压在下面， 挖掘机等大型设备虽然到了现场，但根本不好操作，一不小心就可能伤到压在下面的人。”现场救援的武警官兵说。为此，他们先用铁锹等小型工具把倒塌的大块砖瓦翻开，再徒手一点一点清除堆积物。大家手被刮伤了，仍然争分夺秒地在废墟底下搜救。

天色渐暗，救援工作难度越来越大，温州电力局抢修队员和一辆功率为28千瓦的照明灯到达事故现场，为救援现场提供紧急照明。接电源、抬灯、移灯……抢修队员马不停蹄地作业。与此同时，电力部门还紧急调配1辆400千瓦的发电车驶往现场，架设了3盏巨大的照明灯，为搜救伤员创造了有利的条件。

消防官兵破拆，武警进行伤员的转移，然后交由卫生部门把伤员迅速送往医院救治，形成了一个迅捷的三级接力救援梯队，为伤员救治赢得了宝贵的时间。

至17时40分，到场参与救援的消防、公安、武警、医疗及电力人员达600余人。至6日凌晨3点，历时9个小时，救援人员对现场仔细清理了4遍，确认再无被困人员，整个救援行动基本结束。

截至8月6日2时，救援人员搜救出28人，其中经全力抢救无效死亡13人。“8·5”粉尘燃爆事故后，省、市、区卫生部门立即部署救治，各大医院马上开辟绿色通道全力救治，市民也踊跃献血，15名伤员在温州各大医院接受全面治疗。

明知故犯，暗地操作夺人命

通过询问调查和事故现场勘察，调查组了解到，事故发生场所为两间半二层民房，为业主姜某某所租用。业主于2009年5月在温州市工商局注册了名为“温州市瓯海丽岙其功抛光加工店”的个体工商户营业执照，2011年3月，营业执照因自行停业被注销。2011年9月姜其功将此二层民房及临时搭建的简易棚用作锁具企业门把手抛光的加工场及员工宿舍，在没有取得工商营业执照的情况下，组织人员从事生产工作。该生产点共有作业人员16名，抛光机9台，除1台闲置外，每台抛光机供2人同时使用。一层生产空间共计100多平方米，二楼用于吃住，工人两班倒，8台抛光机基本全天候转动。事发时该场所正在进行铝制门把手抛光作业。经对现场痕迹勘察，调查组认定，这起事故是由于抛光作业间内悬浮在空气中的铝粉尘浓度达到爆炸极限，遇到电火花引爆所致。

工业粉尘会引起爆炸是业内常识。业主夫妇表示对该常识完全知晓，之所以整天紧闭大门，是怕噪音和粉尘散出去影响周围住户，更怕被投诉查处。在几近封闭的加工场内，通风除尘不良，铝粉尘收集效率差，清扫不及时，加之每位作业人员身后电扇的作用，导致作业间内铝粉尘积聚、扬起并达到爆炸浓度。

对于员工是否知晓粉尘会爆炸的问题，业主表示，他没有将粉尘的危险性告诉工人，工人没有接受过安全操作培训。加工场所选用的抛光机、电气设备、通风设备均非防爆型，且电气线路敷设不规范，生产过程中抛光机电机控制开关时常产生电火花，这为粉尘爆炸提供了条件。

业主暗中在租用房的南面邻河处延伸搭建了3间违章棚子，用于扩大规模生产。这种无照非法生产长达11个月，且加工产量已具一定规模，当地工商部门也没有及时发现、取缔。雇佣的 18 名外来人员长期在此居住并务工，当地政府管理部门和基层组织均没有及时发现、登记和列入管理。另外，当地政府监管松懈，打非治违的组织开展和隐患排查治理工作不够深入、不够彻底。业主说，租房开厂近 1 年来，只有公安来检查过一次，只进行了外来人口登记，其余谁也没有来看过。这是造成这起事故的部分原因。

调查组还对多名村民进行了询问，村民们称这家地下作坊每天房门紧闭，偶尔见大包小包的加工品搬进搬出，都不清楚里面究竟干些什么。居民们对潜在的危险没有意识，爆炸冲击波殃及周边民房，导致了事故伤亡损失扩大。

该加工场无工商营业执照，将非法加工场设置在出租民房内，而供电部门依然为其提供三相电，没有按照相关规定履行用户资格审查等职责。供电单位不负责任，使得危险企业失去源头监管，也是造成事故的重要原因之一。

▶ 吸取教训，重蹈覆辙当避免

类似的爆炸事故在温州已经发生多起，归根到底还是安全生产主体责任落实不到位，政府安全生产监管不到位，安全生产教育不到位。我们要深刻吸取教训，举一反三，从思想上绷紧安全弦，扎实整改暴露出的多重问题，扭转安全生产工作的被动局面。

一是易燃易爆场所须按消防规范实施防火防爆措施，并定期维护保养设施。企业生产务必满足安全标准，禁用危房或违章建筑作为生产地；场所需两个及以上直通室外的安全门，向外开，通道保持畅通无阻；设置独立通风除尘系统，装备接地设施，集尘器置于室外，防雨且远离火源；现场应清洁，采用无火花、静电、扬尘的清洁方式，并及时清尘；依据作业环境配置消防设备与个人防护用品；电气线路以镀锌钢管防护，电气开关及漏电保护设于车间外；检修仅在生产停顿、积尘清除后进行，严防交叉作业。

二是政府部门深化打非治违行动，坚决取缔无证照非法企业，特别是强化对涉可燃爆粉尘等高危企业的安全整治，严格控制行业准入，规范此类企业（场所）的安全生产管理。可通过加强工商、国土、建设、电力、安监、公安等部门间的工作协调，明确职责、加强监管，形成整治合力，深入排查、联合打击无证无照非法企业，拆除违章建筑，确保打非治违各项工作措施落到实处；充分利用电视、报纸、网络、微博等各种新闻平台，加大排查工作的宣传和舆论监督力度，教育引导企业和广大职工增强做好安全生产工作的主动性和自觉性；充分发动广大从业人员参与检查工作，组织职工特别是专业技术人员全面、细致地查找各种事故隐患。

三是明确部门职责，形成联合监管长效机制，增大安全监管力度。公安、工商、安监、供电供水等部门当明确部门的职责，建立信息共享机制，建立互联互通信息平台，完善网格化管理措施，落实相关责任人员的管理责任，坚决防止高危企业落户人口密集区，危及周边群众的安全；研究和探索新形势下安全生产监管的方法和措施，特别是对那些由多部门监管但职责边界不清、监管主体不明确的行业企业，应由政府牵头，成立领导协调组织，在明确相关部门职责任务的同时，建立联合执法机制和责任追究制度，保证监管工作措施落到实处。

四是培育和扶持合法合规企业，坚决淘汰落后生产工艺。政府和相关部门要把打非治违与推进当前产业结构调整和转型升级结合起来，制定相关政策和标准，采取切实措施培育和扶持依法依规生产经营、积极采用先进安全设备和技术、内部管理规范的企业，坚决限制和淘汰落后产能。

五是加强宣传教育培训，提高从业人员安全意识。事故加工场聘用的农民工，由于受教育阶段缺乏安全教育和培训，技术和文化素质较低，致使生产过程中自我保护意识不强。同时，业主为节省成本，不做安全培训，让工人直接投入危险作业中， 埋下安全隐患。针对这一现象，应加大安全生产相关法律法规和知识宣传力度，依法对企业负责人、安全管理人员和职工开展安全生产教育培训，提高从业人员安全生产法治意识和事故防范能力；加强舆论宣传和监督，发动群众群防群治，及时举报和曝光重大隐患。

▶ 痛定思痛，安全生产要牢记

温州市瓯海区“8・5”铝粉尘爆炸事故是一起非法组织生产引起的重大生产安全责任事故。事故主要源于一家无证、“三合一”地下家庭作坊逃脱监控，私自加工生产。这类“低小散乱”企业和加工作坊向来是安全生产事故高发场所。加上多数外来务工者文化素质不高、安全意识淡薄，从而埋下了众多安全隐患。

13 条鲜活的生命瞬间逝去，15 名村民受伤住进了医院，这样的惨剧是我们都不愿意看到的。痛定思痛，这起因非法生产所导致的严重事故，再一次敲响了警钟。惨剧背后暴露出政府安全监管的严重滞后。政府部门应集中打击无证无照、违法非法生产经营建设行为，该关的关，该停的停，做到刚性执法不走空，严防各类事故的发生。

类似这起爆炸事故的生产事故时有发生，要完全遏制其发生，政府监管是一方面，企业的自查自管更是关键所在。企业若缺少自觉，无论防护措施多么完备都无济于事。所有企业都应该深刻认识到安全生产的重要性，增强行动的自觉性，做好日常安全防护和自查自纠，全力杜绝生产事故发生。只有安全生产工作抓得足够紧，悲剧才不会重演。

手记

除尘设备形同虚设，铝粉尘引发爆炸，近百人丧命

——2014年江苏省昆山市中荣金属制品有限公司“8·2”特别重大爆炸事故救援和调查工作手记

- 时间：2014 年 8 月 2 日 7 时 34 分
- 地点：江苏省昆山市中荣金属制品有限公司（以下简称中荣公司）抛光二车间

一起特别重大铝粉尘爆炸事故发生，共有 97 人死亡、163 人受伤，直接经济损失 3.51 亿元。

小小铝粉尘引发爆炸，浓烟冲天

2014 年 8 月 2 日 7 时 10 分，中荣公司事故车间除尘风机开启，265 名员工开始作业。7 时 34 分，汽车轮毂抛光车间里铝粉尘超过了每立方米 40 克的浓度，突然冒起一大股白色烟雾，大约 10 秒之后烟雾由白色转变为青灰色，并且越来越浓烈。紧接着，“嘭”的一声巨响，1 号除尘器发生爆炸，车间瞬间成为火海，浓烟冲天几十米。爆炸冲击波沿除尘管道向车间传播，发生系列爆炸，当场造成 47 人死亡，28 人经抢救无效死亡，185 人受伤。伤员中，大部分人的烧伤面积超过 80%。爆炸造成事故车间房顶约 3/4 的彩钢板掀起，窗户全部碎裂。一层南墙部分倒塌；一层东墙中部外墙被炸出两个大洞，几台重型设备位移，设备的一部分位移到车间外；二层东墙部分倒塌，爆炸还波及周边 5 个车间。

紧急救援，现场勘查

昆山市公安消防部门接到报警后，立即启动应急预案，先后调集 7 个中队、21

爆炸后产生的浓烟

爆炸后损毁的设备

辆车辆、111 人，组织了 25 个小组赴现场救援。8 时 03 分，现场明火被扑灭，共救出被困人员 130 人。交通运输部门调度 8 辆公交车、3 辆卡车运送伤员至昆山各医院救治。环境保护部门立即关闭雨水总排口和工业废水总排口，防止消防废水排入外环境，并开展水体、大气应急监测。安全监管部门迅速检查事故车间内是否使用危险化学品，防范次生事故发生。

事故当晚，我会同相关部门负责同志赶赴现场，指导抢险救援工作，到医院慰问受伤人员，对做好善后处理和事故调查工作提出了明确要求。

事故发生第二天，国务院事故调查组成立，我带着从全国调集的多名粉尘爆炸专家再次进入事故现场进行踏勘。站在中荣公司门口，一眼望去，厂区空旷、平静，难以想象就在这个厂区，前一日刚发生了惨烈的一幕：很多人身上的衣服已经没了，他们光着膀子直往外冲，身上还带着火，“嗷嗷”的叫声太凄惨了；人全身是黑的，皮都焦了，男的女的脸都分不清了，很多人头发都烧光了……像发生了战争一样，惨不忍睹。爆炸过后，管道、轮毂、吸尘通风装置断的断、飞的飞、裂的裂，残骸布满了 1600 平方米的厂房，饮料瓶、不成对的鞋子和衣服的碎片到处都是，让人扼腕心痛。

伤者被分两批送往医院，一批送往无锡，一批送往苏州。交警发布绕行线路，请当地市民尽量让出救援通道。昆山献血人数达 2536 人，献血量累计达 684 100 毫升，献血小板人数达 60 人。

同时，医疗救治、事故伤亡人员家属接待及安抚、遇难者身份确认和赔偿等工作也陆续展开。按照医疗救治、善后安抚两个“一对一”的要求，工作人员对遇难者家属、受伤人员及其家属分步骤进行了心理疏导，全力开展善后工作，保持了社会稳定。

▶ 除尘设备形同虚设，人祸因素占主要

经调查，该公司厂房设计有严重问题，粉尘严重超标，隐患长期不整改，并且对员工缺乏基础的安全培训。

事故车间除尘设备与收尘管道、手动工具插座及其配电箱均未按规定采取接地措施。当罐体旁的电动机发动后，这个巨大的“吸尘器”就开始吸纳生产线产生的铝镁粉尘。由于铝镁粉尘遇氧遇明火会发生剧烈爆炸，除尘设备对安全生产至关重要，按照要求，所有产尘点均应装设吸尘罩。中荣公司多名工人证实，这套除尘系统作用有限，像一颗老迈而无力的“心脏”，只能吸走一小部分粉尘，工人一进车间，就会明显感觉呼吸困难、胸闷。吸尘器也由起初两到三天清理一次改为一个月清理一次。这个工厂粉尘严重的问题，实际上在 2010 年就暴露过，当时还有工人因为粉尘造成了肺病。公司老板开会从来都只讲产品、产量，从未讲过安全，也不进行安全培训。开班组会时，没有负责人提过要注意消防安全。虽然车间配备了灭火器，但是没有人教过工人如何使用。

事故调查组按照“四不放过”和“科学严谨、依法依规、实事求是、注重实效”的原则，通过现场勘验、查阅资料、调查取证、实验测试、检测鉴定和专家分析论证，查明这起重大责任事故的直接原因是一系列违法违规行为导致整个作业环境具备了粉尘爆炸的条件，引发爆炸。除尘系统风机开启后，打磨过程产生的高温颗粒在集尘桶上方形成粉尘云。1 号除尘器集尘桶锈蚀破损，桶内铝粉受潮，发生氧化放热反应，达到粉尘云的引燃温度，引发系列爆炸。因为没有泄爆装置，爆炸产生的高温气体和燃烧物瞬间经除尘管道从各吸尘口喷出，导致全车间所有工位操作人员直接受到爆炸冲击，爆炸时温度达到 2000 ℃ 以上，再加上夏季人体有汗，空气潮湿，造成大量人员伤亡。

在管理方面，中荣公司无视国家法律，违法违规组织项目建设和生产，是事故发生的主要原因。事故车间厂房原设计建设为戊类，而实际使用为乙类，导致一层原设计泄爆面积不足，疏散楼梯未采用封闭楼梯间，贯通上下两层。事故车间生产工艺及布局未按规定规范设计，生产线布置过密，作业工位排列拥挤，在每层车间内设置了 16 条生产线，在 13 米长的生产线上布置了 12 个工位，人员密集，有的

生产线之间员工背靠背间距不到 1 米，且通道中放置了轮毂，造成疏散通道不畅通，加重了人员伤亡。

除尘器本体及管道未设置导除静电的接地装置、未按《粉尘爆炸泄压指南》要求设置泄爆装置，集尘器未设置防水防潮设施，铝粉受潮产生氧化放热反应。每套除尘系统总风量为 28 800 立方米 / 小时，支管内平均风速为 20.8 米 / 秒。而按照《铝镁粉加工粉尘防爆安全规程》规定的 23 米 / 秒支管平均风速计算，该总风量应达到 31 850 立方米 / 小时，现场除尘系统吸风量明显不足，不能满足工位粉尘捕集要求，不能有效抽出除尘管道内粉尘。同时，企业未按规定及时清理粉尘，造成除尘管道内和作业现场残留铝粉尘多，加大了爆炸威力。

企业未建立岗位安全操作规程，无隐患排查治理台账；对铝粉尘爆炸危险未进行辨识，缺乏预防措施；未开展粉尘爆炸专项教育培训和新员工安全培训，造成员工对铝粉尘存在爆炸危险没有认知；事故车间电气设施不符合《爆炸和火灾危险环境电力装置设计规范》，电缆、电线敷设方式违规，电气设备的金属外壳未作可靠接地；粉尘防护措施不完善，未按规定配备防静电工装等劳动保护用品，加重了人员伤害。

监管部门的安全监管责任未落实到位，是事故发生的重要原因。苏州市、昆山市和昆山开发区各级安全监管、公安消防等部门安全生产红线意识不强，对属地企业的安全监管责任没有落到实处，多次对中荣公司进行安全检查，均未能发现该公司长期存在的重大隐患；对中荣公司无视员工安全与健康、违反国家安全生产法律法规的行为打击治理不力，没有落实安全生产责任制，没有专门的安全监管机构，对安全监管职责不清、人员不足、执法不落实等问题未予以重视和解决；对未按规定履行环保竣工验收程序即投产运行、中荣公司事故车间除尘系统技术改造未进行竣工验收、除尘系统设施设备不符合相关技术标准即投入运行等问题监督检查不到位；安全生产考核工作流于形式，安全检查、隐患排查治理工作不深入、不彻底，未认真落实国务院安委办部署的铝镁制品机加工企业安全生产专项治理工作；未能吸取辖区内发生的多起金属粉尘燃爆事故教训，未能举一反三组织全面排查，消除隐患。

▶ 多举措保障作业安全，遏制粉尘爆炸

此次事故给全国涉及粉尘企业敲了警钟，其暴露出来的问题极具代表性：厂房建设初期设计不合理，安全“三同时”不落实；生产线密集，集中在生产现场的人员众多；除尘设计只考虑净化效率，不考虑作业现场捕集效果；电器设备选型时不考虑粉尘爆炸危险，不按规定采用防爆电器；粉尘防爆知识贫乏，安全管理针对措施不强。为解决此类问题，我总结了以下七点。

一是提高对冶金等工商贸企业粉尘作业安全生产工作重要性的认识。存在金属粉尘、粮食粉尘、纤维粉尘等的作业场所，在一定条件下都可能发生粉尘爆炸，造成群死群伤。各有关单位要高度重视粉尘作业的安全生产工作，将其作为安全监管和事故防范的重点，进一步加强对冶金等工商贸企业粉尘作业安全生产工作的领导，研究采取有针对性的措施，狠抓企业安全生产责任制和各项安全措施的落实，有效防范此等事故的发生。

二是加大冶金等工商贸企业涉及粉尘作业建设项目安全设施“三同时” 工作力度。各地要按照相关规定，组织开展对涉及粉尘作业的新建、改建、扩建项目的专项监督检查，落实安全生产“三同时”制度，督促生产经营单位落实安全设施建设责任。对粉尘作业项目工程设计、各项生产工艺、各个生产环节、各种生产装置以及安全生产管理等，企业要开展专项安全检查和安全措施效果评估，不符合安全生产要求的，一律停产整改。

三是加大政府监管力度，强化开发区安全监管。招商引资、上项目要严把安全生产关，对达不到安全条件的企业，坚决淘汰；要严厉打击企业非法违法行为，保护员工健康与安全；要切实理顺开发区安全监管体制，建立健全安全监管机构，加强基层执法力量；对开发区安全生产违法违规企业放松监管、大开绿灯、听之任之的问题，要切实解决，严防安全监管“盲区”；要提高安全监管人员的专业素质，提高履职能力，加强企业承担社会责任制度建设，研究探索政府购买服务的方式，引入和培育第三方专业安全管理力量，指导企业加强安全管理，帮助基层和企业解决安全生产难题。

四是落实部门监管职责，严格行政许可审批。消防部门要在消防设计审核、

消防验收中依法依规核定厂房的火灾危险性分类，依法对易燃易爆企业开展消防监督检查，督促企业落实消防安全主体责任，坚决依法查处火灾隐患和消防违法行为。环境保护部门要严格落实环境影响评价各项工作要求，严把除尘系统项目技术标准和竣工验收关，加强对粉尘排放情况的检查监测。住房城乡建设部门要规范厂房建设项目审查程序，严格审批和备案。

五是深刻吸取事故教训，强化粉尘防爆专项整治。对辖区内存在粉尘爆炸危险的企业进行全面排查，摸清企业基本情况，建立基础台账，将《严防企业粉尘爆炸五条规定》宣贯到每个企业。要与“六打六治”打非治违专项行动紧密结合，借助专业力量，采取“四不两直”的方式深入企业检查，重点查防尘、防火、防水、防静电措施等内容，及时消除安全隐患，确保专项治理取得实效。对违法违规和不落实整改措施的企业要列入“黑名单”并向社会公开曝光，严格落实停产整顿、关闭取缔、上限处罚和严厉追责的“四个一律”执法措施，集中处罚一批、停产一批、取缔一批典型非法违法企业。

六是加强粉尘爆炸机理研究，完善安全标准规范。学习借鉴国外相关经验，建立粉尘特性参数数据库，为修订不同类型可燃性粉尘安全技术标准、粉尘爆炸预防提供科学依据；加强与国际劳工组织及其他国家相关研究机构交流，制定出台相关标准规范；加强对可燃性粉尘企业生产工艺、安全生产条件、安全监管等基础情况的调查研究，建立可燃性粉尘重点监管目录，提出涉及可燃性粉尘企业安全设施技术指导意见；推广湿法除尘工艺和机械自动化抛光技术，提高企业本质安全水平，有效预防和坚决遏制重特大粉尘爆炸事故发生。

七是推进冶金等工商贸企业安全生产标准化工作。各有关企业要认真落实国家关于冶金等工商贸企业安全生产标准化工作的总体要求和部署，以安全生产标准化建设为契机，以落实企业安全生产主体责任为主线，切实提高事故防范能力。要加大对粉尘作业危险性及有关规定的宣传力度，按照《生产经营单位安全培训规定》和岗位达标的要求，对作业人员定期组织开展包括岗位职责、安全操作规程、粉尘防爆、应急措施等在内的安全知识和操作技能培训，经考试合格后方准上岗。要加大安全投入力度，结合企业自身粉尘爆炸危险场所的特点，配备通风、除尘、照明、检测检验、防火防爆等安全设备设施。要按照有关标准的规定，认真组织开展本单位的隐患排查治理工作，对查出的隐患切实做到整改措施、责任、资金、时限和预案“五到位”。

▶ 建立有效监管机制，消除安全隐患

事发前，该企业就曾发生过粉尘爆炸，但是未曾整改，依然我行我素。员工工作时间长，缺乏安全意识，加上企业主要负责人急功近利，经济第一、安全靠边，安全管理十分薄弱，为了节省成本，用便宜的装置设备，在设计上也不合格，造成了这起伤亡惨重的爆炸案。我认为，可以从技术、管理两方面着手，防止此类事故的发生：从技术上，控制点火源，如工作空间消除静电，工人不穿化纤衣服，采用防静电的设施；从管理上，加强员工的安全教育工作，讲明利害关系，将可能存在的危险告知员工。

发生如此严重的爆炸事故，企业责任重大。然而安全生产不能仅靠企业“自觉”，必须重视并建立长期有效的安全监管机制，让企业生产始终处于政府职能部门的监管之下。监管部门要规范企业经营，及时发现企业的违法生产行为并对其进行约束和处罚，从源头上降低事故发生的概率，保障劳动者的人身和财产安全。

手记

第四篇　矿山事故

- 违规操作，越界开采，70 人遭无妄之灾
- 乱采滥挖，监管不力，矿难牵人心
- 违规操作，管理混乱，铁矿透水致 29 人遇难
- 为事故隐患开“绿灯”，必然让生命安全亮“红灯”
- 违法开采，冒险作业，百人遭遇水害

违规操作，越界开采，70 人遭无妄之灾

——2004 年河北省沙河市李生文铁矿“11·20”特别重大火灾事故救援和调查工作手记

- 时间：2004 年 11 月 20 日
- 地点：河北省沙河市白塔镇章村李生文联办一矿（以下简称李生文矿）

井下发生火灾，灾害波及相互连通的另外 4 处铁矿，事发矿井即李生文矿在此次事故中死亡 9 人，受波及的 4 个事故矿死亡 61 人，共造成 70 人死亡，直接经济损失 604.75 万元。

小火星造成大灾祸

2004 年 11 月 20 日凌晨 4 时许，李生文矿一平巷盲立井的罐笼在提升矿石时发生卡罐故障。当班的绞车工张某某随即上井，向值班矿长元某某和维修工陈某某报告，陈某某和元某某先后下井进行检查和修理工作。其间，维修工在没有采取任何防护措施的情况下，3 次使用电焊对罐笼脚、井筒护架进行切割和焊接作业，至 8 时左右结束，二人先后上井返回地面。

8 时 10 分左右，张某某在绞车房发现提升罐笼的钢丝绳晃动，前往井口观察，发现盲立井内起火，随即关掉绞车房内向下送电的闸刀开关并上井汇报，陈某某随张某某一起下井。到达一平巷时，烟雾已经很大，他们只能前行几十米，此处离事故盲立井还有 500 多米，能见度不足 1 米。他们遂返回地面向元月平汇报。9 时 30 分左右，元某某给矿长打电话报告，并于 9 时 50 分左右打 119 火警电话。沙河市消防中队 10 时 30 分左右到达井口，但没有条件对井下火灾实施扑灭，建议

打110报警，请矿山救护队进行救援。110于10时37分接警，通知原沙河市安监局。原沙河市安监局随即派副局长赶赴现场并报告了沙河市相关领导。

浓烟滚滚，救援难度极大

事故发生后，党和国家领导人指示要千方百计抢救井下矿工，最大可能保证矿工生命安全，认真做好善后和稳定工作。根据国务院领导批示，我在事发当天立即赶赴现场指导抢险，成立了事故抢救处理领导小组，下设事故抢险救援指挥和事故调查处理协调组。

21日凌晨1时，我赶到事故现场，从河南和河北邢台矿务局、峰峰集团、邯郸矿业集团和邯郸、邢台两市紧急调集了15个救护队、175名救护队员、8名通风专家，用正压呼吸机、注氮机等救灾设备，按救援方案对井下被困人员进行全力抢救，并紧急安装了6台通风机排烟。由于该矿区矿井开采时间较长，开采情况较为复杂，加之井下烟气太大，救援工作十分艰难。

浓烟加大了救援困难，相关通风专家仍未能拿到铁矿企业申请采矿许可证时必备的采掘剖面图，仅有一些手绘的简图可供使用。专家们称，没有采掘剖面图绝不能盲目下井救人，否则就是拿救援队员的生命开玩笑。12时25分，相关图纸终于送达现场，救援策略的讨论才得以顺利进行。地下四通八达的巷道扩大了悲剧，章村李生文铁矿与周围4个铁矿井下巷道互相连通，形成一张巨大的地下通道网络。大火燃起后，浓烟迅速扩散到所有巷道，5个铁矿的井下矿工都被烟雾困于井下。专家们初步断定，井下仅有两处的矿工有生还希望，这两处都是风流不容易达到的位置，其他地点的矿工生还的可能性已不大。

由于起火矿井内温度太高，救援队无法从该井下井，只能由200米外的白塔镇二矿下井，通过井下相连巷道，向起火矿井逐步推进。22日中午12时40分，两名返回地面的救援人员称，已勘察的巷道烟雾不太大，有的巷道温度仍然较高无法进入；发现了井下矿工所用的暖壶、杯子，没有发现矿工；还发现巷道内冒顶，仅剩高度不足一米的空间，装备氧气呼吸器以及氧气、一氧化碳测量仪的救援人员无法通过。

随着不断向前推进，烟雾逐渐变浓，救援人员只有弯着腰才能看见脚下的路，不得不随时“投石问路”，温度逐渐升至50℃以上。14时46分，在另外一条烟雾大、温度高的巷道，救援人员发现了8名遇难矿工，已无生还可能。

当天下午，三辆消防车在井口附近待命。17时左右，换上隔热服的救援人员陆续下井，连接在一起的20余盘水带通到井下。19时，通向起火点的巷道内的临时封闭墙被打开，救援人员将水带送入50多米后，高温已经让人无法忍受，只能将水带架在巷道中喷水，待温度降低后进一步推进，此时已经可以看到明火，距起火点还有270米左右。

由于事发矿区和矿井开采时间较长，开采情况较为复杂，加之救援队伍赶到时，大火仍在继续，井下烟气太大，救援工作开展得十分艰难。经过数天紧张的奋战，51人生还，70人在事故中不幸丧生。

▶ 死里逃生的17人

来自陕西的李国友成为幸存者之一。按照工作时间表，他在20日8时进入井下上班。但是进入后不久，他就看到一阵烟雾飘过来，像一条长龙快速弥漫了整个巷道。他马上意识到出事了，可能发生了火灾。起初，他以为是矿井里的塑料管被点燃了，后来才知道不是——在远离他所在矿场几百米的另一个巷道内，坑木燃烧产生的浓烟贯通了整整5个矿区。

47岁的李国友下井已有一定年头，对巷道非常熟悉。开始时他想领着大家往外跑，发现来不及后，他就和大家躲到了7平的井口，那个地方正好可以躲避浓重烟雾的袭击。同时他在8平和9平中来回搜索，最后将另外17个工友招呼到一起。在巷道中来回爬行寻人的过程中，他的背部和臀部肌肉被严重擦伤。

18个人在黑暗中待了20个小时。饥渴、惊恐、求生的渴望让所有人痛苦难耐。同时，烟雾的侵扰也让他们逐渐感到呼吸困难，意识模糊。20个小时后，他们被救援队员发现并救出，18个人中有17人生还。21日凌晨4时，在李国友被救援上来的过程中，他在矿井里看到了老乡王明喜躺在泥水中一动不动。

李国友记得金鼎铁矿井口贴着的对联：警钟长鸣，防范未然。“安全第一、预防为主”是它的横批。而在另外一堵墙上，矿山常见的标语“高高兴兴上班来，安安全全回家去”，此刻显得无比讽刺。被担架抬出来的时候，他看到矿工、救援队员、消防队员等数百人表情严肃、密密麻麻地布满了井口，眼巴巴、直勾勾地盯着井口，希望更多的人能被担架抬出来。

李国友的沉着冷静和丰富经验，让这 17 人火海逃生，这不仅仅是 17 条生命，更是 17 个家庭的顶梁柱，每一个妻儿子女的依靠和希望。

▶ 系列隐患早暴露，矿工生命当儿戏

李生文矿维修工在盲井的井筒内违章使用电焊，焊割下的高温金属残块渣掉落在井壁充填护帮的荆笆上，引燃井筒周围的荆笆及木支护等可燃物，直接引发了井下火灾的发生。

调查组了解到，各矿为争夺矿石资源，在地下肆意打眼开采，结果造成各矿井互连互通，风流紊乱。5 个矿山均采用自然通风的方式，都没有独立的通风系统，更没有配备专业的抽风设备，形成了整个矿区井下风路的大循环，一个矿井发生事故，就会导致多个矿井受灾。

李生文矿电缆着火引起坑木燃烧后，在井下作业的工人全部因一氧化碳中毒昏倒或当即窒息死亡。浓烟、高温和高浓度的一氧化碳是导致矿工丧命的主要原因。大火发生在早晨 8 时，正是人最多的交接班时间，受困人员较多。

按照规定，每个矿井至少应有两个独立的直达地面的安全出口，但是岭南矿和李生文矿均只有一个立井可以通达地面，人员逃生受到影响，这也加重了事故后果。李生文矿和白塔二矿虽为主、副井开拓，但主井与副井仅在一平巷相连，对一平巷以下的作业区而言，仍然只有一个可以通达地面出口的通道。西郝庄矿分为主、副井两个系统，主井系统有主斜井和红旗 1 号井两个直达地面的出口，但副井系统在 –145 米通风巷被一道密闭墙与主井系统隔开，只有副斜井一个直达地面的出口。

另外，救援不及时也是伤亡人数扩大的重要原因。最初发现火灾时，矿主并没有向有关部门及时汇报，请矿山专业救援队伍进行抢险，而是自行组织带人下井救

人。事故发生大约两个小时，矿主们眼看已无法控制局势，才不得已报警求救，等到消防和救护队赶来时，最为有利的救援时间已经过去。这时候，浓烟顺着井口向外猛冲，巷道里一氧化碳浓度早已达到致人死命的程度，甚至一位救护队员下井后都昏倒在地。根据过往经验，如果抢救及时，有些矿工本来可以生还的，却因为矿主的无知和不负责任而丧命。

火灾初期，西郝庄矿发现主、副斜井口冒烟后，在副斜井口安装了风机并投入运行。该风机在副斜井口向下压风，从而使得 +75 米处的烟气被迫下行，烟气被压至 –25 米水平，增加了工人逃生的难度。在李生文矿一平巷十字交岔口后，用棉被设置了密闭，由于此密闭阻碍了李生文矿盲 1 井中烟气向立井口流动，迫使该盲井的烟气下行，进而加大了向其余各矿扩散的烟气量。白塔矿一平巷交岔口前安装了风机，向内压风，此措施使大量的烟气下行、扩散，进一步增加了烟气向李生文矿和白塔二矿立井排烟的困难。

调查中我们还了解到，矿井的自救互救培训几乎是空白的，矿工安全意识淡薄。大多数矿工表示，已经在多个矿山工作过，但是只接受过一次采矿技术方面的理论培训，没有接受过任何逃生之类的培训，这显然为安全事故的发生埋下了重大隐患。火灾发生时，只有少数矿工对铁矿比较熟悉，底部氧气较少，烟气下沉比较慢，在下边还是有机会逃生。可并不是所有的被困矿工都有这样的安全常识和自救知识，许多工人下井就只有一顶安全帽，新招来的工人一般都没经过培训，下井前仅由工头讲一讲注意事项，逃生自救的本领根本没人多讲，工头让怎么干就怎么干，甚至在出事后矿长自行带人拿着湿毛巾下井救援，非但没有救上被困的矿工，反而被困井下，最终包括矿长在内 10 人死亡。而按照安全生产的规定，新矿工上岗必须经过严格培训，掌握一定的安全生产知识和自救技能。

▶ 惨痛教训，防微杜渐

在矿业的发展过程中，矿山安全是关键，对社会稳定以及经济发展有着至关重要的影响。此次火灾事故的教训是惨痛的，也说明我们的安全工作没有做到位。安全问题不解决，势必成为矿业生产发展的制约瓶颈。针对如何消除行业安全生产事故隐患、防范化解非煤矿山事故风险，我谈一下自己的思考。

一是加强从业人员安全教育培训，补齐安全知识及技能短板。矿工安全知识缺乏的背后，是矿主对安全生产的极端忽视。对金钱的贪欲，使得他们舍不得投入给矿工做安全培训，舍不得花钱购置安全设施。而建设一支高素质的职工队伍，是实现矿山安全生产的根本保障。因此，需要提高从业人员的整体安全素质，提高职工安全思想认识，使其树立 “安全第一”的思想意识。其次，加强井下作业人员的安全专业技能培训，使其掌握、精通矿井安全知识、操作、逃生等技能，提高作业人员自保能力。最后，对于领导干部，要增强安全工作责任感，增强安全第一的思想意识，提高安全决策水平和决策能力。

二是加大安全生产措施费用投入力度，提升安全生产技术水平。对于安全设施设计与实际生产现场不符的矿山予以查处，对存在地下矿山提升运输系统和通风监测系统不健全、排水能力不足、使用淘汰落后设备、一级负荷没有采用双电源及双回路供电等问题的矿井，要责令整改，确保企业不带病运行。对于不具备基本安全生产条件和违法生产的矿山，坚决关闭、取缔。

三是在安全生产许可制度的实施过程中，严格审核企业安全生产条件，特别是矿山开采的井下安全出口和井下通风系统，完善金属非金属矿矿山企业安全生产许可证审核颁发工作程序，严把高危生产企业的安全准入关。另一方面，精简许可证办理程序，制定全国统一的流程图，减少对企业管理资料的要求，缩短办理周期，加快信息系统建设，强化许可证信息受理公开、审核公开、结果公开。

四是加强矿产资源开发秩序的管理，提高矿产资源开发利用监管水平。加大对违法越界开采问题的查处力度，把违法越界开采查处情况与采矿许可证延续登记工作相衔接。严格规范矿业权审批职责，不能违法重叠和交叉设置探矿权、采矿权。防止生产经营过程中以包代管、包而不管、违法租赁或转让采矿权等问题的发生。

▶ 矿山安全人人抓

矿山行业是国家能源的支柱，安全亦是矿山行业永恒的主题。随着我国经济的发展，各行业迅猛发展，对各类非煤矿产资源的需求量也逐渐增加，同时，矿山安全的压力也在不断加大。矿山企业的安全事关职工生命安全和企业的经济效益，更关系国家的根本利益，矿山企业要发展，更要做到生产安全。

纵观矿山安全事故的根本原因，人的安全素质低下是主要因素之一，也是引发事故最活跃的因素，此起矿井火灾事故也不例外。减免事故发生就是要抓住人为这个关键，不断强化管理人员和作业人员的安全素质，做到人人深知事故隐患，人人可处理事故隐患，营造“人人讲安全，时时讲安全，事事讲安全，人人会安全”的安全氛围，要明确岗位职责，严格遵章守纪，杜绝“三违”的不安全行为和侥幸心理，尽最大努力保证矿山安全生产，防患于未然。总之，安全生产并不是一朝一夕的事情，需要矿山全体干部、员工的共同努力才能实现。

手记

乱采滥挖，监管不力，矿难牵人心

——2005 年河北省邢台县“11・6”特别重大矿区坍塌事故救援和调查工作手记

▶ 时间：2005 年 11 月 6 日 19 时 36 分

▶ 地点：河北省邢台县尚汪庄石膏矿区康立石膏矿、太行石膏矿、林旺石膏矿

特别重大坍塌事故发生，造成 33 人死亡、4 人失踪、40 人受伤，直接经济损失 774 万元。

▶ 矿井坍塌，井下48人、井上29人被困

2005 年 11 月对于冀南小城邢台而言，是个多事之秋。11 月 5 日，曾造成 2004 年 70 名矿工遇难的河北省沙河“11・20”特大矿难事故的责任人受到严肃处理，9 人被移送司法机关，包括国家机关干部在内的 24 人分别受到党政纪处分。然而，就在邢台市刚刚掀起“官员问责风暴”的第二天，又发生一起石膏矿特大坍塌事故。

尚汪庄石膏矿区位于河北省邢台县会宁镇尚汪庄村南，矿区东南距邢台市直线距离 10 千米左右。在不足 0.6 平方千米的矿区，有康立石膏矿、太行石膏矿、林旺石膏矿、第二石膏矿和邢燕石膏矿等 5 个矿。6 日 19 时 36 分，该矿区井下采空区大面积冒落，引起地表坍塌，形成一长轴约 300 米，短轴约 210 米，面积约 5.3 万平方米的近似椭圆形的塌陷区，以及 24.5 万平方米的移动区。康立、林旺和太行石膏矿井下 48 名作业人员被困，地面 88 间房屋倒塌，29 名矿山职工和家属被困，矿山工业设施严重受损。

事故矿坍塌后形成的塌陷区

▶ 惊心救援，分秒必争

事故发生后，邢台市公安消防支队指挥中心和公安局指挥中心分别于 19 时 47 分和 19 时 55 分接到群众报警，指挥中心立即向邢台市政府、邢台县政府和有关部门报告，两级主要领导带领有关部门负责人立即赶到事故现场，启动应急预案，紧急调动邢矿集团救护队、邢台市救护队等救援力量，展开抢险搜救工作， 并按事故报告程序上报。

11 月 7 日，我率工作组与河北省人民政府有关领导相继赶到事故现场组织、指导救援工作，要求在保证安全的条件下加大抢险力度，并根据情况，及时修改抢险方案。现场的搜救人员想尽办法，先是用绳子捆上手电、稿纸、笔、水和食品送往井下，希望矿工能接到这些东西，回应救援人员。可当绳子顺下井 135 米处时，没有得到任何回应，再提起绳子，东西还在，只是少了一个手电筒。大家分析认为，如果井下有被困矿工，应该会用笔和稿纸给井上的人发出信息，手电筒较重，可能掉在井下了，看来井下的矿工听不到外界声音，这一救援方案很快被否定。

夜幕降临，矿工的生命时刻牵动着在场人员的心。我们组织论证了该矿区的布局后，决定采取“走东家门，救西家人”的方法，救援队员从附近的邢台县第二石膏矿井下去，打通通往康立矿的巷道救人。随后，救援队员从矿井 210 米深处向康立矿的巷道挖进，当巷道被打通时，被困矿工很快被抬上地面送往医院救治。事故共救出井下生还者 28 名（其中最后 1 名生还者在事故发生 11 天后于 17 日 17 时升井），搜寻到遇难者 16 名，仍有 4 名矿工失踪。同时，救出地面生还者 12 名，寻找到遇难者 17 名。

▶ 不是天灾，而是“人祸”

据知情人介绍，矿老板为防止外来务工者没干多久就辞工，和他们签了一年至三年的合同，并让每人交了 500 元押金，有的老板还扣了工人两个月的工资。矿老板花很少的钱就可让矿工干活，遇到同行间争资源 “抢夺山头”，一些黑心矿主经常组织上百人武斗，这些矿工无奈沦为黑心矿主争斗的工具。但是，矿老板没有开展安全培训，工人安全意识和抗风险能力都极低。

我们搜集了有关资料和证据，对矿区地质构造进行了分析，排除了地震、地表降水、地下水、井下爆破、断裂构造破坏等因素。进一步调查发现，尚汪庄石膏矿区历经十多年开采，积累了大量未经处理的采空区，形成大面积顶板冒落的隐患。其次，矿房超宽、超高开挖，导致矿柱尺寸普遍偏小，稳定性较差。同时，由于矿区无序开采，在无隔离矿柱的康立石膏矿和林旺石膏矿交界部位，形成薄弱地带，受采动影响和蠕变作用的破坏，从而诱发了本次事故，这些因素是导致事故发生的直接原因。而地面建筑物建在地下开采的影响范围（地表陷落带和移动带）内，是造成本次事故扩大的根本原因。

此外，采矿权设置不合理、越界开采、乱采滥挖等问题，带来了巨大的安全隐患。在不足 0.6 平方千米的范围内，设立康立、太行、林旺、邢燕和第二石膏矿五个矿，开采影响范围重叠。康立矿一水平与太行矿二水平贯通，康立矿一水平越界开采林旺矿三水平西北角 2400 平方米资源，并与林旺矿贯通，破坏了隔离矿柱的完整性。同时，康立、林旺两矿交界处没有隔离矿柱，紧靠边界布置采面开采，矿房超宽、超高、矿柱大小不一、尺寸普遍偏小，上下水平矿柱不对应，这些问题都不能满足开采稳定性的要求。

在矿山设计阶段，设计单位不具备非金属矿山设计资质，这在源头上就给矿山安全生产埋下了一颗定时炸弹。据调查，设计单位开发利用或开采设计方案内容不全、深度不够，未明确竖井保护矿柱的范围，没有圈定地表保护范围，没有提出切实可行的采空区处理措施，没有考虑相邻矿山之间的采动影响。

该矿山在停产整顿期间，仍然违反规定继续生产，并未按有关安全规程要求对采空区进行处理，未开展有效的地压监测工作，未建立顶板管理制度，没有在地表建立岩移监测网。尚汪庄石膏矿违章指挥、违章作业现象也普遍存在。另外，生产过程中技术和组织管理混乱，没有采掘计划，图纸资料不全；井下采掘测量器材简陋，测量精度低，在生产中难以保证矿柱尺寸及上下对应关系；安全培训制度不落实，部分特种作业人员无证上岗。

原邢台县安全监管局对非煤矿山安全生产专项整治工作落实不力，工作不实，对尚汪庄石膏矿区存在的塌陷隐患、采空区治理以及地表建筑物安全监督管理工作重视不够，没有按要求定期对石膏矿进行井下监督测量工作。邢台县国土资源局执法不严，对越界行为未按规定进行处罚，在检查时既不下井，也不查看采掘图，未能制止越界开采问题。邢台县公安局违反规定，超核定量审批爆炸物品，为三个石膏矿违法生产提供了条件。邢台县政府对非煤矿山安全生产专项整治工作领导不力，对县安全监管局、国土资源局、公安局履行监管职责的情况督促检查不到位，对尚汪庄石膏矿区长期存在的违规生产、越界开采、管理混乱等问题失察。该矿区曾两次发生过大面积顶板冒落和地面坍塌事故，没有引起足够重视，可见这场事故不是天灾，而是人祸。以上种种原因叠加，造成33人死亡，33个家庭就这样支离破碎，酿成了令人痛心的惨案。

▶ 痛定思痛，防患未然

该事故是一个违规开采、滥挖乱采的典型案例，教训极为深刻。亡羊补牢也好，未雨绸缪也罢，对事故原因的分析与今后改进的探索，应该永不停止。为防患于未然，我有以下几点思考。

一是合理规划矿产资源，从源头上解决“单个矿体、多家开采”所带来的安全隐患。对采矿权的设置，要从技术、经济、安全的可行性出发，鼓励和引导资源的合理开发和利用，宜大不宜小，宜集中不宜分散。对目前开采的矿山，通过政策引导矿山企业的结构调整、资产重组和联合改造，关小并大，促进规模化经营和现代化建设，提升其本质化安全水平。将资源开发与环境保护、矿山安全与环境科学两两相结合，采用岩土工程、采矿工程的新技术、新理论、新方法，完善采矿工艺和安全措施，有效降低地质灾害隐患，避免安全事故和生态破坏。

二是落实矿山企业安全主体责任。无论何种所有制，采取什么样的生产组织，安全管理工作严禁以包代管。要严格遵循国家有关法律法规、行业标准和安全规程，建章立制，强化管理。特别对地下开采的采空区，要做好监测，及时处理。对已形成重大安全隐患的矿区，要依法停产整改，不留后患。应当以自身实际情况出发，借鉴先进的组织架构模式，将安全准则落实到个人，将安全精确落实到小组、落实到个人，不允许出现无法追责的状况。

三是落实政府有关部门监管责任。按照国家有关法律法规，树立“安全发展”的正确理念，从非煤矿山开采的规划、立项、设计、施工、投产等环节上强化依法监管。加强部门之间的配合与协调，积极开展联合执法，坚决打击非法开采、破坏资源、污染环境的行为，不允许不具备安全生产条件的矿山继续违规生产。加强企业法律意识，要求其对员工进行培训，并加大对未知灾害的预防，制订相关的应急措施。

四是深入开展非煤矿山的开采秩序整顿和安全专项整治工作。地方各级政府要高度负责，精心组织，强化措施，取得实效，力求避免类似事故的再次发生。坚持巡查和调度，对违法采矿、采沙、取土，特别是隐蔽性非法盗采、边远废弃矿井开采、无证勘查、以探代采、以整治为由代采等问题“零容忍”，坚决做到发现一起、打击一起，用铁腕手段把问题消灭在萌芽状态。

▶ 坍塌血泪教训，安全警钟长鸣

接连发生的多起事故，充分暴露出一些矿山企业依然存在安全发展理念不牢固、吸取事故教训不深刻、安全风险隐患排查治理不到位、安全基础管理薄弱等突出问题。只有真正吸取教训，才能纠正不符合安全生产理念的思想，规范行为，从而有效防范事故。矿山行业的安全发展牵动着亿万人的心，安全无小事，安全才是矿山行业的生存之本。我们应该深刻接受惨痛事故教训，扎实把安全工作落到实处，切不可麻痹大意，掉以轻心。

另外，地下资源的开采和利用，对国民经济发展、社会稳定以及人民生活水平的提高起着极其重要的作用，如何实现“在开发中保护，在保护中开发”是亟待解决的现实问题。传统的矿山开采技术相对落后，发展模式粗放，不仅减少了企业利润，也给企业生产带来了安全隐患，同时，生态环境也遭到了破坏，引发社会矛盾。因此，企业的发展也需要制订长远、科学的战略目标，采用节能、环保、循环、高效的开采方式，打造绿色矿山，实现企业和社会的双赢，从而为自身的长久发展增添动力。

手记

违规操作，管理混乱，铁矿透水致 29 人遇难

——2007 年内蒙古自治区包头市壕赖沟铁矿“1·17”特大透水事故救援和调查工作手记

- 时间：2007 年 1 月 16 日 22 时左右
- 地点：内蒙古自治区包头市东河区超越矿业公司壕赖沟铁矿

特大透水事故发生，6 人获救，29 人遇难，直接经济损失 1420 万元。

▶ 竖井渗水，生死未卜

2007 年 1 月 16 日 22 时许，矿值班员刘某现场巡查时，接到 1 号斜井出水的通知，联系该井负责人王某，通知其撤离人员，同时又向值班副矿长张某汇报了情况。

不久后，他又和值班员邬某到 1 号竖井查看，得知 1 号竖井水抽不完，通知赶快撤人，时间大约是 23 时 30 分左右，此时卷扬机已提不上来，下巷道被水淹了。他们赶快向上汇报现场情况，马上转向 2 号井查看情况，在赶往 2 号井的路上得知 3 号竖井也被水淹。情况危急，他们直接将情况向超越矿业有限责任公司法定代表人作了汇报。大约 10 分钟后，1、2、3 号竖井井下巷道全部被泥浆和水淹没，35 名矿工被困井下。值班副矿长张某达到现场，立即安排打平巷工作，向井下遇险矿工施救。

▶ 启动应急预案，成立指挥中心

事故发生后，包头市委组成了事故抢险救援现场指挥部，全面展开救援工作。

17 日下午，我和有关司局负责人赶到事故现场，对各项抢险救灾方案进行了分工，根据各井口情况，制订了具体的救援方案：一是用空压机向井内打压供气，保障被困人员呼吸所需空气；二是及时从包钢抽调潜水员深入井下查明透水量，搜寻被困人员，并输送氧气；三是用泥浆泵将能抽出的淤泥和水抽出后，人工清淤；四是将 1 号斜井与 850 平巷贯通后排水。

▶ 集中优势力量，加快贯通进度

经过实地考察，我们发现安装钻机空间受限，安装时间长，无法与挖掘同时进行。我们决定由该矿掘进队进行掘进，但速度较慢，为了加快救援速度， 立即调其他单位救援队分班作业，快速掘进。经过 21 个小时的昼夜开掘，掘进了 11 米岩巷。为了确保救援人员不受水害和炮烟的危害，加强局部通风、打探眼，边探边掘，当发现 850 平巷内有生还人员时，为确保被困人员不受爆破危害，通过探眼、喊话，采用小断面爆破法，最大程度减少人员受伤。18 日上午 11 时，850 平巷贯通， 6 名被困的矿工被救，取得了阶段性成果。

▶ 同步救援，力克艰难

与此同时，1 号竖井救援人员乘坐罐笼开始下井清理杂物，在井筒 130 米处被排水管、坑木、角钢等杂物堵塞，无法下到井底，救援人员利用切割工具将钢管切除，下到 150 米处再次被巷道内的大量杂物挡堵，清障难度和操作危险性加大，同时井底的泥沙和水位高出 850 井底车场 30 余米，排水清淤工作也遇到障碍。

经潜水队员初步勘查发现，2 号竖井井下存有大量淤泥和矿渣，潜水泵无法工作，队员被迫撤出地面。最后，我们采用罐笼取水办法，提出 130 余罐泥水，但由于淤泥沉积，罐笼无法盛水，2 号竖井救援被迫中止。

3 号竖井由于井底部淤泥过深，排污泵不能开启，排水未成功。指挥部决定撤出水泵和钻机设备，将钻机立即搬运至 3 号竖井口 15 米处向井下开钻。

▶ 成立专门指挥部，加快清淤进度

18 日下午，调查组召开紧急会议，针对 1、2、3 号竖井救援受阻且没有其他补救措施的情况，为加快 3 号斜井 850 贯通平巷的清淤进度，尽快挖出通向被困人员的通道，成立了 3 号竖井指挥部，进行工作部署和分工。100 余名武警官兵和矿山救援人员按照指挥小组的安排，安装水泵、管道、电缆，进行井下清淤工作。

▶ 现场督导，避免事发

1、2、3 号三个竖井抽排淤泥遇阻，3 号斜井贯通巷道进展缓慢。为了更进一步探明井下情况，指挥部派专家进行探察，通过测点发现井下原泥浆水位异常，随时可能发生大量泥浆突涌，存在重大的危险性。当时有 51 名抢险救援人员正在清淤，一旦发生次生事故，将直接危及施救人员的生命。因此，指挥部迅速撤出井下正在施救的所有人员。

20 日凌晨 4 点左右，在人员撤离 1 个小时后，发生大面积泥浆溃入，130 余米平巷和 3 号斜井 850 水平以下斜巷全部淹没。地表塌陷区范围由 3600 多平方米扩大到 7000 多平方米， 深度由 20 多米扩大到 30 多米。1 号竖井井架摇晃，井筒毁坏，附近公路出现裂缝和鼓包。幸亏及时撤出了井下 51 名救援人员，并且及时停止后续 100 名救援人员入井救援，避免了一场次生特别重大事故的发生。

▶ 灵活救援，及时避险

大量泥浆灌入井下后，经观测，2 号、3 号竖井泥浆位不断上涨，2 号斜井准备打钻孔的位置也被泥浆淹没，而且 1 号、2 号斜井下方有采空区存在，有着很大的危险性，原定救援方案均无法实施，部分原定救援工作被迫停止。

新的险情出现后，指挥部立即召集水利、水文、地质等有关专家召开紧急会议，商定下一步救援方案。我们分析，在没有降低第四纪含水层的静水压力水头的情况下，必须停止矿内人力淘挖泥砂，并在组织钻机施工通风孔过程中，注意第四纪含水层的止水，防止使水、泥、砂进入矿井。

为确保地面救援人员安全，尽最大可能实施救援，现场救援指挥部再次召开紧急救援形势分析会。与会专家一致认为，目前矿井内静水压力仍然很大，水和泥浆仍然处于不稳定状态，人为破坏现有平衡，势必造成矿井内的压力失衡，引发二次乃至三次水、泥、砂大量涌入，造成次生灾害。

24 日，采空区地面再次发生沉陷，3 号竖井附近发现新的地表裂缝，8 时 30 分召开紧急会议，根据现场情况，研究应对措施。抢险救援专家组和技术人员共同分析后，认为继续强行对 3 号井附近施钻，极有可能造成钻机卡壳或引发新的地质变动，危及救援人员和设备的安全。

井下泥浆和上层水位活动仍然频繁，而且暂时没有稳定的迹象，加之随着时间的推移，井下被困人员已经失去生还条件。救援指挥部根据专家意见，决定停止对 3 号井打钻，并迅速撤出专业人员和设备。救援人员转入待命状态，调查组集中精力开展次生灾害预防、事故调查和善后工作，并对下一步的工作提出了具体安排：一是国土部门要加强对地表沉陷范围的监测，每小时报一次结果，并扩大监测范围（包括采空区），对居民、厂房、设施、公路等重点监测区域要打桩防护，防止次生灾害；二是除保留必要人员参与救援外，要组织更多力量开展事故调查和善后工作；三是全力以赴做好善后工作；四是严密监视电网线路铁塔，并及时制订应急预案；五是在关停现有井工矿山企业的同时，要对全市辖区内类似的矿山企业进行一次安全现状评价，不符合安全生产条件的一律关停。

▶ 定格的生命

工作人员统计了被困矿工人数和详细名单。名单显示，他们大部分来自四川、宁夏、贵州。从救援速度和时间判断，35 名矿工全部生还的希望很渺茫，可是他们的家人却不知情。

据了解，10 多名被困的矿友都是来自四川省泸州古苓县，他们在这里已经干了一年多，早在事发三天前就商量要回乡了，可由于矿上欠三个月的工资，就没走，没想到会发生这样的事。

其中遇难的矿友罗双明，42岁，出渣工，上有父母，下有一双儿女，16日晚上10点多下的1号井，按照惯例17日早上8点多就应该出井的他却在17日上午10点多还没有上来。他的同乡人聚在一起，说着四川方言，并目不转睛地盯着1号井。一位不愿透露姓名的矿工说："要不要打电话？他家人还不知道呢，咱们几个同乡在这里抽了一晚上烟，可到现在也没有一点点消息，要等到什么时候呀？估计幸存的希望太小了，太小了。"现场气氛凝重，救援人员慎之又慎，希望更多的人能被救出来。

▶ 物有本末，事有始终

事故发生原因是多方面的。一是矿方违规操作，导致矿井透水。这次事故发生的表象是地下采掘活动致使采空区顶板应力平衡遭到破坏，引发顶板的岩层移动。但经过事故调查技术组分析认定，深层原因是，在地质构造、水文地质条件复杂的情况下，矿方既未执行开发利用方案，也未按照采矿设计进行采矿，造成矿井透水。二是管理混乱、以包代管。该矿业公司虽然制定了《安全生产管理制度》和《安全生产管理条例手册》等规章制度，但没有落实到位。企业管理与承包作业队工作分离，以包代管。企业领导层和采矿队伍不稳定，给安全生产造成隐患。企业管理人员安全生产意识差，对已发现的事故隐患没有进行整改。矿业公司没有统一组织过对从业人员的安全生产教育培训。三是培训机构弄虚作假。培训机构在对壕赖沟铁矿安全管理人员和特殊工种作业人员进行资格培训时，没有完成培训大纲规定的课时数。更让人诧异的是，个别人员只是报名，没有参加培训学习，考试由他人代考，竟也取得了安全管理人员资格证书。四是疏于管理、监管缺失。包头市国土资源局监管部门对企业既不执行开发利用方案，也不按照采矿设计要求进行开采的问题，疏于监管；对企业延续采矿权的申请没有在法定时限内给予批复。原包头市东河区安监局虽然也多次到该铁矿进行检查，但对企业不落实安全生产责任制度、安全生产管理制度、安全生产培训制度等问题监管不到位；对企业没有及时整改矿山安全隐患的问题，没有及时发现并纠正。包头市东河区人民政府作为安全生产监管的责任主体，对所属职能部门落实安全生产责任制、落实安全生产监管职责领导不力，安全生产监管主体的责任落实不到位。

▶ 未雨绸缪早当先，居安思危谋长远

对于这起事故带来的惨痛代价，各地政府及企业要时时刻刻保持警惕，规范操作，严守生产秩序，避免安全事故的发生。

首先，强化培训监管，提高人员素质。事故发生之后，全国各地要强化对安全培训机构的日常监管，从教学质量等方面进行全方位监督。同时，按照各地应急管理部门的要求，对非煤矿山企业相关人员实施严格培训，对培训不符合要求的，严厉追责。

其次，加大隐患排查力度，规范企业生产行为。为防止同类事故的再次发生，非煤矿山企业应及时从法律法规和规章制度等方面进行全面自查，若发现问题，及时整改。

最后，进一步厘清职责，落实监管责任。按照《安全生产法》有关规定，厘清各安全生产监管部门的职责，落实安全生产责任制。按照分级监管、“谁主管，谁负责”的原则，各司其职。建立和完善非煤矿山等重点行业各监管部门联席会议制度和联合执法机制，加强部门间协调配合，促进监管工作的有效开展。

手记

为事故隐患开“绿灯”，必然让生命安全亮“红灯”

——2017年黑龙江鸡东裕晨煤矿“9·13”重大瓦斯爆炸事故救援和调查工作手记

- 时间：2017年9月13日
- 地点：黑龙江省鸡东县裕晨煤矿

一起重大瓦斯爆炸事故发生，造成10人死亡、8人受伤，直接经济损失1339.12万元。

猝不及防发矿难，延迟上报误时机

2017年9月13日，裕晨煤矿早班出勤26人，7时起，工人陆续入井，分4组作业。其中，1组8人在5#煤层右二路平巷回撤刮板输送机；2组3人到左五路斜下工作面作业；3组5人在3号上山工作面作业；4组8人到4#煤层左五路平巷铺道作业；值班井长井下巡查，机车司机操作电机车。

9时左右，2组3人从副井入井，20分钟后到达作业地点，因工作面没有风煤钻，其中2人返回井上到机电班取风煤钻，回到副井时看到了另一组员和值班井长，组员说井下的风管都漏了，不能使用。值班井长告诉他们井下有能使用的风管。之后，值班井长和2组人员从副井返回井下，到右平巷5#煤层漏煤口处取风管，运到工作面接上风管后，开始打眼，发现风煤钻动力不足，2组组长让一名组员到1组或高峰工作面去借风煤钻，组员走后约10分钟，正在进行打眼作业的1组组长听到一声巨响，他意识到发生事故了，就和另一组员立即往外跑，没跑多远就失去了知觉。

事故发生前，在4#煤层左五路平巷铺道作业的4组组长升井取材料。12时20分左右，他行至副井井口时，感受到来自井下的冲击波，意识到井下发生事故，随即乘从矿车行至二路，因二路有烟无法进行探查，随即到主井向煤矿生产负责人汇报，之后再次入主井探查，在4#煤层左五路平巷发现有冒顶后，从主井升井。受伤的蓄电池机车司机从副井自行升井，遇到了吃完午饭正准备从副井入井的1组班组，告知他们井下发生瓦斯爆炸。事故发生时，井下共有作业人员18人。

1组组长在得知事故发生后，立即安排其组员2人向煤矿负责人汇报，但煤矿负责人并未按规定向有关部门报告，也未向专业救护队伍请求支援。他于12时40分左右，擅自带领生产负责人等人到达副井井口，违规组织11人，由一名工人带队，在未佩戴自救器的情况下盲目实施自救。一行人行至4#煤层左五路平巷1号上山下口处发现5名幸存者，行至4#煤层左五路平巷与4#煤层斜下交叉口处发现1名幸存者，随后把6名幸存人员救到井上，将包括蓄电池司机和4组组长在内的8人送至医院救治，井下还有10人被困。

直至当日16时48分，煤矿负责人才向鸡东县煤管局监察一队队长报告。至此，事故已迟报4小时27分，且自始至终未请求专业救护队伍支援。接到报告后，县煤管局监察一队队长于17时05分，将事故情况逐级上报。

▶ 井下抢险营救，被困10人无一生还

事故发生后，根据国务院领导的重要指示，原国家安监总局党组，原国家煤矿安监局，黑龙江省委、省政府作出了安排部署。

接到事故报告后，鸡西市委、市政府主要领导、主管领导立即赶赴现场，并启动应急预案，成立救援指挥部，立即开展应急处置工作。17时40分，龙煤鸡西矿业公司救护大队在接到裕晨煤矿瓦斯爆炸救援命令后，立即派出3个中队赶赴现场。

18时50分，救护队到达事故矿井，在了解井下作业人员情况后，展开救援工作。19时，即事故发生6小时39分后，救护队入井进行灾区侦查，先后发现5名遇难者。由于灾区通风系统和供电系统受到破坏，巷道内烟雾弥漫、能见度低，搜救工作暂时无法向内开展。后经恢复供电、通风系统并排放瓦斯，搜救工作得以继续。14日3时许，第6、7、8、9名遇难人员陆续被发现。23日12时30分，

市政府组织搜救小组在5#煤层反上顺槽40米处发现第10名遇难人员，救援工作结束。

事故发生后，为妥善开展遇难人员家属的安抚和赔偿工作，事故善后工作组成立。9月26日，遇难人员善后事宜全部处理完毕；12月14日，8名伤者全部出院。

▶ 重重隐患成祸端

为查明这起事故的具体原因，调查组深入井下对事故现场进行勘查，经分析，认定这起事故是瓦斯爆炸事故，爆炸发生在裕晨煤矿4#煤层左五路3号上山巷道式采煤工作面。事故发生时，事故地点的局部通风机未运行，事故点工作面长期不供风造成工作面瓦斯积聚，浓度达到爆炸极限。另外，根据调查取证证实，工作面未使用过炮泥和水炮泥，现场勘查井下也未发现炮泥和水炮泥。根据现场的爆破痕迹，调查组认定员工在未使用炮泥封孔的情况下，违规实施爆破，产生火焰，为事故提供了火源。加上事故点人员作业带入风流中的氧气，满足瓦斯爆炸供氧条件，最终导致事故发生。

之后调查组对该矿的生产系统、证照及安全管理人员配备、开采等情况展开深入调查，发现该矿的生产系统存在严重安全隐患。2011年，该矿在未履行项目核准和改扩建审批手续情况下，擅自组织井下施工建设长度525米的联络大巷，将裕晨煤矿和金源煤矿贯通，并对矿井通风、运输等系统进行了改造，且使用假密闭、假图纸逃避监管。井下的紧急避险系统、压风自救系统和供水施救系统均没有建立。仅在主井井下区域3处设有安全监控系统，但在事故区域无安全监控系统。人员位置监测系统因缺少识别卡，事故发生前该系统未投入使用。

该矿有采矿许可证，但是安全生产许可证因在有效期满后未提出延期申请，于2016年9月5日被黑龙江煤矿安全监察局予以注销。调查组在查验该矿营业执照过程中发现，事故发生前该营业执照的投资人与在办理采矿许可证和火工品时的营业执照投资人不一致，涉嫌造假。另外，该矿实际管理人员不具备从业资质。该矿矿长具有矿长安全资格证、安全生产知识和管理能力考核合格证，但未参与该矿的管理工作；4 名副矿长参加了由培训机构组织的副矿长培训班，其中两名考试合格，另外两名考试不合格，4 人在事故发生前均未到岗工作。该矿的实际管理人员则均未按规定参加培训，均未取得安全生产知识和管理能力考核合格证。

此外，该矿存在非法违法越界开采的情况。2013 年以来，该矿一直没有申请复产验收。2014 年 6 月至 8 月，该矿以维修原金源煤矿井底水仓等名义，掘进全岩巷道 315 米，在采矿许可证范围以外采煤 3000 吨。2017 年 6 月至 8 月末，该矿多次以维护巷道名义，非法生产原煤 1100 吨。事故发生时，井下作业区域均不在现采矿许可证批准范围以内。

在调查裕晨煤矿复工情况过程中，调查组发现鸡东县煤管局存在多次不履行安全监管职责、不作为、乱作为的行为。该矿属于停产煤矿，在 2017 年 7 月，为重新申请办理安全生产许可证，该矿向县煤管局提出施工避难硐室和井底水仓的整改申请。县煤管局在既不认真审查、又没有下井实地核查的情况下，违规审批该矿申请的采矿许可证界外施工项目；在未严格执行市煤管局整改要求的情况下，出具虚假复查报告。

以上多方面因素为此次事故的发生埋下祸根。但导致事故后果惨重的主要原因在于煤矿主要负责人违法迟报事故，盲目施救。事故发生后，主要负责人未按规定向有关部门报告，也未及时向专业救护队伍请求支援，而是违法违规组织自救，至专业救护队伍第一次入井施救，在长达 6 小时 39 分的时间内，未能实施有效救援，贻误了抢险救援有利时机，丧失了遇难者生还的宝贵机会。

▶ 以事故为镜，构筑安全防线

煤炭是我国的主体能源，煤矿安全生产关系煤炭工业持续发展和国家能源安全，关系数百万矿工生命财产安全。鸡东县裕晨煤矿重大瓦斯爆炸事故，损失巨大，教训惨痛，此次事故暴露出多方面问题。

一是对煤矿越界非法开采监管力度不够。裕晨煤矿在证照不全的情况下，多次以整改维修名义从事违法生产，相关部门监管失职。各级国土资源管理部门要认真履行煤矿开采活动监督管理、查处违法违规行为职责，建立完善相关监管制度，明确监管任务，规范监管程序，及时查处煤矿企业日常开采活动中的违法违规行为。煤矿安全监管部门对停产期间确需维修维护的行为，要严格审查，加强监管，对不符合安全生产条件的验收项目实行一票否决制；对已复工的矿井实时掌握矿井供电及视频监控等情况，重点打击“五假五超”行为。

地方政府和煤炭资源监管、煤矿安全监管、公安等部门要重点打击煤矿超层越界、明停暗开、日停夜开等违法违规行为，按照“四个一律”要求严肃查处，并及时予以曝光，涉嫌犯罪的，移送司法机关追究刑事责任。

二是地方政府及相关部门对煤矿安全工作领导不力、执法不严。地方政府及煤矿安全监管部门不严格履行工作职责，日常监管形同虚设，日常巡查流于形式，致使事故煤矿越界违法开采行为多次出现，长期存在。各级地方政府及煤矿安全监管部门要按照有关法律法规要求，规范整改、建设矿井复工验收办法，严格验收标准和程序，坚持“谁验收、谁签字、谁负责”。各级国土资源管理部门要严格审查煤矿企业采矿权延续申报材料，防止煤矿企业弄虚作假。建立和完善巡查制度，日常巡查不能仅限于地面，要深入井下，及时查处煤矿企业井下存在的超层越界等盗采煤炭资源行为。

三是企业安全生产主体责任不落实。事故煤矿企业未设置安全生产管理机构，未配备安全生产管理人员，未建立安全生产责任制和规章制度，从业人员未经培训并经考试合格上岗作业，以包代管、包而不管，利用假图纸、假资料逃避安全监管，造成大量安全隐患。企业必须正确认识和处理安全与生产、安全与效益、安全与发展的关系，加强安全管理、技术管理、现场管理及安全教育培训，依法建立安全生产管理机构，配齐安全管理人员，建立健全全员安全生产岗位责任制和全过程安全管理制度，依法规范劳动用工管理，强化安全培训工作。煤矿安全监管部门要强化对煤矿企业的安全监管工作，进一步督促建设、监理、施工、设计单位落实相关责任。

四是中介机构工作不负责任。中介机构出具虚假报告，未真实反映裕晨煤矿开采的实际情况，致使裕晨煤矿越界违法开采行为未被及时发现。因此，要强化对中介机构经营活动的监管，督促其从严管理，依法经营。对不诚信、不守信、弄虚作假的中介机构要加大失职失信惩戒力度，除依法依规从严查处外，还要将其纳入

“黑名单”管理，对承揽财政资金项目、申请矿业权等，依法予以限制，并向社会公开。

▶ 安全是最大的效益

此起事故归根到底是企业安全管理有了漏洞，“一通三防”没有严格落实，安全装备没有配备，致使工人进入工作面作业，白白葬送生命。事故教训是惨痛的，痛定思痛，找出根源，对症下药，才能避免类似事故发生。

所有煤炭企业都知道“安全第一，预防为主”的方针，但做到真正坚持这一方针却不是一件容易的事。特别是在市场经济环境下，一些煤炭企业的领导面对生产经营困难的现状，不能正确处理安全与生产、安全与效益、安全与稳定的关系，当安全工作与生产或其他工作发生矛盾时，不能做到生产为安全让路、生产服从于安全，而是把“安全第一，预防为主”的方针撂在一边。在实践中，安全生产与经济效益的矛盾始终是存在的，安全投入的增加绝不是简单的企业成本增加，其本质上是一种特殊投资，反映在企业生产过程的顺利进行，结果表现在事故和人员损伤的减少、经济效益的提高。

手记

违法开采，冒险作业，百人遭遇水害

——2017年辽宁省阜新市阜新万达矿业有限公司“10·18”水害事故救援和调查工作手记

- 时间：2017 年 10 月 18 日 11 时 50 分许
- 地点：辽宁省阜新市清河门区阜新万达矿业有限公司（以下简称万达矿业公司）

一起水害事故发生。事故发生当班，99 人入井作业，其中 14 人自行脱险，83 人被救生还，2 人死亡。

底板渗水处置不及时，致水害灾难

万达矿业公司是阜新市清河门区辖区内的民营企业。2016 年 6 月，公司四组六上山中部掘送四组三探煤斜巷和四组三探煤平巷，采用锚杆、金属网联合支护，斜巷长 80 米，坡度 12°~13°，平巷长 80 米。四组三探煤平巷上帮与旧巷间有 2 米煤柱，施工探眼时曾被打透。为防止瓦斯通入，万达矿业公司于 2016 年 9 月下旬共施两道封闭墙，第一道封闭墙位于四组三探煤平巷内，木板结构，距离四组三探煤平巷与四组三探煤斜巷间岔口 5 米；第二道封闭墙位于四组三探煤斜巷内，砖混结构，宽 240 毫米，两道封闭墙间距 55 米。2017 年 10 月 16 日，跟班矿长兼掘进队长发现四组六上山底板渗水，虽然进行了查看，但并未查出原因。17 日，四组六上山底板渗水量增大，通风矿长再次现场勘查，发现水是由四组三探煤斜巷渗出，便安排人员在巷道下口处砌筑蓄水池，计划通过管路引至皮带机尾水仓。但直至事故发生，蓄水池砌筑工作都还没有完成。

18 日 6 时 30 分，矿长樊某主持召开生产会，张某安排当班工作，调度员、机电矿长、通风矿长、跟班矿长、掘进一队队长、掘进二队队长、跟班矿长兼掘进三队队长、采煤队队长、皮带队队长等人参加。7 时 30 分左右，各作业人员在队长、跟班矿长带领下陆续入井，到达作业地点后开始工作。11 时 50 分许，在二盲斜皮带道下部车场作业的薛某、李某听到从四组三探煤斜巷方向传出“嘭”的一响，随后又传出更大的声响，并看到从斜坡上下来黑烟，薛某和李某随即向井口方向奔跑，并喊叫沿途作业的 12 名作业人员撤退，这 14 人顺利脱险。北二运输顺槽拉门口处的跟班矿长听到响声后，感觉风量有变化，跑到四组六采区上部车场查看情况，发现突水灾情后，立即向调度员报告井下发生透水。

▶ “十九大”期间违规开采，百名矿工被困井下

2017 年 10 月 18 日是“十九大”召开的日子，同时阜新市也下达了“十九大”期间全市煤矿停产的指令，但阜新万达矿业有限公司仍然违法开采。12 时 40 分，阜新市清河门区煤炭工业管理局张某某、孙某到调度室，万达矿业公司汇报发生了事故，并告知有人员被困。12 时 47 分，张某某向清河门区煤炭工业管理局局长汇报。局长于 13 时 20 分到达调度室，了解情况后，与万达矿业公司人员一起开始购买水泵、电缆管线，组织救援。14 时 23 分，局长向清河门区分管生产安全副区长汇报了事故情况，副区长没有向上级汇报，也没有安排局长向上级或有关部门汇报。直到 19 时 10 分，清河门区委书记、区长才听取了事故情况汇报。随后，阜新市和清河门区迅速启动应急预案，阜新市人民政府、清河门区主要领导和分管领导率市、区两级煤管应急、公安等部门领导紧急赶赴现场，并从全市调集应急救援专家、救援队伍、救援设备等，全力解救被困人员。当晚，阜新市成立了现场抢险救援指挥部，指挥部下设抢险救援、专家技术、综合协调、医疗救护、社会稳定、宣传报道、安全保卫和后勤保障 8 个工作组。

针对这起水害事故，党中央、国务院高度重视，要求采取措施全力科学施救，查明事故原因，依法依规严肃追责，并就强化安全监管工作提出要求。

18 日晚，阜新市抢险救援指挥部调集 120 名救护队指战员、600 名市区公安干

警和消防官兵、8家医院20台救护车73名医护人员、30名供电保障人员投入抢险救援工作。20时05分，各救护队伍到达现场开始事故抢险工作。

原国家安监总局和原国家煤监局主要领导率工作组连夜出发，于19日15时20分抵达事故现场，实地查看了险情，完善救援方案，指导抢险救援。

20日4时10分，二盲斜回风道最低处水位下降至巷道顶板以下约40厘米，救护队员涉水进入被困区域，开始清点人数，设置救生索。4时48分，被困人员在救护队员协助下开始有序组织撤离。5时18分，历经近41个小时，83名被困人员安全升井。抢险救援指挥部经过全面调查核实，发现井下还有2人被困，决定在救援专家指导下继续排水搜救。11月20日，经过32天救援搜寻，鉴于被困人员已无生还可能，且有害气体涌出、片帮危险增加，继续救援不能保证井下现场搜救人员的安全，抢险救援专家组建议终止救援。

▶ 违法越界开采，踏入危险雷池

调查发现，万达矿业公司违法掘送四组三探煤平巷和探眼，导致其上部废弃旧巷间的煤柱被破坏，废弃旧巷及老空区内积水从煤柱处溃出，冲毁四组三探煤平巷木板封闭墙和斜巷砖混封闭墙，这是导致水害事故发生的直接原因。

相关资料显示，万达矿业公司已于2017年被列为阜新市淘汰退出煤矿，但至事故发生前，万达矿业公司仍继续开采，超层越界违法盗采国家资源，蓄意逃避政府监管，违法改造使用原清河门煤矿南风井，采用“老院迎检、新院锁闭”，制造停产假象，白班利用井下煤仓存储盗采的煤炭，夜班井口出煤直接运走。当万达矿业公司发现四组六上山底板渗水时，仍然冒险违规作业，仅仅采取砌筑蓄水池、管路引水方式处置，并未查明水情，排除隐患，也没有监管人员去制止他们的行为，最终导致悲剧发生。同时，万达矿业公司未建立安全管理机构，将部分作业外包，管理十分松散，甚至没有技术负责人及防治水管理机构。

政府部门监管松散，对所闻所见不管不问、不制止也不上报的行为，也是万达矿业公司违法生产的原因之一。据调查，事故当天，清河门区煤炭工业管理局盯守人员发现了作业人员违规入井，但没有进一步核实情况，未督促撤出作业人员，也不向上级部门报告。此外，阜新市和清河门区两级煤炭管理局工作开展不全面，对安全检查、巡查和“安全生产大检查”活动的开展不实、不细、不深入，没有严格落实好“十九大”期间全市煤矿停产的指令，未发现违法生产行为。在获知事故后，阜新市和清河门区两级煤炭管理局均未按照职责和规定及时向上级煤矿安全管理部门、驻地煤矿安全监察机构报告。同样，阜新市、清河门区应急管理部门也均未按职责和规定时限，向上级应急管理部门报告。

调查发现，阜新市国土资源局及清河门区分局日常巡查、动态监察不到位，没有及时发现万达矿业公司违法生产行为。阜新矿业集团供电分公司向万达矿业公司供电，未按规定向清河门区政府备案，阜新市清河门区供电公司知晓违规供电未予报告，导致停限电措施没有传达至阜新矿业集团供电分公司，为万达矿业公司违法生产提供可乘之机。阜新矿区清河门多种经营公司与万达矿业公司违规签订托管南风井协议，未有效履行已关闭矿井看管职责，未发现万达矿业公司利用南风井违法生产行为。清河门区委、区政府未按照承诺期限完成万达矿业公司淘汰退出任务，对清河门区煤炭工业管理局履行日常监管职责不力失察。同时，获知事故后，清河门区人民政府及阜新市人民政府均未按照职责和规定时限及时向上级报告。

▶ 防微杜渐，严守安全底线

煤炭是人类社会发展的重要能源资源，推动着国家经济发展和社会进步。但是煤炭开采属于高危行业，危险系数高，万达矿业有限公司水害事故的发生凸显加强矿山企业安全管理的重要性和紧迫性。对于这起事故，我们必须引以为戒，从中吸取经验和教训。

一是加快淘汰落后产能煤矿的进度。对于灾害严重、资源枯竭、赋存条件差、非机械化开采和产能小于 30 万吨 / 年的煤矿要加快淘汰退出，积极调整和优化产业结构，加快产业转型升级步伐。同时强化煤矿淘汰退出工作和后续监管，对已经淘汰退出的煤矿，根据各职能部门职责明确日常监管主体，加强巡查检查。存在重大安全隐患的，要积极组织开展治理。建立举报奖励制度，畅通信息渠道，发挥群众对煤矿安全生产监督作用，严厉打击已经淘汰退出的煤矿违法生产，严防死灰复燃。

二是政府及相关部门建立联合执法机制，严厉打击煤矿违法生产行为。要落实地方政府统一领导，建立和完善煤矿安全监管、国土、公安、供电等部门参与的工作机制，形成打击违法行为的合力。建立与矿业公司的联系机制，消灭煤矿安全监管工作的空区盲点。国土资源管理部门要强化井下测绘，加强资源动态管理，与煤矿安全监管监察部门建立图纸定期交换机制，实现信息共享，联合打击超层越界违法生产行为。

三是加强煤矿防治水工作。各级煤矿安全监管部门要组织煤矿探明井田内及周边老窑区、废弃旧巷道分布及积水范围、积水量，准确掌握矿井水患情况，严禁地质情况不清、水文地质条件不明、相邻矿井资料不详的煤矿组织生产作业，严厉打击私自开采防（隔）水煤柱行为。煤矿出现透水征兆，要立即停止作业、撤出人员，严禁冒险作业。

四是强化煤矿安全生产法律教育。政府部门要采取各种形式、多种措施强化矿产资源、安全生产等法律法规的宣传和普及，对煤矿企业开展“遵法守法”专题警示教育活动，以案说法，用身边的事教育身边的人，提高矿主和从业人员安全生产法律意识，帮助其知晓违法煤矿生产安全危害，促使矿主依法合规办矿，让从业人员在合法煤矿安全环境下工作。

▶ 遵纪守法，安全第一，生命至上

这起事故是由企业超层越界违法盗采国家资源、员工井下冒险操作、政府监督部门监管缺席共同导致的一起安全生产事故。事故暴露出该企业对安全生产不重视以及政府部门监管不到位的问题。首先，该企业目无法纪，拒不执行政府停产指令，并采用多种方法和手段逃避政府监督，埋下了事故发生的种子。其次，企业内部安全管理混乱，从未建立安全管理机构，更别谈落实安全管理工作。企业安全氛围极差，员工毫无安全意识，甚至冒险操作，这存在极大的安全隐患。长期糟糕的安全生产氛围麻痹着员工的神经，使员工漠视安全操作，导致违规操作。另外，政府监督部门日常巡查和动态监察不到位，没有及时发现该企业违法生产的行为并阻断事故发生的源头。

以史为镜，可以知兴替；以人为镜，可以明得失。此起惨痛的事故为我们敲响了警钟，这不仅是一个煤矿企业的问题，更是整个社会的问题。生命至上，企业发展绝不能以牺牲安全为代价，这就需要政府监管部门、煤炭企业通力协作，共筑安全生产防线。监管部门要对非法违法生产、盗采煤炭资源行为保持高压态势，全面深入排查私采乱挖、待关又采、以建待采、死灰复燃、私自偷采等行为，发现一起，查处一起，特别是非法盗采的，要依法追究刑事责任。安全责任重如泰山，煤矿企业一定要做到安全生产，遵守法律，牢固树立安全“红线”意识，绝不松懈。

手记

第五篇　火灾事故

- 小烟头酿大火灾，54 个生命被瞬间吞噬

- 小问题诱发大灾祸，31 个无辜生命逝去

- 电器发热引火灾，失能老人葬火海

小烟头酿大火灾，54个生命被瞬间吞噬

——2004年吉林省吉林市中百商厦"2·15"特别重大火灾事故救援和调查工作手记

▶ 时间：2004年2月15日

▶ 地点：吉林省吉林市中百商厦

一起特大火灾事故的发生，造成54人死亡、70人受伤，过火建筑面积达2040平方米，直接财产损失426万元。

▶ 库房起火失控，蔓延燃至商厦

2004年2月15日11时许，中百商厦浴池锅炉工发现商厦3号库房冒烟，即用对讲电话叫浴池经理下楼。锅炉工随后到商厦营业厅找到租用该库房商户的员工，告知其库房起火。员工打开库门进行灭火，但未能控制住，火势突破库房与商厦之间的窗户，蔓延到营业厅。

浴池经理接到锅炉工报告后，从三层浴池下楼参与灭火，并通知浴池疏散人员。三层大部分人员从楼梯和南北两侧窗户逃生。

当时四楼舞厅里已经有100多人，商厦可燃物多，火势迅猛，高温烟气通过两侧的楼梯间向上窜，将楼梯封住，大量人员艰难地从楼梯间疏散逃生。直到11时28分，一位过路人发现商场冒烟，才报了火警。四层舞厅内的人员发现火灾时已无法由楼梯逃生，一些人冒险从窗户跳出。台球厅当时没有顾客，仅有经理夫妇2人，后被消防人员救出。

吉林市消防调度指挥中心接到报警后，首批命令4个中队出警。从11时32分到11时50分左右，相继有60辆消防车、2辆曲臂举高车、1辆直臂云梯车和320

事故救援现场

名消防指战员到达现场。另外，有 700 多名公安干警、100 多名医护人员和 24 辆救护车，参加了救援行动。经各方全力奋战，大火于 15 时 30 分被彻底扑灭，共抢救出 190 多人（包括伤亡人员）。

经法医鉴定，死亡的 54 人中，窒息死亡 42 人，跳楼摔死 9 人，烧死 3 人；70 人受伤，其中重伤 14 人。

▶ 延迟报警，错过最佳救火期

党中央、国务院对吉林市“2 · 15”中百商厦特大火灾事故高度重视。受到指派，我马上率领原国家安监局相关人员于 2 月 15 日到达吉林市，并对事故处理提出五点要求：第一，要全力以赴做好伤员抢救工作；第二，要准确核对伤亡人数；第三，以此为鉴，加强高危行业的安全整治，全省、全市要举一反三，做好相关行业的安全生产工作；第四，全力以赴做好善后稳定工作，把方案做细；第五，国务院调查组已经组建，希望省、市给予支持和配合。我们是第一批赶赴吉林的国务院调查组成员，第二批还有监察部、全国总工会等部门的人员，共同做好这一事故的调查和善后工作。

事故现场，十几辆消防车参与救火，数十名公安干警用警戒线封锁现场，维持着有上千人围观的火灾现场秩序。火场中的中百大厦几乎被遮天蔽日的浓烟吞噬，二楼的火势最为严重，大火中传来哭喊声和求救声。大楼正面的玻璃几乎全被跳楼逃生的人敲碎，在四楼，两名身着黑衣的男子骑在窗台上，手死死地把着窗框一动不动，已经被熏得失去知觉。消防队员从大楼正面的两个方向集中用高压水枪控制火势，另一分队消防队员绕到大楼后侧展开扑救。

12 时 15 分，消防员通过云梯到达二楼，集中力量控制火势。许多人在火势逼迫下跳楼求生，伤者被紧急送往吉林中西医结合医院、吉林市中心医院和吉林市附属医院救治。消防队员充起气垫，准备接住可能跳楼逃生的人。虽有消防和公安人员不断增援，但火势仍未得到控制。商厦东侧玻璃完好，浓烟难以散去，干警开始用砖头砸破玻璃。消防队员在商厦正面二楼用电锯和斧头破拆护栏，进入楼内搜寻被困人员。13 时 50 分左右，第一名搜救出的伤员被抬上救护车。随后，伤者陆续被救出，救护车迅速驶离现场。14 时左右，火势基本得到控制，但浓烟仍未完全散去。消防员继续抬出伤者，其中多数已无生命迹象。经过 3 小时的扑救，大火终被扑灭，浓烟笼罩着中百商厦，也笼罩着一百多个无辜的家庭。

第二天凌晨，浓烟散去，中百商厦前方，已被圈成长 200 余米、宽 20 余米的警戒区域，现场仍有许多市民驻足观看。商厦周围还停着几辆消防车和急救车，挂满冰柱、破碎的玻璃幕墙里，灯光隐约可见。搜救工作仍在进行，奋战了 13 个多小时的消防员已连续在楼内搜救了 10 次。

“2・15”火灾事故发生后，吉林省和吉林市两级党委、政府迅速组织医疗专家组开展救治工作。截至 3 月 6 日，54 具遇难者尸体已全部火化。截至 3 月 24 日，70 名住院伤员中，治愈出院 25 名，重症伤员 14 人全部转入正常治疗；有 51 名遇难者的家属领取了赔偿金，剩余 3 户也已同意领取，正在办理有关手续。另外，火灾中受损的业主也得到了妥善安置和补偿。

▶ 智慧母女，临危不乱，成功自救

火灾发生当天，孙淑芬和女儿刘芳彤一起去中百商厦三楼的大众浴池洗澡。母女俩刚洗完澡，还没来得及穿衣服就停电了，随即听见有人边跑边喊：“着火啦！着火啦！”母女俩慌忙穿上羽绒服和棉裤就往外跑，到三楼楼梯口时已是浓烟滚滚。见一楼二楼烟大，很多人往楼上跑，但孙淑芬灵机一动，拽着女儿往浴室跑。事实证明，她们往浴室跑是对的。第一，浴室里有充足的水，可以灭火；第二，她记得浴室里有个供打工者做饭用的小厨房。孙淑芬忙拉着女儿跑进小厨房，这里的烟果然小很多。人还在不断往厨房里涌，烟雾越来越浓，大家都已经呼吸困难。情急之下，孙淑芬胡乱摸起了一把菜刀，冲着侧面窗户上的玻璃一通猛砍，玻璃碎了，但进来的一点新鲜空气很快被浓烟淹没，厨房里的情况并没有好转，空气烫得人难受，烟熏得人睁不开眼，屋里哭叫声、呼救声响成一片。往楼下望去，只见刚跳下去的一个男人仰面躺在地上一动不动，很可能死了。她坚决地对女儿说，不能跳，从三楼跳下，不死也得重伤。

危机中寻找生机的孙淑芬显得十分镇静，她突然发现窗外侧有一个不足两寸宽的窗台，心中燃起一丝希望，示意女儿爬到窗外。孙淑芬伸手拂去窗台上的积雪，拉着女儿的手让她慢慢站在窗台上，孙淑芬扶着女儿的后背至完全站稳，自己也爬到窗外。她们站在窄小的窗台上，一手撑住窗户上沿的墙壁，另一只手死死抓住身侧的铝合金窗框。屋里的浓烟开始冒出火苗，听着不绝于耳的悲嚎，刘芳彤一个劲儿地发抖。孙淑芬担心女儿吓得松了手，便不顾自己的生命危险，伸出一只手抓住女儿。一个多小时后，消防队员乘着云梯将她们救下。

▶ 隐患重重，祸根早已埋下

调查组在调查中发现，中百商厦伟业电器行员工在事发当日向 3 号库房送纸板时，将正在抽的香烟掉落在库房中，未予熄灭就离去，香烟引燃地面上的纸屑、纸板等可燃物，致使库房起火燃烧，并蔓延到商厦，直接造成这起特大火灾事故。

商厦着火 28 分钟后，吉林市消防部门才接到报警信号，已错过了最佳扑救时机，因为可燃物燃烧的热释放速率在 5 分钟内比较小，超过 5 分钟将达到最大值，高温烟气就会迅速蔓延。接警 4 分钟后，离商厦最近的长春路消防中队的 5 台消防车赶到了现场。整个大楼已被浓烟笼罩，火场内部的部分人员已经遇难或处于昏厥状态，给搜救工作带来较大困难。

经现场勘验和证人证实，中百商厦存在重重隐患。占地面积 4000 余平方米的中百商厦除了正面没有围墙，其他三面都有围墙，消防车根本无法进入，导致起火时只能在商厦前喷水灭火。失火的商厦仅有两个出口，一个是正门，一个是小偏门。商厦右侧原来的偏门，本有直接通往楼顶的楼梯，却被一家渔具店和一家茶庄封堵得严严实实。这两个商铺均是商厦建成后出租给业户的。作为消防通道的两侧的楼梯，其中一个通道的门口也被改成了商铺。商厦几层楼外侧的窗户全被手指粗的钢筋和铁网封死。商厦法定代表人称大楼最初的格局就是如此，目的是为防窃贼破窗行窃。然而就是这种所谓的“防护栏”，在熊熊大火中挡住了人们的逃生路。

商厦一、二层间用钢板搭建的平台，被出租给经营化妆品和文具的商户。而这样的做法是消防法规明令禁止的，因为发生火灾时，这样的临时结构很容易引发火烧连营。三楼浴室大多数房间都不靠窗，四楼舞厅旁边台球室的 14 扇窗全被胶合板牢牢封死。浴池和舞厅的通道平时都上着锁，尤其一到冬天，通道根本不开。二楼至四楼间有的窗户也被砖和水泥砌死，三楼至四楼两侧楼道都装有铁栅栏。这些设施使得浓烟聚集，更不利于逃生和营救。除了四楼歌舞厅、台球厅和三楼的浴室有应急照明灯和指示标志外，大多数过道均未安装应急灯和报警装置。停电之后，受困群众在一片漆黑中万分惊恐。在废墟残骸中，商厦各楼梯口都被摊位占满，而且摊位上经营的尽是易燃商品。起火后，本不宽敞的楼梯在人们的拥挤中更是寸步难行。中百将大楼分割出租给一百多家业户后，业户们又自行在楼梯口安装了卷帘门。火灾发生时，三楼的卷帘门仍紧紧锁着。所有逃生通道都被堵死，火海燃尽了大厦，也燃尽了几十人生的希望。

由此可见，商厦未树立消防安全责任主体意识，自身消防安全管理极其混乱。自 1995 年该单位投入使用以来，公安消防机构共下达 20 份法律文书，提出 62 项问题，绝大多数问题是单位内部管理问题。许多问题尽管公安消防机构多次提出，但该单位是“改了再犯，犯了再改”。单位内部消防安全工作责任制根本不落实，值班人员脱岗，商厦内部没有人组织救助和指挥疏散，造成现场被困人员一片混乱。从伤亡统计看，火灾发生时商场租赁户和管理人员近 200 人，只有舞厅两名员工遇难，其他遇难者全是顾客。商户和管理人员熟悉情况，只顾自己逃生。假如有人能够成功组织人们疏散，只需要一两分钟就可以到达室外。

防微杜渐改陋习

为深刻吸取事故教训，防止公共场所的火灾特别是群死群伤的重特大火灾事故的发生，确保人员密集场所的消防安全，以下几点较为关键。

一是健全和完善消防安全责任制。建立健全消防安全管理制度，明确并落实逐级和岗位消防安全责任制，形成“安全自查、隐患自改、责任自负”的消防自主管理工作机制，确保本单位消防安全。同时，人员密集场所每年应结合实际，科学合理地制定本单位的消防安全管理制度，并逐级签订责任书。从消防安全角度对上至单位主要领导，下至各部门、各岗位员工的工作行为进行严格规定，从而使消防工作责任层层落实，形成一个系统的消防安全管理网络，从思想上、行动上抓好消防安全管理工作。

二是保证消防设备设施完好有效。人员密集场所应根据国家相关消防技术规范及地方消防强制性技术标准设置消防设施，定期检验检查；商品、展品、货柜、广告箱牌等的设置不能影响火灾探测器、手动火灾报警按钮等设施的正常使用；按规定设置安全疏散指示标志和应急照明设施，保证防火门、防火卷帘、消防安全疏散指示标志、应急照明、机械排烟送风等设施处于正常状态；保证疏散通道、安全出口的畅通，不能占用疏散通道或在通道、安全出口设施障碍物。

三是加大消防监督执法力度。根据不同时期、不同阶段的火灾特点，以及消防安全形势，组织各类专项治理工作，对于消防设施是否完整、在位，是否得到有效的维护与保养，进行严格的检查。同时，对于消防安全通道、应急照明设施等，也应当确保满足消防安全管理制度中的相关规定。此外，充分发挥社区、街道派出所的作用，将消防安全管理工作的职责进一步明确。公安消防机构加大对抽样检查的力度，定期和不定期对人员密集场所进行抽检，对于不合格的场所坚决禁止其营业，并且进行相应处罚。

四是广泛开展针对性消防宣传教育。各级公安机关、消防机构适时提请当地党委、政府督促协调宣传单位落实消防安全宣传教育培训工作责任，有针对性地面向社会进行消防宣传教育；充分运用各种载体，利用各种手段，采取各种形式，加大宣传力度，扩大宣传覆盖面，增强宣传的针对性、实效性。要普及消防常识，树立立即报火警的意识，提高自防自救能力；要对单位消防安全责任人、管理人进行培训，使他们掌握对单位员工进行消防安全培训的能力，促进单位员工掌握处置初起火灾的能力。

▶ 严格把住安全关

一个烟头夺走 54 条生命，看似瞬间发生的悲剧，实则是层层疏忽叠加的结果。我们不禁反思，如果任何一个环节尽到职责，是否就能避免灾难？正是问题和漏洞的偶然累积，形成了悲剧的必然链条。

吉林中百特大火灾并非无迹可寻，多由人为因素引起。如果单位安全意识强，管理到位，措施得力，事故本可避免。遗憾的是，一些单位忽视安全，只重生产和利润，对隐患视而不见，知错不改，最终在事发时惊慌失措，抢救不当，酿成悲剧。

“2·15”事故的教训极其惨痛，火灾的烈焰向我们发出警示：“生命至上，安全重于泰山”的理念不能只停留在口头，只有转化为个人的自觉行动，才能从根本上堵塞消防安全漏洞。

手记

小问题诱发大灾祸，31个无辜生命逝去

——2005年广东省汕头市“6·10”特别重大火灾事故救援和调查工作手记

▶ 时间：2005年6月10日

▶ 地点：广东省汕头市潮南区华南宾馆

一起特别重大火灾事故发生，造成31人死亡、28人受伤，直接经济损失849万元。

▶ 延迟报警，错过黄金救火期

2005年6月10日11时45分左右，华南宾馆二楼吧台服务员卞贵州在二层工作时闻到电线烧焦的味道，同时在场的领班、服务员、收银员等发现二楼金陵包厢门口通道吊顶上向下冒烟，领班随即拉闸断电并报告了老板林某某。可林某某只让员工用灭火器灭火，不让报警。20多分钟后，整个二楼陷入一片火海。由于施救不力，火势迅速向三楼、四楼蔓延。

12时15分，潮南区消防中队接到报警后，立即赶赴现场进行扑救，途中发现华南宾馆附近浓烟滚滚，于是向支队指挥中心请求支援。汕头市119指挥中心随后又调集23辆消防车、100多名消防队员增援。揭阳市普宁消防中队也派两台消防车支援。

汕头市委、市政府和潮南区委、区政府有关领导接到报告后，陆续赶到现场组织扑救，并调动200多名公安民警，500多名干部、民兵，11辆救护车和46名医

务人员参加灭火和抢救工作。

火灾造成31人死亡（其中男1人、女30人，跳楼死亡3人、窒息死亡28人，主要分布在宾馆第三、四层），28人受伤（男16人，女12人，其中有消防官兵10人）。过火面积2800平方米，宾馆财物损失65.9万元，房屋结构损失15.1万元，共计直接财产损失81万元。这起事故是2005年国内最大的一起火灾事故，也是广东省自1999年至事故发生时发生的最严重的群死群伤事件。

火灾后的宾馆内部

百余人紧急救火

由于报警晚，首批消防队员抵达火灾现场时，火势处于猛烈燃烧阶段，正面楼梯已被浓烟烈火封锁，二楼已经完全燃烧，大火向三、四楼蔓延，熊熊大火夹杂着滚滚浓烟，从几十个窗户喷涌而出。而首先出动的潮南区消防中队既没有云梯车，也没有配备救生垫，更为严重的是，有些窗户还被防盗网封死了。搜救难度远远超过了消防队员们的想象。

现场非常混乱，每一层都有群众在呼救，被困人员有的攀爬到窗外空调架、招牌、广告牌及二层露台上， 有的顺着排水管滑下，而有的已经从楼上跳下，情况十分紧急。有些人因为跳楼， 腰椎、腿、手臂多处骨折。一位女孩从三楼跳下逃生，摔成颅骨粉碎性凹陷性骨折，还有一个是腹部脾脏破裂和肠穿孔。

无法进入内部救人，消防大队立即派出两个救人小组，先从宾馆西南面架设两节拉梯，将二楼28名被困人员迅速抢救下来，又从西北面架设两节拉梯上到广告牌上，疏散出楼顶25名被困的群众。同时，消防大队利用一支水枪在大楼正面灭火，用另一支水枪保护西南面四楼窗口被困人员和救人小组。救人小组还通过喊话稳定被困人员情绪，找来床垫置于有人员被困的窗口下方。床垫铺好后，先后有4名群众从三楼、四楼跳下。

由于建筑内浓烟弥漫，消防指挥员立即派出佩戴空气呼吸器的20余名突击队员，或沿3个楼梯，或利用挂钩梯通过窗户，进入火场内部，冒着生命危险抢救被困人员。由于浓烟大、战斗时间长，有12名消防官兵因空气呼吸器内气体用尽而吸入浓烟中毒，被送往医院治疗。

13时30分，参战力量先后赶到火场，全面投入抢救及灭火战斗。13时35分，火势得到控制。14时35分，大火被扑灭。

17时35分，火场指挥部命令各搜救小组再次对火场进行拉网式搜索，8个搜救小组分别从不同方向进入火场内部，进行密集排查。在对火灾现场进行清理之后，消防部门统计出来的死亡人数让所有的人都感到万分痛心。此次火灾中有31人罹难，其中30人为女性，最小的年仅17岁；28人受伤，其中4人重伤。消防指战员冒着生命危险，救出了67名被困人员，但不幸的是，其中5人经抢救无效死亡。

事故发生后，广东省、汕头市、潮南区三级党委、政府迅速组织医疗专家开展救治工作。市卫生局启动了重大灾害事故医疗救治预案，协调该市各方面专业技术力量，全力抢救受伤人员。

屡查不改，无效监管埋祸根

接到事故报告后，原国家安监总局局长立即决定，由我率领有关人员赶赴事故现场，指导事故抢险救援工作。与此同时，国务院批复了由原国家安监总局、公安部、监察部、全国总工会等有关部门组成的国务院事故调查组，调查处理这起特别重大火灾事故。

华南宾馆位于汕头市潮南区峡山街道华南贸易广场第九街46~50号，东面为草地，南面有一面墙，西侧为华南宾馆宿舍，北面与一家酒吧相连。宾馆建筑为四层钢筋混凝土结构，一层为大堂、餐厅、棋牌室、桑拿房，二层为卡拉OK包厢。

该宾馆分别于1996年和2003年两次进行改造、装修，均未办理装修工程消防审核手续，且大量使用不符合消防安全标准的材料，给火灾事故埋下了隐患。起火点位于二楼南区金陵包厢门口的上方。包厢内均采用木夹板装修、分离，吊顶内有大量的可燃材料，火灾后装修材料全部被烧毁；电气线路安装和敷设不规范，动力线、照明线、信号线相互交错、随意拉接；三、四层均为客房， 分别有房间39间、38间，房间分布像迷宫，通道狭窄且弯曲，安全出口不足，不利于逃生，也不利于搜救。

火灾发生的时间大约是11点40分，但消防部门接到报警时已是12点15分，延误了最佳灭火救人时机，且最先报警的还是路过宾馆的群众，而非宾馆的工作人员。为了解原由，我们对宾馆工作人员进行了询问调查，据工作人员所述，当时有员工准备报警，但是受到了宾馆老板林坚龙的阻拦，林坚龙声称问题不大，不用报警以免影响酒店生意。当二楼陷入火海时，几名宾馆服务员捂着鼻子沿着一条消防通道下楼，无人通知疏散三楼、四楼的住客及其他员工。另外，多名幸存的员工还透露，刚开始看见烟时他们都曾去救火，但后来火势越来越大，楼道安装的消防警铃也按不响，自顾不暇，只能四散逃命。

火灾中，宾馆住客缺乏基本的消防常识和逃生技能。在清查事故现场时，有一个房间门是紧闭的，打开一看，房间的窗户也是紧闭的。但地上却横七竖八地躺着多个女孩，她们都是被房间里的烟雾熏死的。事故现场共发现25人被熏死在房间，还有一人在被窝中被浓烟熏死。有些人因为跳楼，腰椎、腿、手臂多处骨折。火灾中受伤住院的人员，几乎都因从楼上跳下，导致颅脑损伤和骨折。

调查还发现，火灾现场消防设施不足，缺乏消防水源。潮南区消防中队的消防队员到达现场后，火势已处于猛烈燃烧阶段。而在宾馆周围找到的两个消防栓里的水很少，水压很低，难以满足救火的需要。后来主要依靠消防车接力运水， 并通过暂时中断整个潮南区供水，将水力全部集中到火灾现场，才保证了正常水压，更是延误了不少灭火时间，致使事故损失严重。

另外，从消防部门对华南宾馆的消防检查记录中发现，汕头消防部门曾先后5

次下达停业、限期整改行政处罚通知书：2001 年 11 月 15 日，有关部门检查时，发现存在安全隐患，于当天责令其整改；发现未整改，2002 年 2 月 25 日依法做出停业整改行政处罚；2003 年 8 月，华南宾馆内部装修，新成立的潮阳区公安分局于 2004 年 6 月抽查，发现多处违法行为，责令整改；2004 年 9 月，再复查，发现未完全按消防部门要求整改，又发出了限期整改通知书；2004 年 11 月 31 日，消防部门在检查中发现该宾馆整改仍旧不彻底，遂下达了最后一份限期停业整改的通知，直至事故发生。华南宾馆营业 9 年间，消防隐患重重，面对行政处罚却屡查不改，停业整顿期间仍继续营业，为此次特别重大火灾事故埋下了祸根。

吸取教训严整改

整个事故暴露了全民消防安全教育程度不到位、法治观念薄弱、消防宣传力度不够等多方面的问题，但更严重的是背后消防执法不到位的问题。从华南宾馆执法情况就可以看出，消防大队在多次检查督促整改时，没有严格执法，没有采取有力措施，纠正违法行为，隐患整改也没有跟踪到底，导致宾馆不重视消防工作，安全管理流于形式，隐患重重，视而不见，缺少必要的应急疏散演练，发生火灾事故后又束手无策。

30 多个花季少女的生命，在“全国安全生产活动月”里凋零，不得不让人痛惜万分。见微知著，多少大事故都是由小隐患造成，为避免此类火灾事故发生，须采取必要措施。对此，我谈一点自己的想法。

一是加强人员密集场所消防安全监督执法力度。消防部门会同有关部门加大人员密集场所消防安全整治力度，加强防火监督，提高防火标准和准入门槛；强制要求人员密集场所设置能为疏散、救援赢取时间和战机的消防设施，如简易喷淋设施、独立式火灾报警系统等；对电气设备安装、使用和管理不规范以及装修材料不合格等火灾隐患，坚决依法责令整改。在对违法单位实施处罚的同时，做好典型案例的收集和通报，形成行政处罚与社会舆论监督并重的整治格局。

二是加大人员密集场所消防设施和消防工具的资金投入。公共场所的火灾发生概率高，为了防患于未然，企业要配备先进、高效的消防设施和工具，比如报警系统、自动灭火系统、防火阻燃技术，准备足够的消防救火工具和设备，从火灾发生的源头将其阻断，并且有效处理火灾事故。

三是广泛开展消防宣传教育活动，发动群众自觉做好消防安全工作。采取多种形式、多种手段对消防安全进行宣传，利用各种新闻媒体加强消防安全法律法规和日常消防安全知识的宣传、教育和培训，重点加大对逃生自救常识的宣传和普及，使群众具备遇到火灾时正确选择逃生路线、正确抵御火焰和烟气威胁的能力。

居安思危，防患于未然

类似华南宾馆的场所，全国各地普遍存在。这些地方装修不规范，大量使用可燃材料，安全通道狭窄弯曲，消防设施不足，安全隐患严重。一旦发生火灾，火势和烟雾会迅速蔓延，毒性强，若初期应对不力，疏散组织不当，很可能造成重大伤亡。对于这类场所，只有整改后满足消防安全标准的，方可继续营业；对于屡教不改的，应联合多部门予以取缔。

前事不忘后事之师。我们要深刻吸取教训，全面加强消防安全管理，有效预防和减少火灾事故及伤亡。良好的消防安全环境需要全社会的参与，要加大消防安全宣传力度，在全社会形成良好氛围，构筑有效的火灾防控网络。

手记

电器发热引火灾，失能老人葬火海

——2015 年河南省平顶山市“5·25”特别重大火灾事故救援和调查工作手记

▶ 时间：2015 年 5 月 25 日 19 时 30 分许

▶ 地点：河南省平顶山市鲁山县康乐园老年公寓

一起特别重大火灾事故发生，造成 39 人死亡、6 人受伤，过火面积 745.8 平方米，直接经济损失 2064.5 万元。

▶ 始料未及，火光冲天

2015 年 5 月 25 日 19 时 30 分许，康乐园老年公寓两名女护工在看护公寓不能自理区时，听到屋内传出异响，两人进屋发现立式空调以上墙面及顶棚区域起火。一名护工立即大声呼救并拉起轮椅上的两位老人往室外跑，再次返回救人时，火势已大，自己被烧伤，另一名向外呼喊求助。

着火时院中升起的黑烟

当时，在附近做生意的老买几乎是第一拨冲进火场救人的。他赶到时，现场已经有六七个人在灭火救人，整个院子全是黑烟，大火从一栋房子西侧烧向东侧。他有些犯懵，不知道从哪儿救起。混乱中，有人塞给他两个灭火器，他拿过来就用，可没想到两个灭火器加起来用了不到一分钟，泡沫便用光了，眼看灭火来不及了，他决定冲进房子里救人。踹开房门，黑烟扑面而来，火舔的地方到处都“噼啪”响，

火灾后的现场

屋顶开始掉下很多“渣渣”，房顶上的塑料板掉了下来，屋里很多东西都烧化了。

由于墙体是由锌板夹聚苯乙烯泡沫板构成，属易燃材料，燃烧时产生大量有毒有害气体，而该区域老人无法自主行动，无法自救，造成 39 人死亡、6 人受伤。

200余人火场搜救

火灾发生 4 分钟后，鲁山县消防大队接到报警，迅速调集 5 辆消防车、 20 名官兵赶赴现场，当时大火已经处于猛烈燃烧状态，民房发生部分坍塌，有伤员仍被困在现场。根据现场情况，消防中队又及时协调公安干警、武警官兵 150 人，以及宝丰县、郏县等周边 5 个消防中队的救援队员前来救援，共有 18 辆消防车、94 名消防官兵参加了现场救援。

火灾发生后，鲁山县委、县政府立即启动应急预案，组织公安、消防、民政、安全监管、医疗卫生等部门人员全力展开灭火、搜救、善后及维稳工作。医疗卫生部门共调派 27 辆救护车、14 个医疗单位，出动医务人员 81 人次。

河南省及平顶山市政府接到火灾事故报告后，立即启动应急预案。省委书记、省长接到报告后，立即做出批示。省长、副省长，平顶山市委、市政府主要负责同志等带领省、市有关部门负责同志赶赴事故现场，成立现场指挥部，组织开展应急救援和伤员救治工作。

截至 26 日 6 时，指挥部先后组织 7 次搜救行动，在确认搜救到的人数与有关部门提供的现场被困人数相吻合的情况下，结束现场救援。

此外，医疗救治、事故伤亡人员家属接待及安抚、遇难者身份确认和赔偿等工作也在同步展开。按照医疗救治、善后安抚两个“一对一”的要求，地方党委、政府组织工作人员对遇难者家属、受伤人员及其家属分步骤进行心理疏导，全力开展善后工作，保持社会稳定。

梦魇降临

我赶到现场时，大批消防官兵在废墟里连夜搜救，数台挖掘机在清理现场。查看着火痕迹后，我发现大火是从养老院内部的一处铁皮房子开始蔓延的，过火面积约有 500 平方米，而紧挨事发地不到 3 米的另外一排房子并没有着火痕迹。值得注意的是，失火的房屋为简陋的彩钢瓦房，烧毁后的废墟只剩下钢架和铁皮。民间将这种房子俗称为“铁皮泡沫屋”，墙体夹层多由泡沫板填充，有易燃烧的特点。着火点旁边有两排蓝色屋顶的房子，这里的老人离着火点非常近，当地第一时间将他们进行转移，共有约 80 人。

据周边参与救援的居民回忆，他们去救人的时候，站在屋外喊，只能听见里面老人“哎哟”的声音，不是“救救我吧”，后来知道那些瘫痪的老人已经不会说话了。随着“啪啦啪啦”的响声，墙壁和门开始倒塌，屋顶塌下来后就什么都看不见了，火越来越大，屋子里老人的呼喊声也没了。其他老人则缓慢地从旁边没有失火的房屋中走出来，这些老人都在那看着，没有力量去救人。

我去医院看望被救出的老人，其中一位从大火中逃生的 78 岁老人告诉我，当晚 7 点多，已经躺在床上的他突然听见有人喊“救火”，紧接着就看到有个服务员从着火房子的窗户里出来，对他大声喊“快跑”，他就赶紧往屋外跑去，不一会儿身后就已是滚滚浓烟，那间着火的房子没打地基，就是铁皮房，一个房间里住了 10~12 人。

当晚火灾受难老人的儿女们基本都赶到了现场。赵某得知三里河养老院失火了，他的母亲李淑琴就住在不能自理养老区，他马上给养老院打电话，电话另一边的年轻女护工吓得动弹不得。他跳上电三轮车和妻子马上到了现场，整座房子只剩下乌黑细小的房屋金属骨架、床架和轮椅支架。他瘫软在原地，当时一看房子烧成了这样，就知道肯定没有活人了。搜救人员掀开废墟最上层的铁皮，随后铲车开始清障，尸体被陆续抬了出来，眼看被烧成了一个一个黑疙瘩，只能通过 DNA 鉴定辨别死者身份。

▶ 电器发热火上身，耄耋老人难自救

针对这起事故，调查组围绕现场展开了调查工作。调查发现，老年公寓中不能自理区西北角房间西墙及其对应吊顶内，给电视机供电的电器线路接触不良发热，高温引燃周围的电线绝缘层、聚苯乙烯泡沫、吊顶木龙骨等易燃可燃材料，造成火灾。

另外，造成火势迅速蔓延的主要原因是建筑物大量使用聚苯乙烯夹芯彩钢板，它燃烧后的滴落物具有引燃性，并且吊顶空间整体贯通，加剧火势，导致整体建筑短时间内垮塌损毁。

▶ 违规建设，监管不力

调查发现，该老年公寓违法违规建设、运营，管理不规范。发生火灾的公寓建筑使用无资质施工队，违规使用聚苯乙烯夹芯彩钢板，安装的电器、电线均不合格，护工配备不足，没有消防应急预案和演练，员工消防知识匮乏。

鲁山县民政局违规审批许可，不严格履行审批程序，违规通过了康乐园老年公寓审查。平顶山市民政局违规向其颁发批准证书。

河南省民政厅未及时落实《民政部关于贯彻落实〈养老机构设立许可办法〉和〈养老机构管理办法〉的通知》，也未开展养老机构设立许可工作。

这次悲剧的发生，一个重要的原因是消防监管不力。鲁山县公安消防大队将应定为二级消防安全重点单位管理的康乐园老年公寓错定为三级管理。平顶山市公安消防支队对康乐园老年公寓监管缺失，未及时纠正康乐园老年公寓消防安全重点单位等级，在对养老院消防安全专项整治活动中目标不具体、检查不彻底。河南省公安消防总队对《关于进一步加强彩钢板建筑消防安全监督管理的通知》落实不到位。

同时，地方国土、规划、建设部门也存在履职不到位的情况。鲁山县国土资源局下属琴台国土资源所发现康乐园公寓非法占地，只是罚款并没予以纠正，导致非法建筑投入使用。鲁山县城乡规划局监督不到位，导致规划区内违法建筑长期存在。鲁山县住房和城乡建设局未能及时发现和整改下属单位工作不力的问题。特别是，地方政府安全生产属地责任落实不到位。鲁山县琴台街道办事处对康乐园老年公寓的属地监管职责推诿扯皮、失控漏管，没有履行属地监管职责。鲁山县委县政府对违规行政审批、长期存在的事故隐患、安全管理混乱等情况未能及时检查发现并予以纠正，工作失责。平顶山市政府对监管部门专项检查流于形式，对养老机构等安全监督管理工作不重视。

惨痛印记烙在身，事故教训刻心底

目前，全国缺乏自理能力的老人超过3300万人，但全国护理从业人员只有百万，专业的护理人员更是稀缺。此外，由于民营养老院很难支付高工资，大部分护理人员由低教育程度的农村劳动力组成。这次大火以38人的生命代价让我们认识到了这个问题的严重性和紧迫性。对此，我有几点思考。

一是加强养老机构安全管理，让老百姓放心。各级民政部门要落实《中华人民共和国老年人权益保障法》等法律法规要求，健全安全、消防等规章制度，加强对养老机构的监督检查，及时纠正养老机构管理中的违法违规行为，并且督促养老机构制订实施老年人安置方案，及时为妥善安置老年人提供帮助。

二是加大对民办养老机构的政策扶持，让老百姓暖心。针对社会养老需求及现状，针对制约民办养老机构发展的用地难、融资难、税费减免难、用工难、医养结合难及安全管理薄弱等突出问题，加强养老机构设立许可办法和管理办法等法规的宣传培训，要认真研究、制定切实可行的政策制度，规范民办养老机构安全管理标准化建设，提升安全管理水平。

三是加强消防安全日常监督检查，让老百姓称心。公安消防部门应依法履行对消防重点单位日常监督检查职责，查设计、查审核、查验收等，尤其对幼儿园、学校、养老院等人员密集场所的消防安全隐患排查，要严格做到全覆盖、零容忍。公安机关和消防部门要协调配合，加强民警消防法规和业务知识的培训，提高发现隐患、消除隐患的能力和水平。

四是加大消防安全整治力度，让老百姓安心。对违规使用聚苯乙烯、聚氨酯等保温隔热材料，建筑达不到耐火等级要求的，不符合国家标准的，限期整改，确保建筑符合防火安全规定；对防火、用电等管理制度不健全、不符合规范的，无应急预案、应急演练不落实的，许可审批手续不全的，要坚决予以整改。

铁皮泡沫屋缘何屡成火灾帮凶?

不论是个人还是单位，使用铁皮泡沫屋，主要因其造价低廉、工艺简单、组合方便，集众优于一身的铁皮泡沫屋当然逃不过驱利的眼睛。以建筑工地施工现场为例，工人居住的临时性工棚多冒险用此材料搭建，而根据消防部门灭火救援的统计，这样的临时工棚往往是火灾高发区。由于规范缺乏、监管缺位，难管难治，铁皮泡沫屋虽隐患重重，但仍被广泛使用。比如在此次火灾事件中，发生火灾的宿舍就是铁皮泡沫屋。针对这样的活动板房等建筑，目前仍无具体的消防规范，即使消防部门对隐患治理清查，但低廉的违法成本客观纵容了铁皮泡沫屋死灰复燃。

废墟中的乌黑铁架，不应仅存于新闻的黑白影像，事故的教训，在于规范标准、流动监督、严苛执法，以扫除监管的死角，这才是灾难给予我们的深刻启示。

手记

第六篇　其他事故

- 私藏炸药爆炸，17 人无故亡命
- 燃气爆炸，夺命火锅致惨案
- 政府失察失管，无视安全隐患
- 劣质产品，管理混乱，爆炸夺人命
- 赶工期，害人命，冷却塔坍塌酿惨案
- 冲动致车辆失控坠江，车上 15 人全部遇难
- 庆生遇坍塌，29 个家庭支离破碎

私藏炸药爆炸，17 人无故亡命

——2009 年安徽省滁州市凤阳“6·21”重大爆炸事故救援和调查工作手记

▶ 时间：2009 年 6 月 21 日 3 时 17 分

▶ 地点：安徽省滁州市凤阳县晶鑫矿业有限公司（以下简称晶鑫矿业公司）办公楼

一起爆炸事故发生，造成 17 人死亡、42 人受伤及重大财产损失。

▶ “魔鬼”在睡梦中悄然而至

晶鑫矿业公司是 2004 年 4 月 18 日成立的一家民营企业，以生产和加工石英砂为主，实际为选矿厂，无矿山开采业务，加工过程不能使用炸药。

2009 年 6 月 21 日凌晨 3 时许，该公司办公楼一楼最南侧存放炸药的房间因不明原因起火，导致雷管爆炸引爆炸药，爆炸造成 16 人当场死亡，43 人受伤（受伤者中有 1 人后因抢救无效死亡）。爆炸现场被炸出一个 40 多米宽，20 米深的大坑。爆炸点是一个两层的办公楼，上下 12 间办公室。办公楼南侧有工人宿舍和食堂、厂房。在爆炸中，包括办公楼、3 栋宿舍在内的数十间房屋全部倒塌。大部分死者是在睡觉时被震塌的厂房、宿舍压死的，受伤的 43 名伤员中，有 40 人是该厂员工，其余 3 人为附近居民。

▶ 生命至上，紧急搜救

事故发生后，100 余名消防员在第一时间赶到事发现场，分 3 个战斗小组迅速进入爆炸废墟中展开营救，抢救受伤群众，搜寻遇难人员遗体及残余物资，担负爆炸现场安全警戒任务。

接到事故报告后，原国家安监总局党组高度重视，指派我带领监管四司、应急指挥中心、监管二司等相关同志，立即赶往事故现场指导救援和处置工作。我们于当日 19 时 15 分左右抵达现场，与公安部相关部门负责同志一起详细查看了公司办公楼爆炸地点。区内爆炸点被炸出了深达数米、近乎篮球场大小的大坑，而原来在大坑上的两层办公楼被夷为平地，办公楼周边的几个院落和职工宿舍也在爆炸中消失得无影无踪，只剩一片黄土和残垣断壁。厂区里的地磅被炸飞到十米开外的地方，厂区围墙附近的厂房也被炸得支离破碎。21 时，我们召开了会议，对下一步的工作提出五点要求。一是全力以赴抢救受伤人员。一方面要准确核清伤亡人数，工作进一步做细做实，不能有遗漏和差错；另一方面要不惜一切代价救治伤员，最大限度减少人员伤亡。二是做好善后和稳定工作。积极安抚遇难者家属，妥善处理好赔偿等问题，及时准确发布相关信息，保证事件处置的公开透明，确保社会稳定。三是彻底查清爆炸原因，严肃处理有关责任者。要尽快查明爆炸的直接原因，弄清非法储存炸药的来源和去向，明确有关责任人，严肃追究责任。四是举一反三，严厉打击非法买卖爆炸物品的现象，坚决整治矿产资源开发秩序，加强对民用爆炸物品的管理，杜绝民用爆炸物品的非法流通。五是认真贯彻落实国务院领导的重要批示和 6 月 1 日全国安全生产电视电话会议精神，扎实开展好安全生产“三项行动”和“三项建设”，严厉打击非法生产经营活动，排查事故隐患，确保当地安全生产形势持续稳定好转。

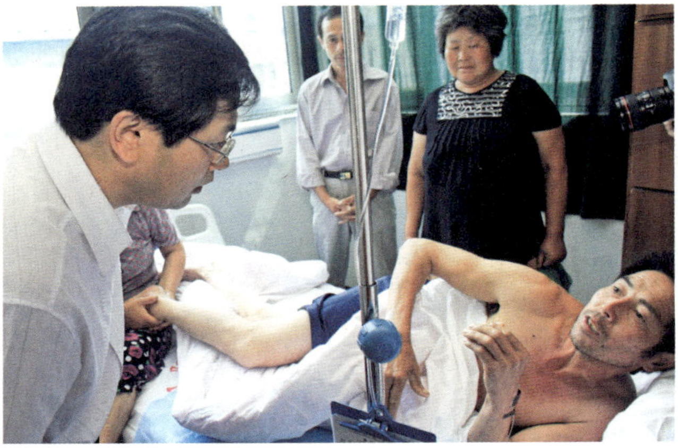

赴医院探望伤员

爆炸后的事故现场

办公楼已被夷为平地，通往该厂道路两侧的房屋受损严重，卷闸门和塑钢窗严重变形。事故现场地处居民区，人员相对集中，加之爆炸发生后房屋砖瓦、建筑碎片四处散落，部分遇难者遗体分离，给营救和搜寻工作带来极大困难。

为防止机械搜救破坏救援现场，消防救援人员徒手搬走废墟上的瓦砾，刨开土渣，突击营救小组使用生命探测仪和搜救警犬在废墟瓦砾中仔细搜寻救幸存者和遇难者遗体。许多消防员双手被混凝土、瓦砾、玻璃划伤。同时，安全警戒小组在爆炸现场外围设置警戒线，协助公安部门疏散和转移群众。一些遇难者家属和周边群众接连冲击警戒线，往废墟中间跑，消防员们一遍遍耐心劝阻。

灾难之后，最棘手的是安抚工作，为此我们专门成立“6·21”爆炸事故调查处理小组，负责遇难者亲属的接待、安抚、理赔、善后等工作，以最快的速度摸清了死亡人员的基本情况，并与遇难者家属商谈理赔事宜。

不堪回忆的噩梦

据现场一名目击者透露，此次事故源于电线起火。他说，起火后，知道办公楼内存放炸药的管理人员立即逃了出去。而就在此后的数分钟内，有些工人甚至还相互吆喝着奔向办公楼试图去救火。工人们根本不知道里面藏着炸药，这是导致此次事故人员伤亡惨重的重要原因。

6月22日上午，我和安徽省政府负责同志，以及滁州市委、市政府领导同志，来到凤阳县中医院和凤阳县人民医院看望并慰问此处爆炸受伤的伤员。

经专家组会诊，3名重伤员已于6月21日下午转入治疗条件相对较好的蚌埠医学院附属医院。3人中状况最差的是一名2岁男孩。事故发生时，他和爷爷住在公司宿舍内，爷爷已在事故中死亡。这名小男孩弥漫性颅脑损伤，血压用药物维持，靠呼吸机呼吸。医院进行了全力抢救，但结果不妙，几天后小男孩因抢救无效死去。另一名23岁的男性工人，事故中造成脾破裂，复合性损伤，失血休克，但暂无生命危险。一位60岁的老人情况较好，右腿开放性骨折，头部受到外伤。

在凤阳县中医院的病床上，我们见到了工人宁仁君。30岁的宁仁君刚到厂里上班一个月，事发时，他和几个工友正在上大夜班，妻子和女儿正在厂子里的宿舍睡觉。据他描述，事发时，他和一个工友正在给石英砂打包装，突然看到办公楼一楼起火，立即往宿舍跑去救妻女，没跑出几步，就被炸翻在地。爆炸发生后，厂外没受伤的或者受伤较轻的村民纷纷跑到厂子里救人，在第一时间手扒棍撬，救出不少伤员，但扒出的更多的是遇难者的遗体。宁仁君的妻子被扒出时，右胳膊被炸断，已经没有了呼吸，但怀里还紧紧搂着刚刚一周岁的女儿。作为母亲的她，半侧着身子把柔弱的女儿护在下面，孩子只是受了点轻微的外伤，虽然受到了惊吓，但状况良好。

20岁的宋飞也在接受治疗，他在爆炸中因为跑得快，只是受了点轻伤，算是躲过了一劫。凌晨3点多，外面一阵喊叫声惊醒了他，他打开门去查看情况，这时有人喊失火了，他知道失火的位置有炸药，拔腿就跑。当他沿着围墙外面的路跑出百余米时，身后的爆炸声响了起来，紧接着他就觉得小腿肚被飞来的石块击中，疼痛让他当即摔倒，接着额头也被飞来的碎石块击中。

事发时，离厂区仅100多米的村民蔡夕好正在家门前空地睡觉，巨大的爆炸冲击波将他从床上掀倒在地，腿部被飞来的流石击伤，身后的卷闸门被气浪冲得扭曲变形，他顾不得疼痛爬起来冲进房里救儿子，看到年仅13岁的儿子蔡士孟被碎玻璃划得浑身是血。一位村民说道，是厂子围墙外的坝埂和树林“救了他们”，减缓了冲击波。

私采不断，成悲剧源头

这次事故是由晶鑫矿业办公楼内私存的巨量炸药爆炸引起的，调查组首先对企业相关资质进行了详细调查。这家企业以前承包山头开采石英矿，并粉碎加工、销售。2009 年上半年，该企业的采矿承包期满，没有获得续约。也就是说，该企业从 2009 上半年开始，就只有加工的权限，没有开山炸矿的资质，也就不需要民爆器材，其储存的炸药属于违法私藏。此次引发爆炸的数吨炸药，是该企业老板让别的公司帮忙购买的，事发 20 多天前运进来后，一直囤在办公楼内，直到引发爆炸。爆炸发生后，该企业老板曹某某携带 200 万巨款，悄悄赶到蚌埠，试图乘火车外逃，被警察挡获。

此次悲剧的源头还是私自开采石英矿。起初，凤阳石英矿市场管理混乱，租几亩山头，弄几吨炸药，就可以采矿。后来国家开始规范矿山开采，对民爆物品的管理也日趋严格，一些小作坊渐渐失去了参与机会，大中型矿山渐渐形成垄断，石英矿的暴利时代来了。但由于国家对开办矿山有严格的规定和要求，晶鑫矿业无法开办矿山，于是就采取变通的办法，从政府矿产管理部门承包了一个山头，进行炸矿、加工。随着日本企业进入石英矿开采和加工领域，本地的石英矿经营者已不具备竞争能力。但在巨大利益驱使下，老板曹培俊不想停手。2009 年上半年，山头承包合同到期后，当地政府收回了 20 多个外包的山头。曹某某不可能合法地拿到矿山开采权，但他的开采并没有停止。这种私采行为，在当地并不少见，但一般也就是偷偷摸摸，规模不大。但晶鑫矿业每天 700 吨矿石的加工能力，注定需要更多来路不明的炸药。

具有开采资质的企业，在打好炮眼后，需向民爆公司申请炸药，民爆公司再根据需求量送货，不允许囤积。但曹某某没有申请的资格，只能私自囤积。2009 年 5 月 13 日，公司从民爆分公司购买 8400 公斤炸药、100 支雷管，用于矿山开采，并将剩余炸药存放于公司办公楼内，5 月 21 日又通过非法手续购买了 295 箱炸药，共 7080 公斤，向他人借电雷管 100 只，全部存放在办公楼一层。数吨来路不明的炸药放在办公楼内，出事，也是早晚的。

晶鑫矿业能轻而易举违规获得这么大数量的炸药，足见我国部分地区非煤矿山在炸药管理、审批和使用等方面存在问题严重，令人堪忧。经调查，凤阳县在民用爆炸物品使用当量核定环节，管理十分混乱，民用爆炸物品非法买卖现象严重，配送流向环节缺乏监管。事故中爆炸的办公楼接受了多次检查，却躲过了一个又一个“火眼金睛”，说明安全检查不彻底，综合监管不到位。当地整体的矿产资源开发秩序十分混乱，矿产资源非法开采、采矿权非法转让等违法行为普遍存在，相关部门对此类问题的监管力度显然不够。

严抓严管不可松懈

企业安全意识不高，政府部门监管不到位，让此次事故成了偶然中的必然。为了认真吸取事故教训，防止此类事件的再次发生，我有以下几点思考。

一是加强民爆物品安全监管力度。民用爆炸物品是国家严格监管的实行许可制度的特种物品，未经许可，任何单位或个人不得生产、销售、购买、运输和储存。公安部门要加强对民爆物品购买、运输、使用等环节的安全监管，督促涉爆单位严格执行民爆物品登记、领用、退库等管理制度，安排专人领取，履行严格的领用手续，做到登记清楚、完备、无漏项，并实行专人管理、发放，严禁无资格的人员进行操作、使用，严禁向他人非法转借、买卖和非法制造、储存民爆物品，严厉打击涉爆违法犯罪行为，对企业剩余的民用爆炸物品要及时清理回收。

二是提升监管主体和生产使用主体的安全管理意识与水平。目前，部分涉爆单位从业人员素质水平较低，安全生产和法律意识缺乏，对民爆物品性能等专业知识一知半解，甚至无证上岗，导致安全管理难度增加。从业人员必须经过严格的基础知识、岗位技能培训及法治安全教育，考核通过后方可持证上岗，要充分认识民用爆炸物品的危害性和危险性，严格遵守安全生产规范。

三是严抓严打非法盗采矿产资源现象。深入排查私采乱挖、待关又采、以建待采、关闭后又死灰复燃、停产整顿私自偷采，以及不具备安全条件的技改矿井提前进入生产等行为，发现一起查处一起，特别是对非法盗采，要依法追究刑事责任。如发现公职人员失职渎职甚至充当“保护伞”，应及时移送纪检监察部门严肃追责问责。另外，相关部门要建立信息共享、联合执法机制，广泛发动群众举报，严厉打击矿产资源非法开采和非法转让采矿权等违法行为。

监管还需再加强

凤阳“6·21”非法私存炸药爆炸余音未了，同年7月初，安徽省泗县又曝出百余吨炸药违规流向停产整顿企业用于非法生产的事件。为什么类似事件屡禁不止？究其原因，我国不少地方的爆炸物品等危险物品监管存在重大漏洞，而私藏者又缺乏应有的安全知识，安全意识淡薄。

另外，受利益驱动，各地私挖滥采现象普遍存在，炸药使用量剧增，于是出现许多私藏、私造、私售、私运爆炸物品现象。而一些地区的公安部门平时疏于防范，未雨绸缪的少见，亡羊补牢的居多。大量私藏炸药一遇高温季节，极易自燃，从而酿成悲剧。

防爆治爆，重在监管，相关部门要加强爆炸品各个环节的监管力度，从源头上进行治理，对炸药生产进行有效监督，实行严密的追踪制度，做到无漏洞可钻。同时，还要加强对危险爆炸物相关安全知识的宣传与预防，杜绝此类爆炸事件重演。

手记

燃气爆炸，夺命火锅致惨案

——2012 年山西省寿阳县火锅店“11·23”重大燃气爆炸事故救援和调查工作手记

▶ 时间：2012 年 11 月 23 日 19 时 52 分许

▶ 地点：山西省晋中市寿阳县喜羊羊火锅店

一起液化石油气泄漏爆炸重大事故发生，造成 14 人死亡、47 人受伤，经济损失 1600 万元。

▶ 冬日火锅正尽兴，爆炸致14人丧命

2012 年 11 月 23 日 17 时许，喜羊羊火锅店正常开门营业。据反映，当晚客人较多，事发前夕，一层有 1 桌客人（5 人），二层有 5 桌客人（43 人），另有员工 5 人、店主夫妇 2 人及其亲属 2 人，店内共有 57 人，此外还有隔壁电脑销售店 4 人。事发时，地下室有 3 人，分别为店主刘某某及其妹妹和父亲，父亲用液化气灶热可乐。19 时 52 分许，店内突然发生爆炸，之后起火燃烧，店内人员慌忙逃生。爆炸冲击波将门窗玻璃击碎，一层、二层吊顶坍塌，埋住了正在就餐人员，同时将距事发地 28 米远的对面店铺门窗损毁、停放车辆的车窗击碎，将距事发地南面 6 米的居民楼窗户损毁，使其墙面轻微受损，PVC 落水管断裂。目击者称，爆炸所导致的玻璃碎屑飞出甚远，使多人受伤流血，同时饭店的门面和内部发生火灾。据用餐人员介绍，事发时听到巨大爆炸响声，之后忽然感受到令人窒息的强大的冲击力袭来。

▶ 应急启动，紧急救援

寿阳县消防中队 19 时 52 分接警后，于 20 时 01 分到达事故现场并立即开展救

爆炸后的火锅店内部

援。接到报告后，寿阳县委县政府迅速启动应急预案，寿阳县委书记、县长带领县四套班子和有关部门第一时间到达现场，全力组织灭火救人。晋中市委书记、市长带领市有关部门负责人迅速到达现场，成立了事故抢险救援指挥部，分设现场搜救、医疗救治、家属抚慰、事故核查、秩序维护、媒体接待等工作小组，指挥应急处置和伤员救治等工作。

党中央、国务院对本次事故高度重视，作出重要批示，要求尽全力抢救伤者，妥善处理善后工作，尽快查明事故原因，防止类似事故再次发生。接到指派后，我立即赶赴事故现场，进行指导救援和调查工作。

最先到达现场的消防人员发现店内火势猛烈，并且有人员被困，液化气瓶随时有爆炸危险。消防部门调派了几辆消防车，先用水枪扑灭明火，再进入店内救人。当时正值 11 月下旬，山西省的气温已降至零下，消防员往火锅店内喷的水迅速结成了冰，事故现场救援困难重重。公安部门、武警部门、消防部门以及医院迅速到位，克服困难，救出了十几名伤者。

经全力救援，20 时 40 分左右，明火基本被扑灭。晋中市消防支队于当晚 21 时 30 分抵达现场，加入了搜救队伍。24 日 4 时左右，经反复确认，已无被困人员，21 个液化气瓶已转移，救援工作结束，受伤人员全部被及时送往医院抢救。

事发当晚，31 名较重、危重伤者被及时转往省城 3 所医院治疗，随后又有 5

名伤者转往省城医院，另有11名轻伤者在寿阳县的两所医院接受治疗。截至2013年1月29日，与14名死者家属签订了协议，死者全部下葬，补偿资金全部到位，死亡人员善后处理工作结束。

用气安全记心间，事故原因大盘点

喜羊羊火锅店经营场所，系租用个人所有房屋，该店建筑为3层砖混结构，地下一层，地上两层，总面积约180平方米。该店采用液化石油气作为厨房及火锅燃气，共有液化气瓶21个，其中大瓶（15千克装）2个，小瓶 （5千克装）19个。两个大瓶，分别用于一层工作间和地下室厨房。19个小瓶，用于餐桌火锅。 事发当天上午，该店曾在九龙液化气站充装液化石油气6小瓶、1大瓶，液化气瓶与液化气灶的拆分与安装由店主张某某负责。

调查发现，店外靠近店门口处有一个长600厘米、宽115厘米、深175厘米的采光窗井，与地下室北墙处相连通，系前房主庞某有于2011年5、6月间擅自违规开挖建设。2012年3月，喜羊羊火锅店老板租下该房后又擅自将地下室分隔为3个宿舍（老板居室、男员工宿舍、女员工宿舍）和1间厨房。厨房内有1只YSP35.5型（15千克）液化石油气瓶、1个燃气灶、1个蜂窝煤灶，其余空间设为洗碗池和存储食品及杂物场所。

经现场勘查发现，地下室北墙上方四个窗户和窗井上覆盖的钢化玻璃均被爆炸冲击波破坏，向外喷出；钢框西北角上翘7厘米，与窗井墙体之间卡着一个扭曲变形的高压锅；吊顶拉筋均有不同程度的弯折变形；楼梯不锈钢扶手向西 （向楼梯踏步方向）倾斜，上部接近一层平台处与扶手连接的立柱缺失；东西两侧墙体距顶部30厘米及南边墙体均出现裂缝；地下室内宿舍隔断、高低床、冰箱等设施、物品均不同程度地受到爆炸冲击波影响，过火程度较轻；一层、二层门窗的玻璃全部破碎喷出，过火程度较重；大火使店内9个气瓶不同程度烧损鼓胀，最严重的是1个5千克罐在环状焊缝处有一竖向裂口，裂口背部尚存未被火烧烟熏的油漆原色。基于以上勘察结果，我们初步确定爆炸发生在地下室。

在事故现场周围区域，火锅店背后的住宅楼玻璃破碎， 墙面有被抛出物撞击形成的密集凹坑；火锅店对面的建筑物南立面受抛出物撞击，或在冲击波作用下受到不同程度破坏，以火锅店为中心呈扇形放射状；正对面商铺的卷帘被穿洞；该商铺往西 55 米、往东 50 米范围内的玻璃破碎；对面停放的汽车车窗玻璃破碎，车身被撞出多处凹坑。

在现场勘查的基础上，调查组委托具有资质的专门机构对与爆炸燃烧相关的液化石油气瓶、燃气灶及调压器进行检测鉴定，对爆炸痕迹、爆炸成因作进一步分析，同时委托专门机构对门前煤层气管道内气体成分、管道泄漏点附近土壤中是否有煤层气成分进行检测鉴定。鉴定结果表明，爆炸、燃烧物质为液化石油气，泄漏源为地下室气瓶，点火源为地下室靠近灶间冰柜的继电器，爆炸中心在地下室靠近灶间的冰柜附近，并排除了室外煤层气管道渗漏引发爆炸燃烧的可能。

调查发现，事发前地下室液化石油气瓶瓶阀和灶阀未关闭，导致液化石油气泄漏，并与空气混合形成爆炸性气体，达到爆炸极限后遇地下室靠近灶间冰柜的继电器火源，发生爆炸，这是事故的直接原因。

其他一些原因也间接导致了事故的发生。其一，喜羊羊火锅店安全意识淡薄，燃气使用失当；地下室住宿、厨房、仓库为一体，通风不畅；购买使用不符合国家标准的气瓶调压器。其二，九龙液化气站作为燃气经营单位，未依法履行指导燃气用户安全用气、并对燃气设施定期进行安全检查的责任，所供气体不符合国家标准。其三，当地政府及住建、消防、规划等职能部门监管不到位，瓶装液化石油气市场专项整治行动流于形式，致使液化石油气经营和使用环节存在的安全隐患没有得到有效排查整治。其四，火锅店房屋业主违规擅自利用房屋外的地下空间，建设采光窗井，扩大了事故的伤亡。

▶ 铭记事故教训，筑牢安全防线

为深刻吸取本次事故教训，防止类似事故再次发生，我有以下几点思考。

一是彻查“三合一”场所，加强人员密集场所的安全管理。喜羊羊火锅店擅自将地下室分隔为 3 个宿舍、1 间厨房，其余空间设为洗碗池和存储食品及杂物场所，室内通风不畅，为爆炸事故留下了巨大隐患。因此，各级政府要组织相关职能部门对“三合一”“多合一”等隐患较多的场所进行摸底排查，建立台账；对不符合安全条件，存在安全隐患的经营场所要及时进行查处；进一步加强对地下空间开发利用的监管，严厉打击擅自开发利用地下空间建设的违法行为。

二是加强液化石油气经营使用各环节的安全管理。本次事故中采集的 12 个液化石油气气样均不合格。另外，事故现场提供的 4 个调压器样品中，除了一个因被损无法检测关闭压力、出口压力和气密性外，其余 3 个调压器均不合格，这会造成燃气灶燃烧工况不良，极易引起火灾爆炸事故。因此，应严格按照国家及行业标准和相关管理规定，加强对液化石油气及调压器的质量监测，保障用户使用合格的液化石油气、燃气灶和调压器。同时，要向用户和单位广泛宣传液化石油气安全使用的有关知识。

三是严格落实企业主体责任。本次事故中，餐饮单位和燃气供应企业均未履行安全主体责任。餐饮单位使用液化气的，要严格落实燃气使用安全规定，使用合格气源、气瓶和符合国家标准的燃气器具，在燃气储存场所、用气场所安装可燃气体泄漏自动报警装置；加强对从业人员燃气使用安全教育和操作技能培训，提高其安全意识和规范操作水平。燃气供应企业要按照法律法规、标准规范和合同约定承担用户燃气设施巡检、燃气使用安全技术指导和宣传责任；要遵守供气安全操作规程，不得非法充装或使用报废、超期和不合格的钢瓶；加强对送气人员和车辆的管理，定期对餐饮单位实施燃气使用安全检查。

四是加大对城市燃气管网建设经营单位安全监管力度。尽管山西煤层气（天然气）集输有限公司寿阳分公司与本起事故的发生无直接关系，但在事故调查中发现，该公司存在管理混乱、档案资料不全、原始记录缺失、未按国家有关规程施工、监理人员无证上岗等严重问题。有关部门要定期对煤层气（天然气）管道建设经营单位进行全面检查，消除安全隐患，确保城市燃气管网建设运营秩序，保障人民群众生命财产安全。

▶ 冬日火锅，如何温暖又安全？

因吃一顿火锅，竟遭无妄之灾，液化气突然发生爆炸燃烧，瞬时夺取 14 个人的生命，这样的悲剧令人痛心。这起事故不仅震惊了全国，更为餐饮行业和火锅店的消防安全敲响了警钟。谨防液化气引发安全之殇，刻不容缓。

公共安全，从来都不是写在纸上、讲在嘴上就能实现的，要通过实时技术监控和不定期检查确保符合安全标准，让无处不在、无时不在的安全监管成为坚固的“防火墙”。相关行业的经营者要在企业内部加强事关安全的教育培训和硬件投入。尽管这样做可能会增加一些运营成本，但人命关天，如果没了安全、伤人性命，不仅生意做不好，还要承担相应的法律责任，孰轻孰重，不言自明。因此，无论是基于顾客安全还是商家自身利益，都必须坚决对侥幸心理和麻痹思想说“不”，要认认真真把好安全“头道关”。

手记

政府失察失管，无视安全隐患

——2015年广东省深圳市光明新区渣土受纳场“12·20”特别重大滑坡事故救援和调查工作手记

- 时间：2015 年 12 月 20 日
- 地点：深圳市光明新区红坳渣土受纳场

滑坡事故发生，造成 73 人死亡、4 人下落不明、17 人受伤，33 栋建筑物被损毁、掩埋，90 家企业生产受影响，涉及员工 4630 人。事故造成直接经济损失 8.81 亿元。

渣土一泻千里，家园支离破碎

位于深圳市光明新区的红坳渣土场原为采石场，经多年开采形成凹坑并存有积水约 9 万立方米。实际建设运营单位深圳益相龙投资发展有限公司（以下简称益相龙公司），将凹坑变成渣土受纳场，至事故发生时，渣土场堆填体由北向南、由低向高呈台阶状布置，共有 9 级台阶。这些台阶有的已经成型，斜坡已复绿，有的还在进行堆填、碾压，已见初型。0 级台阶高程 56.9 米，堆填体实际最高处高程 160 米，实际高差达 103.1 米。总堆积量约 583 万立方米，主要由工程弃渣组成，掺有生活垃圾约 0.73 万立方米。

2015 年 12 月 20 日 6 时，渣土场顶部作业平台出现裂缝，宽约 40 厘米，长达几十米，第三级与第四级台阶之间也出现鼓胀开裂变形，现场作业人员向顶部裂缝中充填干土。

9 时许，裂缝越来越大，遂停止填土；11 时 28 分许，渣土开始滑动，自第三级与第四级台阶之间、凹坑北面坝形凸起基岩处滑出后，呈扇形状继续向前滑移，

滑移 700 多米后停止并形成堆积。

滑坡体推倒并掩埋了途经的 33 栋建筑物，导致 90 家企业生产受影响，造成大量人员伤亡。

事故直接影响范围约 38 万平方米，南北长 1100 米，东西最宽处 630 米，最窄处宽 150 米。滑坡物源区与滑坡堆积区最大高程差 126 米，最大堆积厚度约为 28 米。

▶ 八方驰援，打开生命通道

现场救援指挥部（以下简称指挥部）根据所获信息，第一时间将事故现场分成 35 个网格，打通 6 条救援通道，组织力量 24 小时连续开展救援，利用生命探测仪、搜救犬开展 9 次地毯式排查，调集飞艇现场测绘，并结合光学雷达、地质雷达、高密度电法等高科技手段探测，对被埋区域建筑物进行定位。

21 日，在滑坡现场确定 3 个重点搜救点，采取机械加人工网格式搜救方式开展搜救。次日挖出 3 栋不同构造的建筑物。23 日，指挥部在原 3 个重点搜救点基础上新增 4 个点，提高现场作业效率，多栋建筑物实现“露头”，并于当日 6 时 40 分在东二作业区成功救出一名幸存者。24 日，就近征集土地开辟临时弃土受纳场，增加外运泥土汽车单车载重，就地利用砖石渣土铺通道路，改善现场东侧作业条件，提高泥土外运效率。此后，现场救援除对掩埋者重点位置实施定点挖掘

航拍的事故救援现场

外，主要是调配抓筋机、挖掘机、推土机等大型设备，开展大规模的推土、翻土、运土作业，同时安排近 400 名观察员 24 小时坚守现场，辅助救援人员进行作业观察，尽最大努力救人和搜寻遇难者遗体。高峰时期，参加救援的各方力量达 10 681 人，投入大型机械设备达 2628 台。事故救援中，累计外运土方 278 万立方米，现场见底验收面积 18.4 万平方米。

同时，指挥部还协调国家和省市岩土、燃气、地质等领域 200 多名专家对现场进行分析，评估再次发生灾害的可能性，对滑坡事故现场山体进行实时监测，严密防范二次滑坡；组织专业力量对现场各类危化品进行彻底核查、登记并进行妥善处理；安排中石油抢修队对现场受损的“西气东输”管道进行抢修，铺设临时管道 350 米，于 2016 年 1 月 8 日恢复向香港支线供气；同时，针对滑坡区域“残留体”出现裂缝现象，开展“削坡”作业，加强实时监测，防止发生二次滑坡。

“一家一组、一组一策”展开救治

救援工作进行的同时，专门的医疗保障组采取“一对一”专家、医护人员编组的方案，全力医治受伤人员，并做好心理疏导。事故现场还建立了救治点，医护人员 24 小时现场值守。同时，指挥部及时开展了事故现场防疫工作，累计环境消毒面积 311.5 万平方米、杀虫灭鼠面积 371 万平方米，出动防疫人员 10 641 人次，派发口罩 19.8 万个。

指挥部成立了善后处置组，配备了心理咨询、法律服务、社工志愿者等专业人员，采取“一家一组、一组一策”的方式，开展遇难和失联人员家属安抚工作；制订了安置工作规范，对受事故影响的 90 家企业、4630 名员工，进行了妥善安置；对事故救援征用菜地涉及的 468 户菜农、2100 人，全部进行了补偿安置，帮助受影响、受损失企业恢复生产，并积极研究制订扶持补偿及鼓励政策。另外，指挥部第一时间启动了突发事件新闻应急机制，召开了 10 场新闻发布会和 1 次情况通报会，通报救援工作进展情况。善后组通过与受影响群体的有效沟通，确保了信息的透明度和及时性，减少了公众的恐慌与疑虑。

险情误判酿惨剧

渣土受纳场管理方在应急处置上缺乏警惕性和不负责任的行为，直接导致了本次事故惨重的人员伤亡和财产损失。

事故调查组技术组发现，在事发前一个多月，受纳场已经发现有沉降、有裂缝了。事故当天早上 6 点左右，受纳场员工发现堆填体出现多处裂缝，而且在应急方面，有两个方面的失误。

失误一是发现堆填体开裂变形后，错误采用顶部填土方式处理，在堆填体后缘增加下滑推力。

失误二是没有疏散人员。从早上 6 点到 11 点 20 分，受纳场管理方未发出任何警告，未向地方政府和有关部门报告。渣土受纳场开始大规模滑坡，渣土向下滑动 13 分钟，损毁掩埋 33 栋建筑物。在此过程中，事故企业人员始终没有发出警示，贻误了下游工业园区和社区人员紧急疏散撤离的时机。

超量超高超库容堆积渣土

25 日，在排除山体滑坡、认定不属于自然地质灾害的基础上，依据有关法律法规并经国务院批准，国务院广东深圳光明新区渣土受纳场“12·20”特别重大滑坡事故调查组成立。调查组由原安全监管总局、公安部、监察部、国土资源部、住房城乡建设部、全国总工会和广东省人民政府等有关方面组成，邀请最高人民检察院派员参加，并聘请规划设计、环境监测、岩土力学、固体废弃物和法律等方面专家参与事故调查工作。

调查组从五个方面排除了诱发事故的直接原因。第一，排除人为破坏因素。通过事故现场勘查、问询和视频资料分析，未发现人为破坏因素导致滑坡的证据。第二，排除突发降雨及地震因素。距红坳受纳场约 2 公里的塘家雨量站日降雨量数据显示，滑坡发生前 5 日无降雨，事故发生当日降雨量为 1 毫米；深圳市地震监测网显示，事故发生前期无有影响的地震事件记录，事故发生时段当地没有发生地震。第三，排除天然气管道爆裂因素。调查认定，管道爆裂发生于滑动破坏失稳之后，因滑坡冲击导致管道破裂泄漏，管线破裂造成的天然气喷射未对事故造成扩大影响。第四，排除地铁施工因素。深圳地铁 6 号线大眼山隧道与红坳受纳场南北方向平行，两者水平距离 739 米。隧道于 2015 年 12 月 2 日正式进洞，采用人工配合挖掘机开挖的作业方式，洞内外监控、量测各项指标正常。事故发生当天，地铁施工工地因停电而停止施工。第五，排除生活垃圾腐化因素。经查，红坳受纳场堆填的生活垃圾主要来自红坳村（常住人口 7678 人），已堆填的生活垃圾占红坳受纳场总堆填量的 0.12%，对红坳受纳场渣土堆填体整体力学性质未构成影响。

经全面客观调查，认定的事故直接原因有三个。一是红坳受纳场没有建设有效的导排水系统，内积水未能导出排泄，致使堆填的渣土含水过饱和，形成底部软弱滑动带，所以在渣土场的内部，特别是靠近底部形成了一个保水带。二是严重超量超高堆填，下滑推力增大、稳定性降低，导致渣土失稳滑出，体积庞大的高势能滑坡体形成了巨大的冲击力，加之事发前险情处置错误，造成重大人员伤亡和财产损失。三是超库容堆填，红坳受纳场规划库容 400 万立方米，封场标高 95 米；经查，事故发生时实际堆填量已达 583 万立方米，堆填体后缘实际标高已达 160 米，严重超库容、超高堆填。红坳受纳场所处位置为前期采石场开采残留的“凹坑”，地势南高北低，滑坡物源区与滑坡堆积区最大高差达 126 米。特殊的地形条件为体积庞大的滑坡体能量聚集和运动加速创造了条件。

▶ 违法违规施工，现场管理混乱

此外，调查组还查明，深圳市绿威物业管理有限公司（以下简称绿威公司）为红坳受纳场运营服务项目的中标企业，违法将运营服务项目整体转包给深圳市益相龙公司。

益相龙公司未经正规勘察和设计，违法违规组织红坳受纳场建设施工；现场作业管理混乱，违法违规开展红坳受纳场运营；无视受纳场安全风险，对事故征兆和险情处置错误。

红坳受纳场在没有正规施工图纸设计和未办理用地（后补办）、建设、环境影响评价、水土保持等审批许可的情况下即违法违规建设运营。在建设运营过程中，红坳受纳场超出规划区域堆填，没有按照有关规定排出底部原有积水、修建有效的导排水系统并落实堆填碾压和密实度检测，现场作业管理混乱，事故隐患长期存在。

▶ 执法不严、监管缺位

调查认定，当地政府未认真贯彻执行党和国家有关安全生产政策方针和法律法规，违法违规推动渣土受纳场建设，对有关部门存在的问题失察。

光明新区城市管理局违规审批许可，在红坳受纳场未取得规划国土、建设、环境保护、水务等部门批准文件的情况下，违规向绿威公司发放临时受纳场许可证；未对光明办事处执法队履行渣土受纳场综合执法职责进行监督检查，未按规定开展渣土受纳场监管业务培训和考评工作。在牵头处理群众举报的事故隐患过程中，弄虚作假回复举报人和上级机关；在事故隐患未消除的情况下，违法恢复红坳受纳场运营。

深圳市城市管理局未按法定职责组织开展监督检查工作，在两次对红坳受纳场年度巡查中，均未发现其违法违规转包和超量超高堆填等问题；未按职责监督检查、指导光明新区城市管理局余泥渣土临时受纳场日常监管工作。

光明新区城市建设局未按规定跟踪和督促红坳受纳场依法办理建设工程施工许

可证，未按职责指导光明办事处查违办开展违规建设项目查处工作；未按规定开展执法检查工作；未督促红坳受纳场落实水土保持方案要求报送水土保持监测报告；违规为红坳受纳场办理环境影响报告审批；未对红坳受纳场按照环境影响评估报告落实水土流失防治措施进行后续监管。对群众举报的红坳受纳场事故隐患未认真研究查处，未督促红坳受纳场整改隐患并办理建设审批手续，也未按照规定对其实施重点监督检查。

深圳市住房和建设局未按规定履行建设执法监督指导职责，未有效监督指导光明新区管委会依法查处红坳受纳场无建设工程施工许可证违规建设问题。

深圳市水务局未依法履行审批后的监督管理和水土保持设施验收职责，未监督纠正红坳受纳场未依法提交水土保持监测报告、度汛方案、申请水土保持设施专项验收等问题，未按规定就移交给光明新区城市建设局的问题及时跟踪督办，未按规定指导协调、监督检查光明新区城市建设局依法履行监管职责。

深圳市人居环境委员会未按规定履行监督指导职责，未有效督促指导光明新区城市建设局依法查处违反环保规定的建设项目、严格依程序进行行政审批、落实环境影响审批后的监管职责。

深圳市规划和国土资源委员会光明管理局违规审批，违反规划土地法律法规，以出具复函的形式代替行政许可，同意红坳受纳场作为余泥渣土临时受纳场。

对市规划和国土资源委员会光明管理局违规为红坳受纳场核发选址意见书、用地规划许可的问题，深圳市规划和国土资源委员会失察。

光明新区光明党工委、办事处、管委会对红坳受纳场的日常检查流于形式，未发现和纠正红坳受纳场存在的违规转让许可证、超容量受纳、缺乏有效的导排水系统等问题；对渣土受纳场安全风险认识不足，未按规定进行监督管理。

此外，深圳市委未有效督促深圳市政府及有关部门履行安全生产职责。深圳市人民政府未按规定进行监督管理，未督促光明新区管委会整治和排除群众反映的红坳受纳场存在的安全隐患；对有关职能部门违规为红坳受纳场审批的问题失察，未有效督促指导有关职能部门和光明新区管委会落实对渣土受纳场的安全监管职责。

未雨绸缪方为先

针对如何防范此类事故，避免悲剧重演，我有几点看法。

第一，加强对淤泥渣土受纳场等建设项目的安全风险辨识，健全完善城市隐患、风险数据库，为城市安全决策提供可靠的信息支持。增强城市安全管理，强化风险管控意识，建立风险等级防控工作机制；加强事中事后监管，及时发现安全风险和隐患，不断完善风险跟踪、监测、预警、处置工作机制。

第二，加大安全生产投入，加强从业人员安全生产、应急处置培训教育；加强作业场所安全管理，提高从业人员现场应急处置能力和自救互救能力。

第三，加强依法行政意识，提高城市管理水平。要依法规范城市建设中的市场行为，切实营造公平竞争的市场环境；完善依法决策机制，提高城市建设管理中重大行政决策法治化水平；针对城市建筑垃圾受纳场管理标准规范和管理制度缺乏的问题，要组织编制建筑垃圾填埋场规划、建设、运营地方标准，规范安全监管，落实“管行业必须管安全”的原则。

第四，运用现代信息技术全面提升应急管理能力。综合运用现代信息技术，加强对各类垃圾填埋场表面水平位移、深层水平位移、堆积体沉降、堆积体内水位等实时监测工作，实现事故风险感知、分析、服务、指挥、监察“五位一体”，做到早发现、早报告、早研判、早处置、早解决。

第五，加大对中介服务机构监管力度，规范中介技术服务行为。定期开展中介服务机构经营活动的监督检查，纠偏惩过，建立完善中介服务机构信用体系和考核评价机制，定期向社会公示相关信用状况和考评结果，督促中介服务机构建立良好的信誉；加快环境影响评价、水土保持等中介服务机构与政府职能部门的改制脱钩，遵循市场竞争，培育多元化的中介服务市场主体，建立正常的退出淘汰机制。

第六，事故隐患排查治理和举报查处工作做到全过程闭环管理。完善各类信访举报平台，开通举报电话、电子信箱、举报微信等方式，畅通群众举报渠道，鼓励群众举报安全生产问题。要建立完善举报信息查处工作机制，实施全过程“留痕”制度，做到谁签字、谁负责，谁监管、谁落实，实现对举报信息的受理、查处、结案、验收、公示等环节的闭合管理，特别是要切实落实隐患整改的验收和公示，确保隐患整改效果并接受社会监督。

城市管理能力亟待提升

深圳在经济转型、落实新发展理念、创新创业等方面走在全国前列，但是这起滑坡事故，无疑暴露出城市治理落后的一面。深圳遭遇泥渣土“围城”，此前当地媒体就曾聚焦过，但却没有引起城市管理者的重视。

在深圳这样的特大城市，竟也会出现“山上堆起来的泥有百米高”的危险景象，这何异于现代化肌体上的一块脓包？与大城市治理能力匹配的地质灾害监测预警去哪儿了？就算滑坡是发生在近郊，也不应对逼近的危险失去警觉。都说祸患常积于忽微，或许在“忽微”阶段，有些风险还难察觉，可当隐患升级为看得见的明患后，还未能及时排除，治理嗅觉未免有些迟钝。

这个事故让我们看到，时下有些城市在经济发展方面走在前列，但在社会治理的某些方面，却仍然停留在“农耕时代”。正是这种反差的巨大，才导致了此次滑坡事故，令公众难以接受。

城市里的渣土某种程度上是城市建设发展的必然产物。当渣土与瞬间吞噬生命的严重事故联系在一起的时候，其凸显的警示意义无法低估：在城市飞速建设发展的和平时期，必须以一种临危履薄的态度重视安全生产，否则一起偶发性的事故也可能造成惨重损失，给社会带来巨大伤痛。

手记

劣质产品，管理混乱，爆炸夺人命

——2016年湖北马店“8·11”重大高压蒸汽管道爆炸事故救援和调查工作手记

- 时间：2016年8月11日14时49分
- 地点：湖北省当阳市马店矸石发电有限责任公司（以下简称矸石发电公司）

热电联产项目在试生产过程中，2号锅炉高压主蒸汽管道上的喷嘴裂爆，发生重大高压蒸汽管道爆炸事故，造成22人死亡、4人重伤，直接经济损失约2313万元。

隐患处理不及时，终酿爆炸事故

2014年，华强化工集团股份有限公司投资控股矸石发电公司，主导热电联产项目的建设，管控矸石发电公司的生产经营活动。

2016年8月11日凌晨0点左右，矸石发电有限责任公司热电联产项目当班员工巡检时，发现集中控制室前楼板上滴水，同时2号锅炉高压主蒸汽管道保温层开始漏汽，于是将泄漏情况报告给当班值班长，但直到11日8时下班也未收到处置指令。11时左右，锅炉车间主任王某某率人拆开2号锅炉事故喷嘴附近部分外壳及保温棉查看，但未发现滴水情况和泄漏点，于是下令将保温棉恢复，并要求员工加强监视。

9时左右，锅炉运行人员肖某某发现2号锅炉事故喷嘴附近有泄漏声音且温度比平时高，但由于保温层未拆除无法确定泄漏点具体位置。两小时后，矸石发电公司副总经理赵某某率人赴现场查看并测量温度，发现2号锅炉事故喷嘴附近保温层外表已达 360 ℃，但仅仅是指示当班员工继续加强监控。随后，肖某某和锅炉车间司炉钟某某先后在“锅炉车间”工作微信群发布信息和照片，希望领导能够看到，但仍未引起重视。13 时 30 分左右，发电公司副总经理赵某某在厂外收到王某某和生产科副科长张某某报告，称“有漏汽现象而且温度有点高”，然而并未及时赶到现场处置，仅指示他们“向华强化工集团生产部报告并做好开 1 号锅炉、停 2 号锅炉的准备”。13 时 50 分至 14 时 20 分左右，华强化工集团生产部部长叶某某先后三次接到生产科副科长和华强化工集团生产调度中心调度员电话报告，报告称“2 号锅炉主蒸汽管道有泄漏，请求停炉”，但叶某某没有赶到现场处置，没有采取停炉措施消除隐患，也没有向分管领导报告。

14 时 20 分左右，矸石发电公司设备科科员向华强化工集团设备动力部部长庄某某电话报告，称“2 号锅炉蒸汽母管有泄漏，请求派人协助处理”，庄某某安排华强化工集团设备部 2 名工程师到矸石发电公司集中控制室指导。14 时 30 分左右，叶某某到办公室向华强化工集团副总经理报告“蒸汽管道泄漏，矸石发电公司要求停炉”后，两人开始商量减电、减汽的应对方案。截至 14 时 49 分事故发生，华强化工集团和矸石发电公司无任何负责人发出停炉指令，2 号锅炉一直处于运行状态。

14 时 49 分，2 号锅炉高压主蒸汽管道喷嘴上的焊缝裂爆，导致管道断开，2 号锅炉的高温高压蒸汽从靠近锅炉侧的断口喷出，3 号锅炉的高温高压蒸汽经蒸汽母管从靠近汽机侧的断口喷出，高压主蒸汽管道断口形成 10 余米的错位，导致除氧间、煤仓间 8.0 米至 15.5 米区域的墙体、楼板部分破损，集中控制室隔断的玻璃和边框软化、熔化、坍塌，高温高压蒸汽（温度 530 ℃ 95MPa）瞬间冲击集中控制室。事故发生 4~5 分钟后，事故区域附近员工严宗斌开始连续手动关停 2 号锅炉和 3 号锅炉，切断了高压主蒸汽管道蒸汽，外排了残余蒸汽，避免了事故的扩大。

▶ 全力抢救伤员，尽最大努力减少伤亡

14 时 51 分，当阳市 120 接到矸石发电公司求救电话，迅速派救护车赶赴现场。随后当阳市消防大队也接到报警，并迅速赶赴事故现场。事故发生后，当阳市

委市政府主要负责人迅速赶往现场进行处置，要求矸石发电公司关闭热电联产项目所有装置，关停周边关联企业，严防次生灾害发生。同时，当阳市委市政府将事故报告湖北省委、省政府，宜昌市委、市政府及省市有关职能部门。

事故引起党中央、国务院领导的高度重视，要求全力抢救伤员，尽最大努力减少伤亡，妥为做好善后处置，抓紧查明事故原因并追责。受到当时国家安监总局党组的指派后，我率工作组立即前往事故现场，指导事故救援和调查。

当阳市迅速启动应急预案，成立“8・11”事故处置工作组，下设综合组、医疗组、善后组、现场组等 8 个工作专班。当阳市公安、卫生、质监、原安监等部门人员也迅速到达事故现场，设置现场警戒，全力搜寻和抢救伤亡人员。最终，救援队伍发现遇难者遗体 21 具，全部送往殡仪馆，1 人经抢救无效后死亡；4 人重伤，送往医院接受治疗。事后，22 名死者家属均得到安抚和补偿，4 名伤者得到全力救治。当地政府及时做好了信息公开工作，及时发布事故应急救援、善后处置信息，主动回应社会关切，保持了社会稳定。

▶ 产品劣质，设计缺陷，拒不停炉

调查组通过现场勘查、技术鉴定、资料收集、询问等方式，对事故直接原因和管理原因进行了深入剖析。

经调查发现，安装在 2 号锅炉高压主蒸汽管道上的事故喷嘴是质量严重不合格的劣质产品，它是本次事故的罪魁祸首。其焊缝缺陷在高温高压作用下逐渐扩展，局部裂开出现蒸汽泄漏，形成事故隐患。由于工作人员未及时采取停炉措施消除隐患，导致焊缝裂开面积不断扩大，当剩余焊缝无法承受工作压力时，管道断裂爆开，大量高温高压蒸汽骤然冲向仅用普通玻璃进行隔断的集中控制室以及其他区域，造成重大人员伤亡，这是本次事故的直接原因。

有关部门和生产单位对安全生产的管理也存在严重漏洞。供应商昂戈力公司在明知自身不具备生产高温高压设备资质和条件的情况下，违法制造劣质喷嘴，并伪造产品检测合格证。其生产的事故喷嘴将管道本体断开，人为在喷嘴两端与管道断口增加了两圈异种钢焊缝进行焊接。我们通过测量，发现焊缝最薄处有效厚度仅

1~2 毫米，远远低于规范要求的 21.2 毫米。且焊接接头还存在未焊透、未熔合的情况，焊缝有效承载能力远远不能满足高压主蒸汽管道强度要求。而华强化工集团的设备采购负责人收受设备供应商昂戈力公司的贿赂，对其相关资质不进行审验，对其生产能力不进行实地考察， 对采购的产品不进行市场询价，对产品的质量不进行验收把关，致使劣质产品被安装在高温高压管道上使用。

另外，通过查看记录和问询，我们得知矸石发电公司在调试和试生产期间，设备故障和事故就隐患不断，在不具备正常运行能力保障的情况下，仍然把矸石发电公司作为向华强化工集团供电和供热的主要来源，并强制要求电厂保证连续稳定供热，不得擅自停炉。这致使事故喷嘴出现持续泄露，华强化工集团和矸石发电公司相关负责人均不敢轻易决定紧急停炉，使本来只要 5 分钟左右就可以实现减压停炉的措施未能实施，最终使情况持续恶化，导致重大事故发生。

事故发生时，集中控制室内有锅炉、汽轮机运行控制的当、值班组人员 16 人，以及华强化工集团、矸石发电公司生产管理人员 10 人，共计 26 人。而调查发现，高温高压蒸汽管道与人员高度集中的集中控制室之间，仅采用一道不符合设计防火要求的普通玻璃隔断，因其不具备隔热、防火、抗冲击等安全功能，所以不能有效阻挡和承受高温高压蒸汽，为人员逃生争取必要的时间。我们查明，本次热电联产项目没有按照核准文件要求进行设计，建筑结构设计不符合法律、法规和工程建设强制性标准要求，导致人员直接暴露在危险之中。

调查还发现，管道检验检测机构没有执行管道有关规定，既未对事故喷嘴进行液压和气压等压力试验，也未采用“三代一”的方式，即采用无损检测、管道系统柔性分析和泄漏试验代替压力试验，致使事故喷嘴的两条焊缝漏检。另外，质监部门在进行特种设备监管时，以事故喷嘴未列入特种设备目录为由，机械执行规范标准，对事故喷嘴不检不管，监管严重缺失。

▶ 汲取教训严整改

这起事故再次敲响电力安全生产、风险管控的警钟， 我们一定要深刻认识到其中的经验和教训，防止重蹈覆辙。

第一，切实履行企业安全生产主体责任。此次爆炸事故中的企业安全意识淡薄，安全生产体系缺乏，安全管理混乱，在出现事故隐患时未及时处理，导致更大的爆炸事故发生。因此生产经营单位要深刻反思事故教训， 强化安全意识、 法律意识和责任意识， 建立健全安全生产责任体系； 深入推进隐患排查治理工作， 落实企业负责人隐患排查治理的第一责任，确保隐患排查治理全覆盖。

第二，强化设备设施采购管理，严把质量关。劣质产品是此次事故的罪魁祸首，提醒企业必须制定严格、规范、可行的设备采购程序和办法，坚决不让不合格产品上岗，从设备上确保安全操作；强化建设项目安全管理，严格审查设计、施工、监理等单位资质，制定规范严格的工程招标、项目质量管控等制度，确保建设项目符合法规规范和生产实际要求。

第三，强化责任担当，优化部门监管职能。有关部门要时刻保持清醒的头脑，牢牢把握监管主体责任的内涵和要求，强化责任担当，切实做到履职不缺位，尽职重实效。质监部门要修改和完善特种设备监管法规制度，增修《特种设备目录》，将压力管道上承受相同压力作用的部位和元器件一并纳入特种设备监管。能源部门要强化相关设计规范的修订，明确规定集中控制室等人员密集场所的设计布局、隔断设施等安全要求，对高温高压管道与人员密集场所的安全距离及相应的防护措施作出具体规定。国土、规划部门要增强法律意识，严格依法行政，严防不作为、乱作为。应急部门要善于利用安委会平台作用，确保“管行业必须管安全、管业务必须管安全、管生产经营必须管安全”落实到位。

第四，重视安全管理，确保足够的安全投入。此事故中企业使用劣质产品，厂房设计不符合规范，重要原因之一是缺少安全投入。因此，要确保资金投入满足安全生产条件要求，加大对于设备本质安全方面的资金投入，并按照规定进行检验。同时要为从业人员提供符合国家标准或行业标准的劳动防护用品，并监督教育从业人员按照规定佩戴使用。对于新建、改建、扩建项目，应从设计阶段就将本质安全功能考虑在内，特别是对于重大危险源的管理，企业更应该采取先进的安全生产工艺、设备和技术，提高安全生产技术水平。

安全无小事，事故零容忍

这是一起安全生产责任事故，事故的爆炸声时刻提醒着人们安生生产的重要性。所谓“君子爱财，取之有道”，但是在利益的驱使下，企业没有守住安全生产的底线，淡薄的安全意识，混乱的安全管理更是让安全生产无从谈起。华强化工集团的设备采购负责人购买的劣质喷嘴成为爆炸事故的导火索，尽管工作人员发现问题，层层上报，可是等来的依旧是管理人员的无视，而使用不符合防火设计要求的普通玻璃也加剧了事故后果的严重性，使人员直接暴露在危险之中，最终导致人间惨祸的发生。

发电行业作为技术、资本和劳动密集型产业，作业环境复杂，危害因素较多，人身伤害事故时有发生，安全形势不容乐观。如何提升安全水平，科学、高效地预防和杜绝事故的发生，是发电企业安全管理必须面对和解决的问题。发电企业生产设施设备必须要达到合格标准，防火、防电及隔热建筑构件必须要符合规范要求。此外，要严格执行企业安全管理制度，安全隐患排查治理工作必须开展到位。早发现、早处理，切实消除隐患，落实防范措施，只有这样，才能有效遏制重特大事故的发生。

手记

赶工期，害人命，冷却塔坍塌酿惨案

——2016年江西省丰城发电厂“11·24”冷却塔施工平台坍塌特别重大事故救援和调查工作手记

- 时间：2016年11月24日7时33分
- 地点：江西丰城发电厂

三期扩建工程发生冷却塔施工平台坍塌特别重大事故，造成73人死亡、2人受伤，直接经济损失10 197.2万元。

抢工期，赶进度，73人殒命只用24秒

2016年9月13日，丰电三期工程“协力奋战一百天”动员大会举行，项目建设方、总包方、监理方等参加会议，工程负责人在会上表示，要强化施工现场工作调度，监理、施工单位增加人员、设备投入，抢抓晴好天气，加快施工进度。

赶进度、抢工期施工作业一直持续到11月24日。6时许，江西丰城发电厂三期扩建工程队混凝土班组、钢筋班组先后完成第52节混凝土浇筑和第53节钢筋绑扎作业，随后离开作业面。此时，5个木工班组共70人先后上施工平台，分布在筒壁四周施工平台上，拆除第50节模板并安装第53节模板。同时，与施工平台连接的平桥上还有2名平桥操作人员和1名施工升降机操作人员，在7号冷却塔底部中央竖井、水池底板处有19名工人正在作业。

7时33分，7号冷却塔第50~52节筒壁混凝土突然从后期浇筑完成部位（西偏南15°~16°，距平桥前桥端部偏南弧线距离约28米处）开始坍塌，沿圆周方向向两侧连续倾塌坠落，施工平台及平桥上的作业人员随同筒壁混凝土及模架体系一起坠落，在筒壁坍塌过程中，平桥晃动、倾斜后整体向东倒塌，事故持续24秒。事

故共造成73人死亡，其中70名筒壁作业人员，3名设备操作人员，2名在7号冷却塔底部作业的工人受伤，7号冷却塔部分已完工工程受损。

▶ 争分夺秒，全力搜救

国务院批准成立了国务院江西丰城发电厂“11·24”冷却塔施工平台坍塌特别重大事故调查组（以下简称调查组），由原国家安监总局牵头，公安部、监察部、住房城乡建设部、国务院国资委、质检总局、全国总工会、国家能源局以及江西省政府派员参加，全面负责事故调查工作。

7时43分，江西省丰城市公安局110指挥中心接到河北亿能公司现场施工人员报警，称丰城发电厂三期扩建工程发生坍塌事故。110指挥中心立即将接警信息通知丰城市公安消防大队、120急救中心、丰城市政府应急管理办公室等单位和部门。8时07分，丰城市委、市政府主要负责同志立即调派公安、安全监管、住房城乡建设、医疗、交通等单位携带挖掘机、吊车、铲车等重型机械设备赶赴现场处置。

调查组于9时左右赶到国家安全生产应急救援指挥中心，视频连线并调度了事故救援情况，根据掌握的信息，决定立即增派国家（区域）矿山应急救援乐平队，江西省矿山救护总队、丰城大队、新余大队，丰城市矿山救护队及部分安全生产应急救援骨干队伍携带无人机、生命探测仪、破拆及发电等设备参加救援。10时30分，江西省政府主要负责同志抵达事故现场，对人员搜救等工作作出安排，决定成立事故救援指挥部（以下简称指挥部），由江西省政府相关负责同志担任总指挥，指挥部下设现场救援、安全保卫、医疗等7个小组。

指挥部按照“全面排查信息、快速确定埋压位置、合理划分救援区域、全力开展搜索营救”的救援方案，将事故现场划分为东1区、东2区、南1区、南2区、西区、北1区、北2区等7个区，每个区配置2个救援组轮换开展救援作业。按照“由浅入深、由易到难，先重点后一般”的原则，救援人员采取“剥洋葱”的方式，用挖掘机起吊废墟、牵引移除障碍物，每清理一层就用雷达生命探测仪和搜救犬各探测一次。但当时事故现场情况十分复杂，钢筋、混泥土、铁板等各种杂物纵横交错、堆积如山，清理工作非常困难，参加救援的指战员不怕劳苦、不畏艰险，不能利用工具清理时，就采用人挖、手刨的方法，全力进行搜救，争分夺秒抢救被埋压人员。

这次事故救援共调集了3370余人参加现场救援处置，调用吊装、破拆、无人机、卫星移动通信等主要装备，以及640余台车辆和10条搜救犬。指挥部通过卫星移动通信指挥车、微波图传、4G单兵移动通信等设备将现场图像实时与国务院应急办、公安部、原安全监管总局、江西省政府以及相关专家在线联通，确保了救援过程的精准研判、科学指挥。截至11月25日12时，在确认现场无被埋人员后，救援指挥部宣布现场救援行动结束。

丰城市人民医院开辟“绿色通道”，安排事故伤员直接入院检查、治疗，按照一级护理标准提供24小时专人护理服务。救援指挥部成立了善后处置组，下设9个工作服务小组，按照每名遇难者一个工作班子的服务对接工作机制，做好遇难者家属的情绪疏导、心理安抚、赔偿协商、生活保障等工作。截至11月30日，事故各项善后事宜基本完成。

深层剖析，寻找坍塌根源

调查发现，施工单位7号冷却塔在第50节筒壁混凝土强度不足的情况下，违规拆除第50节模板，致使第50节筒壁混凝土失去模板支护，不足以承受上部荷载，从底部最薄弱处开始坍塌，造成第50节及以上筒壁混凝土和模架体系连续倾塌坠落。坠落物冲击与筒壁内侧连接的平桥附着拉索，导致平桥也整体倒塌。若施工或监理人员按照要求及时对混凝土的强度进行检测，用科学的数据指导施工，就不会出现拆模过早的问题。

调查组进一步对事故混凝土强度进行了定性和定量分析，发现7号冷却塔第50节模板拆除时，第50、51、52节筒壁混凝土实际小时龄期分别为29~33小时、14~18小时、2~5小时。根据丰城市气象局提供的气象资料，2016年11月21日至11月24日期间，当地气温骤降，且为阴有小雨天气，这种气象条件延迟了混凝土强度发展。同条件混凝土性能模拟试验结果表明，测试模板拆除时，筒壁混凝土抗压强度远小于国家标准中强制性条文规定的标准。受力计算结果表明，第50节筒壁根部能够承担上部荷载作用，当第50节筒壁5个区段分别开始拆模后，随着拆除模板数量的增加，第 50 节筒壁混凝土所承受的弯矩迅速增大，直至超过混凝土与钢筋界面粘结破坏的临界值。由此可见，这场灾难的发生与建设单位压缩工期、监督不到位、验收把关不严有关。

调查组了解到，在 7 号冷却塔施工过程中，施工单位河北亿能烟塔工程有限公司为完成工期目标，施工进度不断加快，导致拆模前混凝土养护时间减少，混凝土强度发展不足。同时，在气温骤降的情况下，也没有采取相应的技术措施加快混凝土强度发展速度。此外，该筒壁工程施工方案存在严重缺陷，未制订针对性的拆模作业管理控制措施。在实际施工过程中，劳务作业队伍对试块送检、拆模的管理失控，自行决定拆模。

调查还发现，该项目工程总承包单位中南电力设计院有限公司对施工方案审查不严，对分包施工单位缺乏有效管控，未发现和制止施工单位项目部违规拆模等行为。其上级公司中国电力工程顾问集团有限公司和中国能源建设集团（股份）有限公司未有效督促其认真执行安全生产法规标准。监理单位及其上级公司国家核电技术有限公司对问题监督检查不力。建设单位江西丰城三期发电厂及其上级公司江西赣能股份有限公司和江西省投资集团公司未按规定组织对工期调整的安全影响进行论证和评估。中国电力企业联合会所属电力工程质量监督总站，违规使用建设单位人员，组建江西丰城发电厂三期扩建工程质量监督项目站，未能及时发现和纠正压缩合理工期等问题。国家能源局电力安全监管司、华中监管局在履行电力工程质量安全监督职责过程中，对电力工程质量监督总站的问题失察。丰城市政府及其相关职能部门违规同意及批复设立混凝土搅拌站，对违法建设、生产和销售预拌混凝土的行为失察，这也进一步说明该事故是一起责任事故。

消除事故隐患，筑牢安全防线

以上种种原因共同导致了这起特别重大事故，致使 73 人遇难，令人痛心！我们要深刻吸取教训，全面彻底排查各类隐患，狠抓安全生产责任落实，切实堵塞安全漏洞，确保人民群众生命和财产安全。为避免此类事故再次发生，具体应做到以下几点。

一是规范建设管理和施工现场监理，切实发挥监理管控作用。认真执行工程定额工期，严禁在未经过科学评估和论证的情况下压缩工期，保证安全生产投入，提供法规规定和合同约定的安全生产条件，加强对工程总承包、监理单位履行安全生产责任情况的监督检查。完善相关监理制度，强化对派驻项目现场的监理人员特别是总监理工程师的考核和管理，确保和提高监理工作质量，切实发挥施工现场监理管控作用。

二是提高工程总承包安全管理水平。各建筑业企业要准确把握工程总承包内涵，高度重视总承包工程安全生产管理的重要性，保障安全生产投入，完善规章规程，健全制度体系，加强全员安全教育培训，按照工程总承包企业对工程总承包项目质量和安全全面负责的原则，扎实做好各项安全生产基础工作。

三是明确工程总承包模式中各方主体的安全职责。各相关行业主管部门要及时研究制定与工程总承包等发包模式相匹配的工程建设管理和安全管理制度，完善相关的招标投标、施工许可（开工报告）、竣工验收等制度规定，为工程总承包的安全发展创造政策环境。工程总承包企业应对工程总承包项目的质量和安全全面负责，依照合同约定对建设单位负责；分包企业应按照分包合同的约定对工程总承包企业负责。按照此原则，要进一步明确各方参建单位在工程质量安全、进度控制等方面的职责，同时强化分包管理，严禁以包代管、违法分包和转包。

四是强化施工现场隐患排查治理。各建筑业企业要制订科学的安全风险辨识程序和方法，结合工程特点和施工工艺、设备，全方位、全过程辨识施工工艺、设备设施、现场环境、人员行为和管理体系等方面存在的安全风险，科学界定安全风险类别。根据风险评估的结果，从组织、制度、技术、应急等方面，对安全风险分级、分层、分类、分专业进行有效管控，逐一落实企业、项目部、作业队伍和岗位的管控责任，尤其要强化对存有重大危险源的施工环节和部位的重点管控，在施工期间要专人现场带班管理。健全完善施工现场隐患排查治理制度，明确和细化隐患排查的事项、内容和频次，并将责任逐一分解落实。

五是完善电力建设安全监管机制。将电力建设安全监管工作摆在更加突出的位置，督促工程建设、勘察设计、总承包、施工、监理等参建单位严格遵守法律法规要求，严格履行项目开工、质量安全监督、工程备案等手续。国家能源局及其派出机构要加强现场监督检查，严格执法，对发现的问题和隐患，责令企业及时整改，重大隐患排除前或在排除过程中无法保证安全的，一律责令停工，并通过资信管理手段对企业进行限制。

工程再忙，安全不能忘

工程再忙，也绝不可以为了节约资金和时间而偷工减料，绝不可以嫌麻烦违背安全生产要求。安全生产是建筑企业发展的生命线，发生事故不但会给企业造成严重的经济损失，还会给家庭带来不幸和伤痛，甚至会影响社会稳定。这场冷却塔坍塌事故造成 73 人死亡，相应就有 73 个家庭支离破碎，这样的后果是我们不忍看到的。安全是天，安全是建筑施工企业生存发展的前提。本着安全第一的原则，建筑施工企业必须建立完善的安全组织机构和规章制度，在安全生产中，必须严格执行安全规章制度所涵盖的内容；必须增强安全生产红线意识，坚持安全发展。发展决不能以牺牲安全为代价，充分认识到建筑行业的高风险性，杜绝麻痹意识和侥幸心理，始终将安全生产置于一切工作的首位。

任何一起事故对企业都会造成不可挽回的损失，对家庭、个人更是无法愈合的伤痛。我们必须把握好“安全第一”这一底线，全员上下必须树立高度的责任意识，为自己的家庭负责，为他人的生命负责，为国家的财产负责，保护广大劳动者的健康，促进社会和谐发展。

手记

冲动致车辆失控坠江，车上15人全部遇难

——2018年重庆万州"10·28"公交车坠江事故救援和调查工作手记

▶ 时间：2018年10月28日10时08分

▶ 地点：重庆万州区长江二桥

一辆公交客车在行驶过程中，突然越过中心实线，撞击对向正常行驶的小轿车后，冲上路沿，撞断护栏，坠入江中，车上包括司机在内的15人全部遇难。

▶ 冲动的代价太过惨痛

2018年10月28日上午，公交驾驶员冉某行为无异常，事发时天气、路况良好，车况无异常，22路公交客车上共有驾乘人员10多人。9时35分，乘客刘某上车，其目的地为壹号家居馆站。由于道路维修改道，公交车不再行经此站。当车行至南滨公园站时，驾驶员提醒到壹号家居馆站的乘客在此下车，刘某未下车。当车继续行驶，刘某发现车辆已过自己的目的地站，要求下车，但该处无公交车站，驾驶员冉某未停车。之后刘某从座位起身指责冉某，冉某多次转头与刘某解释、争吵，双方争执逐步升级。当车行驶至长江二桥中时，刘某与冉某发生肢体冲突。10时08分51秒，冉某用右手往左侧急打方向，导致车辆失控向左偏离越过中心实线，与对向正常行驶的红色小轿车相撞后，冲上路沿、撞断护栏坠入江中。就这样，一位乘客错过了下车点，却使15个鲜活的生命瞬间消逝。

▶ 多部门成立联合工作组，搜救打捞历时86小时

事故发生后，重庆市、万州区两级党委政府高度重视，紧急组织公安、海事、

长航、水文等相关部门全力搜救。同时，万州区按照应急预案，开展失联人员亲属的心理疏导、安抚慰问等善后工作。

接到事故报告后，应急管理部主要负责同志立即到部指挥中心连线指导现场救援工作，协调核实车上人数，调集救援力量组织营救，同时由我带队，会同公安部、交通运输部等部门组成的联合工作组赶赴事发现场，全力指导协助地方党委和政府做好搜救打捞、现场勘查、事故调查、善后处置等工作。

应急管理部调派国家水上应急救援重庆长航队 7 名潜水员、4 名深潜队员和 1 名深潜医务人员，以及 40 吨级全旋转浮吊打捞船至事故现场，参与人员搜救等工作；同时，调派重庆市消防总队 50 名指战员、5 辆消防车、2 艘冲锋舟在现场开展救援。现场指挥部组织 70 余艘专业打捞船只，蛙人救援队、水下机器人、吊船等专业力量围绕公交车坠江水域全面开展搜救打捞工作。海事部门对上下水船舶进行管控，要求周边船舶减速慢行，统筹好水面搜寻和通航管理，防止发生次生事故。交通运输部上海打捞局专业救助力量赶赴现场，交通运输部应急办、路网中心部署上海至重庆沿途高速路段做好通行保障。

29 日早晨，我来到公羊队救援现场作业点，慰问并勉励救援队员再接再厉，配合指挥部完成救捞车辆和人员的任务。鉴于潜水搜救难度较大，工作组指导协调地方继续全力开展人员搜救和车辆打捞工作，做到科学专业施救，严防次生事故发生。

事故车辆被打捞出水

国家水上应急救援重庆长航队等单位的专业打捞船采用多波束声呐，发现一长约 11 米、宽约 3 米物体。经过水下探测、定位，确定为坠江公交车，并准确定位落水车辆位置位于长江二桥上游约 28 米、水深约 71 米处。针对打捞面临水域情况复杂、江水较深的难点，工作组会同现场救援指挥部，制订了车辆打捞出水详细方案；组织潜水员对江底车辆进行栓套、固定，再利用浮吊船起吊车辆。坠江公交车于 31 日 23 时 30 分左右被打捞出水。公交车被四条绳索从四个方向包围， 车身明显变形，车窗玻璃全部破裂。

线上线下同时开展应急救援

这起事故应急救援处置工作分线上线下同步展开：线上，重庆应急管理局立即将有关信息上报应急管理部，应急管理部通过应急指挥中心线上视频，采取多部门会商，对事故救援适时进行指导；线下，应急管理部牵头，与公安部、交通运输部组成部际联合工作组，在现场指导救援工作，与重庆市现场救援指挥部召开会议，并制订了行之有效的打捞方案。方案具体如下：一是精准定位公交车，由重庆水文局、重庆航道局带来的多波束声呐和公羊队的三维侧扫声呐来进行定位；二是科学展开车身起吊作业，在潜水力量方面由重庆长航队、交通部海上打捞局、公羊队、蓝天救援队共 15 名潜水员确定公交位置，另外在浮吊船方面，采用的是重庆长航道 45 吨级和万州 60、20 吨级浮吊船进行起吊作业；三是快速开展打捞工作，28 日 13 时 40 分，打捞出事故遇难者遗体 2 具。 11 月 1 日 15 时，另外 13 名遇难者被打捞上岸，并进行身份确认。

多因素串联引发惨案

任何行为的发生都有着具体的“行为场”，现场的客观环境、各方当事人的身心状态、相关制度环境等等，都对事件的生成起着大小不同的作用。当然，正是当事人的行为才将这些原本毫无相关的因素“串联”起来，启动了事件发生的因果按钮，促成了结果的形成。

一是“巨婴型”乘客的乖戾。事件中的肇事女乘客刘某不应该去殴打正在行驶的公交车司机，因为这严重危及司机、包括肇事者本人在内的乘客、道路上的行人或其他车辆驾驶者的人身安全和重大公私财产的安全。

二是其他乘客的沉默。事发当时，但凡有一名乘客，站出来劝一下、拉一下，可能最终结果都不至如此，15 条人命就不会消逝。对于其他乘客而言，如果看见有人在正在行驶的公交车上抢夺公交车司机的方向盘、手刹，或者殴打公交司机，严重危及他人人身安全、 公共安全时，完全有施以援手的道德理由， 因为，公交车司机是为乘客们提供公共服务的人，在公交车司机冉某受到刘某的无理挑衅、谩骂和攻击时，接受其服务的乘客有保护公交车司机免受侵害的道义责任。

三是司机的失控。司机冉某事先特意提醒过由于道路维修乘客应该下车的站点。不小心错过站的刘某要求停车未果，就不依不饶地指责。当车行至长江大桥上，乘客刘某举起手机砸向冉某的头部，司机冉某在盛怒之下跟刘某挥拳相向似乎天经地义。然而，公交车司机手中的方向盘，维系着一车人的生命。在这种情况下， 紧急靠边停车，确保全车人的生命安全才是第一要务。

根据致因理论分析风险源

根据事故致因理论，进行致因分析，发现司乘冲突突发事件存在三类风险源，最终引发了 15 人伤亡的惨剧。

一是人的不安全行为。第一，守法意识淡薄。事件的起因是乘客漠视交通规则，不愿意在指定地点下车，司机未遂其愿而起冲突，两人在争执中未意识到自己的行为已经触犯法律红线。可见，社会公众对司乘冲突的风险和其对应的法律后果认识严重不足。第二，共同体责任缺乏。还原视频中司机和滋事乘客吵架，长达 5 分钟，但没有一人进行劝阻。公交安全不是司机一人的责任，而是司乘的共同责任，然而乘客“多一事不如少一事”的态度和“低头族”行为加剧了危险。

二是“物”的不安全状态。公交车系统由道路、公交车、站点设施等物理要素构成，公交车系统的不安全状态直接影响交通安全、导致事故发生。首先是道路交通存在隐患。超 70% 事故发生在市内道路、路口、大桥、盘山路、高速等危险环境下，而重庆市地处西部，集大城市、大农村、大山区、大库于一体，山高路限，弯急坡陡、桥多崖深，特殊的地理环境使重庆市道路交通基础差、底子薄问题一直存在。其次是公交车安全防护及预警系统亟待升级。公交车落水后，车上人如何自救？公交车上仅提供陆地自救设备，但没有水上自救设备。黑匣子仅可录制视频，却无法远程识别监测与预警。另外，公交安全防护标准有待提升。事发之前，驾驶室未设立安全隔离，司机的安全都是“裸露”在外。即使“司机被包围”，也会带来新的问题，如遇到司机病危突发情况需要乘客帮忙，如何打开“包围”，都是需要通过技术提升、产品优化才能得到解决。最后是站点距离设置欠合理。作为新一线城市，重庆市近年来发展势头强劲，居民在公共交通上的需求旺盛，公共交通处于“摊大饼”式的加快建设中，公共交通路网有待完善。重庆市公交路网就面临着线路迂回、站点间距过远、站点分布不均等诸多问题，而此次事故正是道路修改、公交不在指定地点下车而引起的冲突。

三是环境因素。自然环境与社会环境共同引起了司乘冲突事件。鉴于案例事发当天天气良好，我们重点分析社会环境的影响。第一，相关法律法规不健全，法律界限模糊，犯罪成本低。根据《中华人民共和国道路交通安全法》规定，乘客妨碍驾驶员驾驶的，处警告或者 200 元不等罚款。“入罪”门槛低，滋生了犯罪心理。此外，我国法律对于公交车司机，缺乏相应的特殊法律保护。未设乘客责任兜底保障。社会见义勇者“背锅”的事例比比皆是，人们害怕担责，基本选择漠视。第二，应强化安全教育和应急训练。安全教育是利用各种形式的教育和训练，掌握安全知识和技能，增强安全意识，提高社会责任。按照公交司机的职业准则，司机是不允许和乘客发生冲突的，气氛友好的交流都不允许。第三，需要强化驾驶人员安全规范学习和应急处置能力的训练。事故公交司机驾龄 24 年，驾驶娴熟，为何在行车中选择与乘客争吵，而不紧急停车或请求帮助，却让事态扩大？司机情绪管理也是非常重要的，公交公司应该定期进行心理测评、心理疏导与干预，以及“停车、开门、疏散、报警”模式的应急反应训练等。

避免司乘冲突，保障公共安全

司机和乘客之间人际冲突为原生事件，交通事故是次生事件。冲突发生在脆弱性的动态公交系统里，司机又是时刻维持车辆稳定性的关键主体，极易引发交通安全事故。信息不畅，社会谣言恣肆，又会引发网络衍生事件，滋生社会恐慌。司乘冲突引发的突发事件不仅威胁着人民生命财产安全，也给整个社会的安全和稳定带来了巨大的威胁。

避免司乘冲突矛盾升级引发突发事件，从而保障公共安全，我认为应从五个方面入手。

第一，完善相关法律法规，严格执行规章制度。目前，我国基本形成了以《宪法》为依据、以《中华人民共和国突发事件应对法》为核心、以国家突发事件应急预案为配套的应急管理法治体系，出台了一系列突发事件应急处理办法。这些法律法规对保护人民生命和财产安全发挥了重要的作用，但也存在内容缺失、实效性不高的问题。特别是司乘冲突的犯罪界限不清，犯罪成本较低，导致公众重视程度不高。因此，应该清晰界定司乘冲突的犯罪行为，提高犯罪成本，加设驾驶人员职业保护法，面对社会见义勇为之士可以加设兜底责任保障法等。各种规则制度应该严格执行，起到约束作用，维持良好社会秩序。

第二，提高公交安全性能，升级监测预警系统。公交车对安全性能标准要求十分严格，目前公交车上有陆地安全应急设备，但缺少水上安全应急设备。另外，有些突发事件是无法预期的，需要通过高科技设备进行辅助。比如，目前只有视频监控，但仅仅能够在事发后进行取证，而事发前的监测预警才是至关重要的，因此亟需研发一款危险识别检测产品，可以远程提示，事态严重时可以直接进行紧急制动或者报警处置。因此，除了提高公交车本身的安全性能，也要升级检测预警系统，发挥多方联动机制，共同处理突发事件，将不安全因子扼杀在摇篮中。

第三，提高应急处置水平，做好善后心理救助。为了避免衍生事件发生，类似事故发生时，应急部门应该迅速响应，立即启动应急预案，采取科学对策， 立刻展开救援，协调公安、医院、交警等多方主体共同参与。另外，善后心理救助工作也非常重要。 一般突发事件发生后，心理救助的主要对象为直接受害人、救援人员和社会公众。除了还原事情真相，判罪赔偿，还应该进行心理安抚，因此需要建立一支应急善后心理救助专业队伍。

第四，加强应急安全教育，强化安全应急训练。相关部门应面向公众提供应急知识教育与培训，为公众提供应对突发事件的智力支持和精神动力；积极开展有关司乘突发事件应急知识的宣传普及活动；可以通过学校、专题讲座、媒体等和必要的应急演练，普及应急法律知识。另外，对于驾驶人员的安全知识考核、应急强化训练、心理疏导及干预措施，应该作硬性规定要求。

第五，正确引导社会舆论，修正社会不良风气。突发事件发生后，只有政府及时通过新闻发布会或者官方通知形式，全面公正透明地介绍事情原委、处置情况，让公众了解并监督政府行为，才有利于社会共同参与。对于各种突发事件流传的谣言，要采用权威方式有针对性地进行驳斥，必要时可以从端口切断不利信息来源，正清社会污浊之气。另外，要积极借助媒体、网络宣传，传递社会正能量， 增强社会凝聚力，修正社会“非理性围观”“事不关己，高高挂起”的不良风气。

▶ 增强法律、安全意识，敬畏生命

城市公交系统本身具有载客量大、班次多、目标具体、线路固定等特点，安全隐患多。频繁发生的司乘冲突事件影响了城市公共交通和公共安全，造成人员伤亡和财产损失，给公交运营和管理带来了巨大挑战。

为了避免“司乘冲突”，首先需要提升乘客和司机的安全意识和法律意识。乘客在遇到问题时，应保持冷静，切莫冲动。司机在面对乘客的不满时，也应保持专业和耐心，避免冲突升级。双方都应认识到，任何形式的冲突都可能导致严重的后果，不仅威胁到个人安全，也可能危及他人和公共安全。

因此，为减少司乘冲突的发生，可以采取以下措施：一是公交公司定期对司机进行心理辅导和压力管理培训，帮助他们更好地应对工作中的压力和挑战；二对于乘客的行为规范也应有明确要求，对于违反规定的行为应有相应的处罚措施，以维护乘车秩序；三是建立一个有效的投诉和纠纷解决机制，让乘客和司机在遇到问题时有明确的途径寻求帮助。通过这些措施，可以有效减少司乘冲突的发生，保障乘客和司机的安全，维护公共交通的稳定运行。

“冲动是魔鬼”这句话在这起事故中体现得淋漓尽致。当事人缺乏理性，缺少安全意识这根红线，缺少足够的法律意识，成为惨案发生的重要原因。在公共场所，自己的行为应该有所收敛。乘客刘某发现自己坐过站，不是等待在下一次停靠时下车，而是选择与司机发生肢体冲突，企图以暴力解决问题，显然没有把自己的安全放在心上，没有把全车人的安全放在重要位置。公交司机是一种事关公共安全的特殊职业，如何正确处置突发事件，如何确保全车乘客的安全，是这一职业应当首先考虑的问题。一场无谓的纷争，拉十几人“陪葬”。教训之惨重，给全社会敲响警钟。尊重生命、敬畏生命，尊重规则，理性处理过站问题等小事，避免发生事故甚至险情，应该成为全社会的安全共识。

手记

庆生遇坍塌，29 个家庭支离破碎

——2020 年山西临汾聚仙饭店“8·29”重大坍塌事故救援和调查工作手记

- 时间：2020 年 8 月 29 日 9 时 40 分许
- 地点：山西省临汾市襄汾县陶寺乡陈庄村聚仙饭店

一起坍塌事故造成 29 人死亡、28 人受伤，直接经济损失 1164.35 万元。

夺命寿宴

聚仙饭店是位于路边的一家乡村饭店，这家饭店已经开了十多年，陈庄村及邻近的安李村等村农户举办婚丧过寿等宴席，大多选择这家饭店。聚仙饭店前后为二层小楼，中间院子部分比较低洼，院子中间搭设了预制板房顶，房顶下面部分成了宴会厅，院子最高部分还有一层简易彩钢板顶棚，比前后屋房顶略高。

2020 年 8 月 29 日上午 9 时，李某在聚仙饭店办八十大寿，参加的人多为亲朋好友和邻居。按照当地习俗，过寿需要请人吃两顿饭，早晨吃一顿臊子面，中午吃席。李某提前向饭店预订了十来桌午餐。事发时，大家已吃完早饭，不少人已经回家，有部分人在饭店宴会厅聊天，还有一部分人在宴会厅后面的院子里看表演。参加宴会的王某当时正在院子里看节目，只听见“哗啦”一声，饭店宴会厅顶部塌了。他先跑出来了，后面的人没有跑掉。

齐心协力共救援

事故发生后，山西消防救援总队迅速组织消防救援特勤力量，携 8 条搜救犬赴现场全力救援。救援人员到达现场后，发现坍塌楼板下的被困人员，耐心安慰他们一定要坚持住，同时呼喊医护人员来给他们补充液体。

应急管理部主要领导立即到部指挥中心调度了解情况，与山西省应急管理厅主要负责人、襄汾县委主要负责人和当地消防救援支队长联线，要求尽快核清人数，全力组织救援和伤员救治，尽最大可能减少伤亡；同时要管控好现场秩序，科学施救，确保救援安全；指派我会同住房城乡建设部相关人员赶赴现场，指导救援处置工作。

现场救援指挥部下设综合协调、抢险救援、医疗救治、安全保卫、险情监测、新闻媒体、后勤保障、善后处置等 8 个小组，全力以赴赶时间、抢救生命。

由于现场地形复杂，面积狭小，埋积较深，还有再次塌方的危险。任务分队结合实际，迅速判明情况，科学制订方案，严密组织施救。救援官兵分为抢运组、救援组、观察组、警戒组。他们分头展开行动，利用动力泵、功能钳等进行清理，并积极搜索废墟下的生命迹象，尽全力搜救被困人员。

▶ 18小时生死营救

我在现场提出的要求就是不惜一切代价，全力进行救援。从事故发生到现场抢险救援结束的 18 个小时里，共派出 840 名救援人员，出动大型救援装备车辆 20 余辆，救护车 15 辆，医护人员 100 余人。

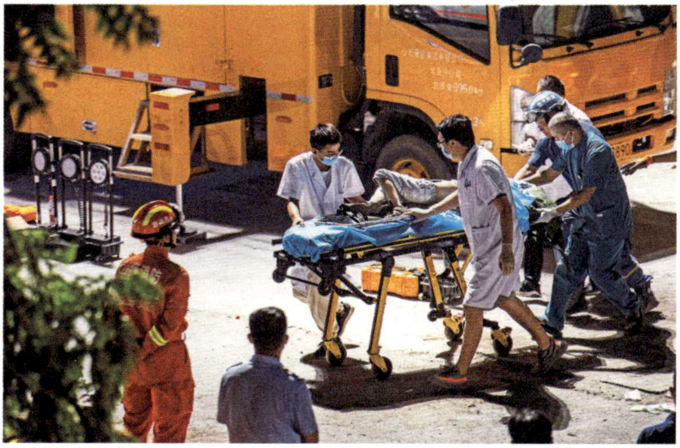

事故坍塌面积虽然不大，但现场地形具有特殊局限性，而且要随时避免发生二次坍塌，因此即便专业救援力量充分，救援持续时间也比较长。

山西天龙救援队，带着小型、手提式破拆工具下去，最开始只能进行狭小空间营救。结构不稳定，随时可能发生二次坍塌，救援人员要爬到里面把被困人员拖出来。救援人员进去还做了一些支撑工作，把可能出现坍塌的地方支撑住。此外还有安全员从不同角度观察建筑物，一旦有风险，人员要马上撤出。

▶ 大型设备难施救，徒手救援避险情

聚仙饭店房屋建筑面积为两层 400 平方米，坍塌的院子面积约 100 平方米，为砖混结构。宴会厅以前为一层，后来马路抬高，成了地下室。 我在现场看到，聚仙饭店院子坍塌之后形成了一个坑，封闭的院子并不利于救援设备开展作业。坍塌的老建筑顶部是预制板结构，坍塌后，施救人员将小的东西搬开，大的东西人抬不动，必须用设备，但是大设备并不好控制，容易造成二次坍塌。为了保障生命安全，在用大设备之前必须先尽最大的可能，用人、用小设备把被困者救出来。

坍塌较为严重的地方，旁边还有二层，难以扩大作业范围。参与现场救援的消防人员告诉我们，由于被困人员较多，最初搜救采取分点作业方式，采用小型破拆工具、徒手挖等方式进行救援，之后才能用大型吊车将坍塌的房板吊起来搜救。

坍塌后的事故现场

饭店质量不过关，寿宴致人命丧黄泉

事故主要原因是聚仙饭店建筑整体性差，经过多次违规扩建之后，承重砖柱和预制板长期处于超荷载的状态，导致东北角承重砖柱崩塌，最终造成北楼二层南半部分和宴会厅整体坍塌。

我了解到，这家饭店之所以能够违规扩建，而且质量不达标，是由于存在着很多违法违规问题。

饭店经营者通过不正当手段取得未经审批的土地用地，拒不执行当地相关部门的处罚。饭店经历过 8 次违规扩建，无专业施工设计，建设全程无人监管，建筑质量不达标，也从未经过竣工验收，仅依靠包工头和个人想法，房屋质量安全无保障。

饭店经营者擅自将自用房改建成经营场所，生产主体责任制、安全隐患排查更无从谈起。

最令人愤慨的是，当地有关部门行政审批执法不严，缺乏监管，导致违法违规建房的情况野蛮生长。

此外，我还了解到，20 世纪八九十年代，正是农村房屋改建扩建的高峰期，由于当时监管不力，违章建筑司空见惯。有的包工头为了节约成本，混凝土里面根本不放钢筋，只放竹片或者小木棍，偷工减料，这样的做法质量肯定没法达标，刚开始觉察不出来，长时间之后就会出现安全隐患和质量问题。

违法违规，监管何在?

经调查，当地土地管理部门、住房和城乡建设部门、工商行政管理部门、地方党委政府及村两委存在主要问题。

土地管理部门下属的襄汾县陶寺乡土地所，1993 年至 2002 年期间，农村宅基地审批管理混乱，土地台账、收费台账遗失；发放空白《集体土地建设用地使用证》；在连续 3 年开展的清理整顿非农建设用地工作中，未对饭店经营者违法占地行为予以查处。

襄汾县土地管理局未认真履行土地管理职责，对陶寺乡土地所1993年至2002年间宅基地审批、违法占地查处等工作监督管理不到位；对陶寺乡土地所宅基地审批发证混乱、土地管理台账遗失等问题失管失察； 对农村违法占地建房行为打击查处不力。临汾行署土地矿产资源管理局未认真履行土地管理职责，对襄汾县宅基地审批混乱、违法占地查处不力等问题监督指导不到位。

住房和城乡建设部门下属的襄汾县住房和城乡建设局，未认真履行指导全县农村住房建设工作职责，没有落实“未通过竣工验收的农房不得用于从事经营活动”的要求；未认真组织指导乡镇开展农村住房安全排查整治工作；未按照有关文件精神对擅自改建扩建加层、野蛮装修和违法违规建房等进行重点排查。临汾市住房和城乡建设局未认真履行指导全市农村住房建设工作职责；未按照有关文件精神，对村镇开展危险房屋安全排查整治工作作出安排部署；对“落实未通过竣工验收的农房不得用于从事经营活动”的要求未进行安排部署；对2020年以来襄汾县农村住房安全排查整治工作不实不细的问题失管失察。

襄汾县陶寺乡工商行政管理所，在聚仙饭店2005年7月、2007年7月营业执照分别过期10个月和11个月的情况下，未依法对其无证经营行为进行查处，未按照有关规定重新办理营业执照，而是允许其延期换证。

襄汾县工商行政管理局对陶寺乡工商所违规核发工商营业执照的问题失管失察，对无证经营行为查处打击不力。

襄汾县陶寺乡陈庄村两委，未认真履行农民集体所有土地经营管理职责，未有效阻止祁建华违法占用土地建房行为，致使祁建华违法占地面积不断扩大；在2015年地籍调查时，为饭店经营者出具宅基地虚假证明材料； 在2020年组织开展的农村住房安全排查整治工作中，没有按照有关文件要求对改建、扩建、加建的农房特别是聚仙饭店进行重点排查。

襄汾县陶寺乡党委政府，组织开展“三零” 创建工作不扎实；未认真履行土地管理职责，对祁建华违法占地建房并多次扩大占地等行为制止不力；对陶寺乡土地所1993年至2002年间宅基地管理混乱，土地台账、收费台账遗失，违规发放《集体土地建设用地使用证》等失管失察； 未认真履行打击乱搭乱建违法建设的主体责任，对辖区内包括聚仙饭店在内的乱搭乱建违法建设未做到及时制止、及时打击；未严格按照有关文件要求，组织对辖区内擅自改建扩建加层、野蛮装修和违法违规建房等进行重点排查整治。

襄汾县委、县政府贯彻落实地方党政领导干部安全生产责任制不力，对乡、村开展“三零”创建工作督促指导不到位；对县土地管理部门工作领导管理不到位，未严厉查处辖区内违法占地行为，对农民占用耕地建房审批把关不严，导致宅基地审批管理秩序混乱；对乡镇及有关部门乱搭乱建集中整治、农村住房安全排查整治工作不严不实不细等问题失管失察。

临汾市委、市政府贯彻党中央、国务院及省委、省政府关于安全生产的决策部署不力，落实地方党政领导干部安全生产责任制不到位，对全市“三零”创建工作重视不够、领导不力；对土地管理、住建等部门和襄汾县打击农村违法占地、乱搭乱建以及农村住房安全排查整治等工作不严不实的问题失管失察。

规范农村建房，助推乡村振兴

该起事故的发生，暴露出全国乡镇农村建房监管方面存在的一些突出问题。为深刻吸取事故教训，举一反三，进一步加强建筑行业安全生产管理，促进农村建房项目安全健康发展，以下建议可供参考。

一是加强农村建房的规范管理。政府及其有关部门要迅速制定相应的农村建房具体管理办法，进一步理顺农村建房安全管理体制机制，规范办理流程，厘清监管责任，依法严格监管。

二是强化农村建房的监管工作。住房和城乡建设部门要进一步规范和整顿农村建房市场，明确监管要求，压实监管责任。要加强对辖区内建设项目特别是自建房屋的检查和指导，及时发现并严厉查处农村私房违法超规模建设行为。

对农村在建房项目进行全面摸底调查，并加大巡查和执法检查力度。强化乡镇监管人员农村建房领域相关文件精神和专业知识教育培训，提高乡镇执法人员的监管能力，对发现的非法违法行为要及时报请相关行政主管部门依法严厉查处，坚决防止类似事故再次发生。

三是加强老旧房屋安全管理。严格执行房屋室内装饰装修管理要求，严禁在装修过程中擅自破坏主体承重结构。要加强对建筑年代较长、标准低的老旧房屋的安全隐患排查，重点检查女儿墙、烟囱等易倒塌伤人的部位，切实落实安全隐患整治工作。

▶ 靓城提质需要监管的保驾护航

据调查，该项目未履行基本建设程序，无规划和施工许可，存在非法建设、违规改造等严重问题，特别是房屋业主发现房屋基础沉降和承重柱变形等重大事故前兆，仍然心存侥幸、继续违规冒险经营；地方相关职能部门监管不到位、“打非治违”流于形式，导致安全关卡层层失效， 最终酿成惨烈事故。

襄汾县在2019年就开始了一场长时间的“靓城提质”攻坚战，集中整治乱搭乱建违法行为。尚不知坍塌饭店是否在整治行动之列，如果曾被整治，为何悲剧发生？如果没有，依然有很多问题需要追问：假如聚仙饭店加盖的二层确属违建，为何多年来未被拆除，监督何在？而如果不属于违建，加盖的二层如何通过报建，其间是否有做过安全监测？

拆除违建不仅仅是为了让城市变“靓”，更是为了让建筑和公民的生命安全更有保障。据当地村民反映，以这样的工艺盖房子，在此前非常普遍。那么，这些建筑的安全是否都能得到保障，必须有一个说法，不能让村民时刻处于危险之中。

预制板结构的加盖建筑，造成的建筑安全问题，无论在城市或乡村都有出现。但由于城市的监管更严密，建筑使用者的更新也很快，很可能在尚未发生重大事故时，不合规的加盖建筑就已经被拆除了。而农村的人员流动更小，稳定性更强，一家饭店能开20年的另一面是，建筑装修也可能维持了20年，如果其间出现了加盖或其他建筑变更，建筑安全的问题无人重视，无人监督，就很可能威胁村民们的生命安全。这些有着严重安全风险的建筑，需要的不只是一时的清查、整改，更需要有效的常态化监督。哪个部门负责？如何进行监督和管理？如何让建筑安全问题得到解决？这些都需要在实践中得到细化。

房屋安全莫儿戏

近年来，山西、河南、福建等地多次发生民房坍塌事故，为基层房屋安全管理敲响警钟。

早期城镇化建设的部分砖混结构的楼板房可能已经无法适应当前的使用需要，有关部门应对20世纪八九十年代未经正规设计的砖混结构建筑展开安全隐患排查，及时进行消险等整治。

除此之外，部分基层特别是县市级房屋安全管理、鉴定人员专业水平有限，乡镇房屋安全管理人员配置不足。建议应尽快加强对基层房管人员的培训，建立省级、地市、县市、镇、村房屋安全管理及咨询网络平台，实现房屋的全体系、全流程监管，确保群众房屋居住使用安全。此外，还应加大对房屋结构拆改违法行为的打击力度，进一步压实监管责任。

手记

后记

整理完这部书稿时，我的内心久久不能平静。回想书中的那些事故，心头总是会感到隐隐作痛。我多么希望，书中所述的事故只是文学虚构，但现实却是残酷的——书中的每一个案例都是真实发生过的。写作过程中，以及完成之后再次阅读时，那种心痛的感觉始终如一，尤其是回想起那些生命在事故中戛然而止，沉重与悲伤，无法消解。在事故现场的亲身体验，让我对“安全无小事，生命大于天”这句话有了刻骨铭心的理解。它不仅是对过往悲剧的沉痛反思，更是对未来安全警钟长鸣的坚定承诺。生命至高无上，安全至关重要，这已不仅仅是认知，而是融入血液的信仰。

撰写此书时，我并未刻意雕琢叙事技巧，而是力求展现真实的力量。在记录与反思时，我的内心被一次次撕裂又缝合——在流泪，在滴血。书中所描述的事故和所传达的祝愿，是我写作这部书最真挚的初衷。人们常说，怀抱希望总是美好的。我真诚地希望，这种希望能够转化为一种力量，在任何时候、任何地方，都能像护盾一样保护我们，让每个人都能平安无事。我祈愿祖国的安宁与和谐，像春风细雨般，浸润每一个角落。

著书立说，于我而言，也是不断学习和经验累积的过程。我努力从详尽的调查报告、个人工作经验以及专家的研究中提炼出最宝贵的教训——那些在生命和鲜血的代价之后留给我们的深刻启示。这不仅是我作为作者的真诚追求，也是我作为安全生产领域资深工作者的一份真挚承诺。

尽管书稿已经完成，但情感上我仍感觉有许多话未尽。面对各种事故的发生，我内心充满了想要反复叮嘱的冲动。这种强烈的责任感，我相信每一位在安全生产领域工作过的人都会有同感。让我留下一些期待吧：期待我们始终保持警惕，以谨慎的心态做好安全生产；期待我们能够通过科技创新加强源头防控，实现真正的安全，让“想出事都出不了事”成为现实；期待我书中提到的那些事故不再重演，让和平与欢乐充满人们的生活，让世界处处充满鸟语花香。

这部书即将出版，我意识到可能仍有不足，因此我诚挚地希望读者和专家们提出宝贵的批评和建议。在本书的写作和出版过程中，我得到了许多同事、专家学者以及安全生产领域的同行们的大力支持，以及出版社领导和编辑们的帮助。在此，一并致谢！

孫華山

2024 年 6 月